雪のことば辞典

稲 雄次

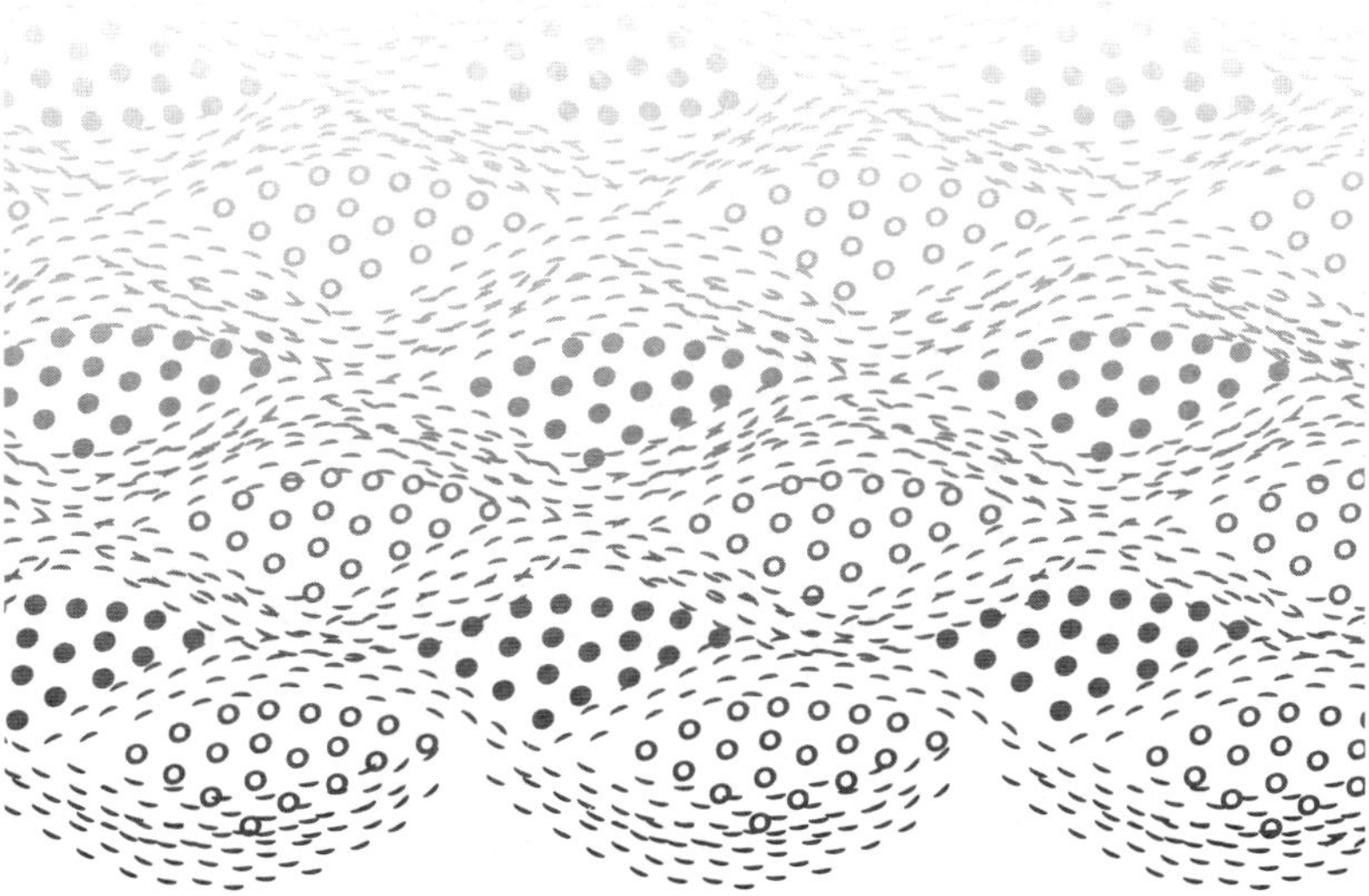

柊風舎

雪のことば辞典

稲　雄次　著

まえがき

日本の雪氷研究は、江戸時代の土井利位の『雪華圖説』（一八三二）と鈴木牧之の『北越雪譜』（一八三七）にまで遡ることができる。それが日本の雪氷研究の基礎となり、さらに歴史的遺産、文化的遺産となっている。その後の雪氷研究においては、加納一郎の『氷と雪』（梓書房・一九二九）と中谷宇吉郎の『雪』（岩波書店・一九三八）がある。これらは昭和初期の名作であり、雪に対する考えが明確であった。平成に入ってから公益社団法人日本雪氷学会の編集で、『雪氷辞典』（古今書院・一九九〇）、『雪と氷の事典』（朝倉書店・二〇〇五）、『新版雪氷辞典』（古今書院・二〇一四）が刊行された。『雪氷辞典』は雪氷に関する用語の意味の説明を主たる目的とするものであり、『雪と氷の事典』は雪氷に関する多方面からの事象と知識とを網羅して、その事象が、雪と氷と自然とどのような係わりを持つかを理解できるように記述した読む事典であった。

私たち日本人にとっては、雪というと、冬の遊びやリクリエーション、水力発電や雪冷房のエネルギー利用、冬の風景、雪国での生活や北国の冬の自然現象と、その地域に限定しがちな思考が支配的である。しかし、最近では地球温暖化に関する諸現象に代表される地球環境の変化により、雪氷現象の大きな役割や自然現象に対する危機管理が再認識され、身近な話題と理解する人々が多くなってきた。

日本は地理的には北半球の極東に位置する。自然環境においては雨も多いし、雪も多い。さらに風も強い。北日本から日本海側は雪が多く、太平洋側から南日本は台風が数多やってくる。雨や雪は気象キャスターであった倉嶋厚が語る「空の水道」であり、台風は「空の給水車」といっても過言ではない。最近は、異常気象から豪雨や豪雪になりやすく、水環境から悩まされることもある。日本の雪氷災害は、平成十七年から平成十八年にかけての豪雪以来、毎年頻繁にどこかで起きている。最近の例としては平成二十六年二月の関東甲信地方で発生した雪氷災害は大規模であった。さらに、平成二十九年一月と二月に鳥取県に降り積もった豪雪は国道を一時的に不通にもした。つづく、平成三十年二月六日から三日間、福井県内の国道でのゲリラ豪雨は車約千五百台を立ち往生させた。ここに気象情報として、雪氷災害に対する知識も危機管理のひとつと考えられるようになった。

スポーツになった山岳登山において、雪に関する知識や情報が必要なのは、冬山及び春山で雪崩の危険があるからである。降雪地域では冬期間の平地であっても、吹雪及び地吹雪に遭遇する恐れから逃れるためでもある。昔から雪崩や吹雪を指すことばが多いのはそれを知らせるためでもある。

日本には雨のことばが多い。それは米作地帯だからである。それと同時に、雪のことばが多いのも米作りが盛んだからである。例を挙げれば、「雪は豊作のしるし」「雪は豊作の貢」「雪の多い年は豊作」「大雪にケガチ（飢饉）なし」ということわざがあるように雪には恵みを表わすことばが多い。

本書のはじめの構想は十三年前の「雪の事典」であった。ほぼ出来あがった内容はやや時代的なものであった。そこで、それを基盤資料として、雪に関することばを切り口として纏めたのが本書である。

雪にまつわることば、方言、言い回し、ことわざ、俗信などを集めて解説を加えたものである。最近の著しい変化のある地球環境に対応するための先人の知恵を集めたものでもある。雪を嫌なものとせずに、雪を呼ぶことば、雪を表わすことば、雪の文化としてのことばとして読んでいただけば幸いである。

なお、見落としている語や思い違いの語釈があることと思われる。これについては読者諸氏のご批正をお願いしたい。

二〇一八年六月二日

稲　雄次

目次

■コラム■

凡例

一、本書は自然科学、社会生活、文化・文明など、様々な分野で使われている雪に関することばを採択した。

二、民俗的な記述を取り入れて、読む辞典を目指した。

三、見出し語は五十音順に配列した。

四、漢字は基本的に新字を用いた。

五、年代の表記は西暦と年号を用いた。

六、引用文は「　」を用いて区別した。

七、内容的に関連する項目については、矢印（↓）で示した。

八、特別なものはコラムとした。

雪のことば辞典

【あ行】

あい　アイ

新潟県において表層雪崩《なだれ》をあいといった。あいな、あえ、あや、あわ、おわ、いわなで、いわへ、いわっこーなで、いわぼー、うわなでともいった。あいなぜ、あいなれともいう。

アイスバーン　アイスバーン

降り積もった雪が一度融けて、再び凍結して氷状態になることをいう。これは雪よりも滑りやすくなっており、自動車は一度スリップすると停まりにくくなる。道路のように黒くなっているブラックアイスバーンもある。

あいなぜ　アイナゼ

新潟県湯沢《ゆざわ》町における表層雪崩《なだれ》のこと。

あいなれ　アイナレ

新潟県阿賀《あが》町における表層雪崩《なだれ》のこと。

赤雪　アカイキ

中国大陸奥地の砂塵がジェット気流に乗って運ばれてくる。黄砂《こうさ》現象によって発生する赤く染まった雪のことである。石川県白山麓《はくさんろく》では赤褐色の細かい灰のような土を含んだ降雪をいった。赤雪は半分が雪であり、半分が土である。雪の季節が半ばを過ぎた証とするが、実際は二月下旬に降るので多量降雪が終わった目安とした。

日本海側に多く、秋田県でも染まった雪をあかげゆきといっている。

赤い雪　アカイユキ

新潟県津南《つなん》町、湯沢《ゆざわ》町、川口《かわぐち》町（現長岡市）において赤雪《あかいき》のことをいう。

赤雪　アカエキ

赤雪《あかえき》のことをいった。あかえちともいう。↓アカイキ

赤げ雪　アカゲユキ

秋田県内において毎年三月頃に中国の内蒙古から黄砂《こうさ》が西風によって運ばれ、日本海を越えて雪とともに降ってくる。その結果、雪が赤くなる。

赤雪　アカユキ1)

雪氷藻類という藻類の仲間が、赤い色素を持つ微生物で、積雪の表面で繁殖して雪が赤く見えること。

赤雪　アカユキ2)

中国大陸から日本海を越えてくる黄砂《こうさ》は赤黄色にかかった雪になる。あかえき、あかえち、いろのついたゆき、きーろいゆきともいった。↓セキセツ

秋田かんじき　アキタカンジキ

このかんじきは、複輪型で前輪に反《そ》りを付けないものであった。高橋文太郎（一九〇三―一九四八）の

『輪樏《わかんじき》』（アチック・ミューゼアム・一九四二）によると、クロモジ製の頑丈な框《かまち》と牛革製の強靭《きょうじん》な乗緒《のりお》（踏緒《ふみお》）で構成されていた。それに両脇にイタヤカエデ製の滑り止めとしての爪を備えていた。堅雪歩行と急斜面登降に性能を発揮する。新潟県、岩手県、福島県、長野県においては秋田かんじきとして重宝された。秋田マタギが狩りに行った先々に伝播したという。山かんじき、マタギかんじきという異名を持っていた。

秋山木鋤　アキヤマゴーツキ

新潟県津南《つなん》町産の木製鋤《すき》型の伝統除雪具であった。こすき、こしき、くしき、こーつきなどと呼ばれていた。木工の盛んな土地において量産されていた。その著名なものの一つであった。↓コスキ

踵稭　アクトスベ

あくとは関東地方および東北地方における足の裏の後部・踵《かかと》の方言である。すべはしべ（稭）の転訛であり、藁稭《わらしべ》の略である。稲藁の芯の藁稭で編み拵《こしら》えた稭沓のことである。名称に踵《あくと》と付いているように、踵覆いが短沓《たんぐつ》の箱稭《はこすべ》よりも倍も高く、足裏のへの字なりの独特のカーブでもって雪跳ねを防いでいる。冬の遠出の場合でも可能であった。緩く紐を結ぶことをゆつけすべ、ずりかげすべなどといった。雪上の代表的履物で、大人用、子ども用があり、ゴム長靴普及以前は積雪地帯での通学、遠足、労働用として多く用いられた。スリッパ状の沓に踵を形作り、縄紐を通した丈夫で湿りがない暖かい履物であった。秋田県仙北《せんぼく》市ではあぐどしべ、旧田沢湖《たざわこ》町では単にすんべと称した。へどろのように草履《ぞうり》編みであるが、箱稭の踵覆いの部分に長い紐を付けたものである。

足跡隠し　アシアトカクシ

北陸地方、東北地方においては、旧暦十一月二十三日頃の吹雪を足跡隠しと呼ぶところが多い。大師講であるこの日、弘法大師《こうぼうだいし》（七七四―八三五）が貧困のために盗みをした老婆の足跡を隠すために吹雪を起こしたといわれた。大師講荒れ、でんすこぶき、だいしこぶきという言葉は、この時期に強い低気圧が通過することに由来する。

圧雪　アッセツ

機械的によって押し詰められた雪のこと。道路の路面に積もった雪が車の走行により繰り返し圧縮されて密度が増加した圧雪と、スキー場のように圧雪車がコースを圧縮して密度が増加した圧雪がある。

穴入れ　アナイレ

雪中遊戯の穴入れとは、雪面上に直径五センチメートルの穴を空けて、それに子どもたちが二メートルほど離れたところからビー玉、小銭、銀杏《いちょう》、クルミの実などを入れて遊んだ。なかなか入りにくい難しい遊びであった。石川県白山《はくさん》市では女の子の遊びとして伝承されていた。富山県では穴いっちょといった。新潟県では雪面に雪穴を作り、離れたところから「よんなれ　かいこめしょ」といいながら銀杏を穴めがけて投げ入れた。あないち、銀杏遊《いっちょあそ》びともいった。

穴ぐら　アナグラ

雪中遊戯の穴ぐらとは、雪室《ゆきむろ》や雪で作った部屋で、子どもたちが雪の穴を作って遊ぶことをいう。雪を高く積み上げて横から洞穴《どうくつ》を掘って作ったという。山形県尾花沢市《おばなざわ》では穴ぐらと呼んだ。新潟県では雪穴《いきあな》といわれた。

あは　ア八

山形県で雪崩《なだれ》のことをいった。いわす、うわす、おほてともいう。

雨げやし　アマゲヤシ

秋田県内においては、降っていた雨が急に雪に降り変わることをいった。江戸時代の俳諧師・松尾芭蕉《まつおばしょう》（一六四四―一六九四）の発句《ほっく》には雨が雪に突然変わる天気を面白い冬の雨の現象として描写していた。「面白し雪にやならん冬の雨」と。芭蕉は雪に関する発句を生涯五十句近く詠んでいた。

雨ねぶて　アマネブテ

秋田県内においては雨と雪とが半分半分の状態で降ることをいった。ねぶて雪ともいった。

雨雪　アマユキ1)

山形県での湿雪のこと。

雨雪　アマユキ2)

雨の混じった水分の多い雪の意味のこと。霙《みぞれ》とほぼ同意である。雨を強調して、あめゆき、雨の雪ともいった。

雨霰　アメアラネ

秋田県内においては雨と霰《あられ》とが混じったものをいった。

雨雪　アメイキ
石川県白山麓《はくさんろく》では霙《みぞれ》のことをいった。雪が空中で融けて半ば雨のようになって降る現象である。

雨の雪　アメノユキ
↓アマユキ2)

雨雪　アメユキ
晩秋の頃に雨と雪とが混じって降るもの。新潟県佐渡《さど》市では霙《みぞれ》のことを雨雪と呼んだ。

あめゆじゅ　アメユジュ
あめゆじゅはあめゆじゅともいい、雨雪のことである。原子朗『定本宮澤賢治語彙辞典』（筑摩書房・二〇一三）によれば、「雨と雪の混じり合った水分の多い雪」とある。霙《みぞれ》である。↓アマユキ2)

霰　アラネ
秋田県内の霰《あられ》の方言のこと。新潟県十日町《とおかまち》市、津南《つなん》町、佐渡《さど》市においてもいう。

霰雪　アラネイキ
石川県白山《はくさん》市では霰《あられ》のことを霰雪といった。霰は雲中の水分が白色の小粒状に氷結して降るものである。

霰まじり　アラネマジリ
石川県では荒れ模様で強風の天候の時に霰雪《あられゆき》と雪とが混じって降って来る状態を特に霰まじりといった。

新雪　アラユキ

新雪のことを富山県上市町《かみいち》ではあらゆきといった。山形県においても新雪のことをあらゆきという。

霰　アラレ

雪の結晶に雲の微水滴がたくさんついてできたもの。気温が氷点に近い時の早朝と夕方に多い。雹《ひょう》より小さく直径五ミリメートル以下の氷の粒で降るもの。江戸時代の俳諧師・松尾芭蕉《まつおばしょう》（一六四四―一六九四）も次のように詠んでいる。「霰まじる帷子《かたびら》雪はこもんかな」と。

荒れごと　アレゴト

強い風に吹かれて、雪が激しく乱れ飛びながら降ることを吹雪《ふぶき》といった。新潟県で吹雪のことを荒れごととといった。荒れつこと、大荒れつことともいった。

あわ　アワ

石川県白山市《はくさん》において乾雪表層雪崩《なだれ》のことをあわといった。堅くなった古い雪の上に軽い新雪が大量に降り積もると、それらが馴染まずに新雪が崩れる。雪崩の際に先端で発生する渦巻状に吹いてくる旋風のことをあわかぜといった。雪崩が被害をもたらすのは雪の圧力よりもこのあわかぜであるという。そのために集落や出作《でづく》り小屋《ごや》の上部斜面に設けた雪崩予防林をあわ垣、あわ止めといった。福井県では一度に多量の積雪があった後に起きる表層雪崩をあわといった。のまという全層雪崩はある程度予知ができたが、あわは一瞬の出来事であり、雪津波か雪竜巻のようなものであった。新潟県においても乾雪表層雪崩をあわといった。↓アワカゼ

泡雪　アワイキ

石川県白山市《はくさん》においてフワフワした乾雪の新雪が一メートルから二メートル降り積もった状態を指した。泡雪用のかんじきを泡かんじきといった。

あわ垣　アワガキ

石川県白山市《はくさん》ではあわ垣といって雪崩予防林を設けていた。集落や出作《でづく》り小屋《ごや》の上部斜面にそれはあった。あわ止めともいった。

あわかぜ　アワカゼ

石川県白山市《はくさん》では、あわといった乾雪表層雪崩《なだれ》が高速度で崩れる際に雪崩の先端に発生する旋風のことをいう。雪の圧力よりも激しく渦巻状に吹き起こるあわかぜのつむじかぜのことである。

あわなぜ　アワナゼ

新潟県で全層雪崩《なだれ》のことをあわなぜといった。

淡雪　アワユキ[1)]

春になって気温が上がってから降る雪のことで、水分が多くて地面に降り着く途中で消えてしまう。雪の結晶が融けかかっているために結晶どうしが密着し合って大きな雪片になり、積もっても融けやすい雪となる。これを淡雪という、沫雪、泡雪などとも書いている。牡丹《ぼたん》雪、綿雪、片平《かたびら》雪、たびら雪、だんびら雪などともいっている。

あわ雪　アワユキ[2)]

東海道五十三次の三十八番目の宿場である岡崎宿《おかざきしゅく》の伝馬町《てんま》（現愛知県岡崎市）に、卵白に白粗目《ざらめ》砂糖を加えて泡を立てて、それを寒天で固めた、あわ雪という竿物《さおもの》菓子がある。

阿わ雪　アワユキ[3)]

山口県下関《しものせき》市の阿わ雪は、初代内閣総理大臣・伊藤博文《いとうひろぶみ》（一八四一―一九〇九）が、春の淡雪を思って命名した和菓子である。泡を立てた卵白に砂糖と寒天を固めた菓子は口に含むと淡雪のように消えて溶けるという。

泡雪　アワユキ[4)]

広島県三次《みよし》市の泡雪は、とかした寒天に砂糖と泡立てた卵白を加えて固めた羊羹状の和菓子である。

雪　イキ

新潟県においては、雪のことをいき、えき、よき、りきと発音する人が多く見られる。いきと発音するのは富山県、石川県、福井県、長野県、鳥取県、島根県でも見られる。その他、いぎは秋田県、山形県、岩手県。いくは富山県。いぢ、いゆぎは岩手県。うきは岐阜県と長野県。えきは新潟県の他に富山県と鳥取県。ずきは福島県と茨城県。山形県ではそよ、はで、はーで、ふぎと発音した。みゆきは岩手県。ゆぎは千葉県。よきは新潟県の他に鳥取県と島根県。よぎこは青森県。りきは新潟県の他に福島県と茨城県でそのように発音している。

雪戦　イキイクサ

雪中遊戯の一つで、石川県白山《はくさん》市では雪合戦のことを雪戦と呼んでいた。日本海側では雪をいきと呼ぶところ

が多い。↓ユキガッセン

雪掻　イキカキ

石川県では除雪を雪掻といった。雪掻は長木鋤《ながこすき》を使用した。節のないブナ材の一枚板を割って作られた。その種類には、雪を放り投げる除雪用の大木鋤、雪遊び用の子ども木鋤、そして長木鋤があった。↓ユキスキ

雪垣　イキガキ

新潟県魚沼《うおぬま》市においては前中門造りの家では雁木《がんぎ》という庇《ひさし》を付けた。この雁木の前に冬期間だけ雪垣という横側面の囲いを設置した。そして屋根から落ちる雪が雁木の中になだれ込むのを防ぐ機能を果たしていた。雪垣は戸の代わりに雪《いき》だれを立てて置いた。↓イキダレ

雪囲い　イキカコイ

↓ユキガコイ

雪囲い　イキガコイ

↓ユキガコイ

雪煙　イキケムリ

↓ユキケムリ

雪玉　イキダマ
石川県白山市《はくさんし》においては湿った雪が回転しながら渦巻き状の早い速度で落ち、雪だるま状に大きくなった雪塊になることがある。これが変化して雪崩になることもある。雪の造形美。↓ユキマクリ

雪玉転がし　イキタマコロガシ
雪中遊戯の一つで、新潟県では雪の傾斜面に雪玉を転がしていく遊びのこと。雪は転がすと大きな玉になり、しだいに大きくなり、スピードもつく。麓《ふもと》まで転がり落として遊んだ。

雪だれ　イキダレ
新潟県魚沼《うおぬま》市において、冬期間の雪囲いをする場所の大きさに合わせて茅《かや》を藁縄《わらなわ》で編んだ簾《すだれ》を雪だれといった。薄《すすき》を落とさないように編み込み、細かい雪も通さないようにきめ細かく作った。

雪つつき　イキツツキ
↓ユキツツキ

雪っ降り　イキップリ
↓ユキフリ

雪止め　イキドメ
↓ユキドメ

雪雪崩　イキナデ

↓ユキナデ

雪ねんぼ　イキネンボ

↓ユキマミレ

雪の壁　イキノカベ

新潟県魚沼《うおぬま》市などでは、町の大通りに面した家々では通りに落とした雪を、家の両側に城壁のように高く積み上げるように固めた。これを雪の壁といった。大通りの中央は人や橇《そり》の往来するのを避けるよう工夫をした。

雪橋　イキバシ

石川県白山《はくさん》市で、雪が降り積もってその働きで谷川に雪橋ができることをいう。雪橋には二つの型がある。一つは谷川の岩や石の上に降り積もった雪が接続してできる型である。もう一つは雪崩《なだれ》が谷川に落下して流れを覆ってできる型である。雪橋はいきばし、ゆきだな、ゆきばしといわれるように、小川などの雪が両側から庇《ひさし》のように雪が突き出て川を被せる橋のようになった状態をいう。スノーブリッジともいわれている。↓ユキバシ

雪花／雪華　イキバナ

富山県東《ひがし》砺波《となみ》郡上平《かみたいら》村（現南砺《なんと》市）に雪花ということばがある。『とやま雪語り』（北日本新聞・一九八四）によれば、チラリチラリと降る雪の結晶で、「雪花が落ちてきた」という具合に使う。

雪降り　イキフリ
→ユキフリ

雪降り雷　イキフリカミナリ
石川県白山市《はくさん》においては、初冬の雪の降りはじめに鳴る雷を雪降り雷といった。

雪ほげ　イキホゲ
新潟県魚沼《うおぬま》地方では降雪が少なく、かんじきを付けて歩くほどではない時に、木鋤《こすき》・降雪鋤などで雪を左右にはね除けたことを雪ほげといった。

雪掘り　イキホリ
新潟県全域においては屋根などに積もった雪を地上に落として除くことを雪掘りといった。雪下ろしとも呼ぶが雪掘りの方が実感はこもっている。

雪掘り賃　イキホリチン
新潟県魚沼《うおぬま》地方などでは雪掘り人夫の手間賃のことを雪掘り賃と呼んだ。八人の人夫の手間賃のことを八人手間といい、十人の人夫の場合は十人手間といった。

雪掘り頼人　イキホリトード
新潟県魚沼《うおぬま》地方では雪掘りの労働者、人足、人夫のことを雪掘り頼人といった。→ユキホリトード

雪轆 イキマクリ

↓ユキマクリ

雪水 イキミズ

新潟県津南町《つなん》では雪が融けるとその水のことを雪水といった。↓ユキシロミズ

雪割 イキワリ

↓ユキワリ2)

雪洞 イキンドー

↓ユキンドー

板橇 イタゾリ

岐阜県高山市《たかやま》の飛騨民俗村の板橇は一枚橇の一種であった。薄い板を用いて作られ、先端を曲げて削って丸みを付けた。薪の運搬用として用いられた。玉橇も板橇の仲間で、一枚橇であった。板の前部を厚くして、後部を薄く削った橇であった。前の厚い部分に穴を空けてロープや鎖を通し、後部に木材の先端を載せて曳いた。

↓ユキゾリ（コラム）

一枚橇 イチマイゾリ

雪との抵抗は大きいが、安定感がある原始的な橇であった。急峻なところでの使用に適しているが、長い距離

や積載量にも限界があった。木製、竹製、藁《わら》製があった。↓ユキゾリ（コラム）

一文銭隠し　イチモンセンカクシ

石川県の新雪の雪原をほうばといった。ここで二人でする子どもの雪中遊戯をいった。遊びの範囲をほうばに決めておき、江戸時代の古銭の一文銭に約十センチメートルの藁紐《わらひも》を付けて、一文銭を投げ込んで相手の一文銭の位置を当てた。相手の場所を当てると一文銭を取られてしまった。そこで投げ込む時に相手の目を欺くのが要領とされる。一文銭に付けた藁紐はお金の目印と重さのおさえであり、雪の中で行方不明になることを防ぐためでもあった。

いっかかま　イッカカマ

石川県尾口《おぐち》村（現白山《はくさん》市）では、冬期間にいっかかま、いっかまという雪袴《ゆきばかま》を履いた。『石川県尾口村史第2巻資料編2』（尾口村・一九七九）によれば、袴の内股の部分に足した布は襠《まち》といわれ、普通は菱形であった。男女ともに履くもので、形態は四布型《しぬのかた》、前布《まえぬの》と後布《うしろぬの》とが同形のハコマチという正方形なので、ゆとりが出て着装後の動きが活発になった。正方形であることが古い形式の特徴であった。

いっさんこぶっさんこ　イッサンコブッサンコ

新潟県十日町《とおかまち》市で春になって暖かくなってくると行なわれた雪中遊戯の一つである。男児は木の枝に登り、大きな声で唄を歌いながら木を揺さぶって遊んだ。いっさんこぶっさんこという文句であった。『十日町市史資料編8民俗』（十日町市・一九九五）から引用してみると次のようにあった。「いっさんごっさん　いっさんごっさん」「いっさんぐっさん（ばっさん）桃の木がなったらもいでくれ」と。

一反降り　イッタンブリ

新潟県で大雪のことを一反降りといった。

一本橇　イッポンゾリ

一本の台木にV字型の積載荷台と舵取の腕木《うでぎ》を取り付けた橇であった。石川県、新潟県、長野県、岐阜県などの山間部に多く見られた。↓ユキゾリ（コラム）

一本づり　イッポンヅリ

山形県庄内地方では一本づりといって、男児は下駄の二本歯だけを取り外し、そのまま履いて氷雪の上を滑って遊んだ。この底の上に鉄製の縦帯を付けるとスケートのようになった。これを金下駄《かねげた》、金《かね》びったなどと呼んだという。

犬っこまつり　イヌッコマツリ

秋田県湯沢《ゆざわ》市に伝わる犬っこ市は寛永年間（一六二四―一六四四）頃からの伝統があり、今では観光行事となった。毎年二月の第二土曜日と日曜日に犬っこ餅を売る市は湯沢市中央公園で行われている。この風習は江戸時代に秋田藩佐竹南家の岩崎陣屋へ京都の公家から嫁入りした奥方が小正月に始めた遊び雛から起こったといわれている。岩崎陣屋の殿中守護の武士の慰労のために、小正月は早々に勤番の任を解き、その代わりに犬っこに番をさせたとか、盗賊退治の祈願のために犬っこを置いたとか伝えられている。人々はそれからというものの犬っこ市で買ってきた犬っこ餅を小正月の年取りのご祝儀膳の後ろに、窓辺、門口、土蔵、物置の入口へ秘かに並べて置いたという。この犬っこは火災、盗難を防ぎ、家を守るといわれており、その魔除けの呪いでもあった。雪の御堂を造ってシンコ細工の秋田犬を御供えして盗難避け、家内安全、無病息災、豊年万作を祈って小正月のお祝い後にシンコ細工の犬っこを戸窓塞《とまどふさ》ぎにした。その風習を観光行事化して湯沢市中央公園を会場にして雪で造った大きな御堂や犬の像を造った。行事の名称も犬っこ市から犬っこまつりに変化し、堂々とした雪像の大きさや犬の壮大さを表現している。夜になると雪見灯籠も点け、御堂と犬っこ像がクローズアップされてくる。犬っこ市は戸窓塞ぎの伝承として古いが、犬っこまつりの雪像は江戸時代の紀行家・菅《すが》江真澄《えますみ》（一七五四―一八二九）の『齶田濃刈寝《あきたのかりね》』には次のように記録されている。天明四年（一七八四）十一月半ば初めてかまくらを見たという。「羽州雄勝郡、雪中ニ穴ヲウカチテ、小童集リテ夜中ノ戯語数夜ニ及フ」とあった。これも湯沢市周辺のかまくらの様子を描いたものであった。子どもたちの遊びは二、三日続いたとしていた。出羽国では雪に穴を掘ってこれをかまくらと呼んでいた。夜ごとに子どもが入って松明を点して遊んでいたという。十一月、十二月から正月の半ばまで行なわれており、寒い日にお祝い事をして遊んでいた。菅江真澄は『粉本稿《ふんぽんこう》』にも次のように記録していた。「いてはのくににては、雪をうちかちて穴をほりて、是をかまくらといひて、夜ことに童入て、まつやにをともしてあそひぬ。霜月しはすより、むつきのなかはまてして、是こほつ日は、いみしきいひをせり」と。菅江真澄は『小野のふるさと』において湯沢の鳥追行事として次の記録を残していた。「十五日、けふは鳥追なりとひもて、しら粥に、もちゐひ入てくらふ。狗、猫、花、紅葉など、いろいろにいろどりたるかたしろを餅をもて作り、わりこに入て、わらはべ、家ごとに持はこびたり。これを鳥おひくわし（菓子）といふ。日ぐれちかき頃、小供等あまた、しろきはちまきをし、ちいさきかたなをさして、ささやかの棒をつき、木貝とて、うつぼなる木の笛を吹て、うちむれてはやしたてた里里むらむらをめぐり、夜さりになりては、田むすびといひてわら十二すぢをむすび、大につづきむすびたるを、田のひろければ世中よきためしにひき、はた、ちいさきむすびいくつもいでくれば、田のみのりすくなしと、させたり。又こめだめしすとて、よねを十二たびはかりて一とせのうらとふ。埋火のへたには、女のわらは集りてもちやきすとて、ささやかにもちゐひきりて、ふたつならびに火にうち入てやくに、声どよむまでわらふ。こは、すきたるためしにやあらん、女のかたより手いだしたるは、又、おとこゐよりたるはなど、これはかれ、かれはこれよとなづらへて、よともにしたり」とあった。これは当時の湯沢市柳田《やなぎだ》において見聞きしたものであるが、現在の湯沢の小正月行事として有名な犬っこまつりの原型がここに見られるのであった。この犬っこ祭は湯沢の鳥追行事が変化してなったものと理解できる。ここにおいては犬っこ祭は盗難避けの戸窓塞ぎに始まったものともいわれていた。

犬の皮　イヌノカワ

冬の防寒用着として犬の皮を背中に着用した。皮をなめすのは各家で行なった。米の小糠《こぬか》を鍋で炒り熱したものを皮の上にのせて皮の脂が小糠にしみ込むようにした。さらに皮を折り曲げて踏みつけた。熱が冷めると楔《くさび》型の金でこすって脂肪分を取り去った。これを二回、三回と繰り返してなめした。

いわい　イワイ
新潟県十日町《とおかまち》市において降り続く雪が流れ落ちることにより発生する表層雪崩《なだれ》のことをいわいといった。もやいわえともいった。

いわす　イワス
新潟県関川《せきかわ》村においては新雪の表層雪崩《なだれ》をいわすといった。うわす、わすともいった。山形県でも雪崩のことをいわす、うわす、おほてといった。↓ワス

いわっこーなぜ　イワッコーナゼ
新潟県十日町《とおかまち》市では表層雪崩《なだれ》のことをいわっこーなぜといった。↓イワナデ

いわなで　イワナデ
新潟県十日町《とおかまち》市では表層雪崩《なだれ》のことをいわなでといった。↓イワッコーナゼ

いわぼー　イワボー
新潟県上越《じょうえつ》市では表層雪崩《なだれ》のことをいわぼーといった。↓イワナデ

うす沓　ウスクツ
栃木県内の藁《わら》製の雪上履物を源兵衛《げんべい》といった。うすひき、おそひきとも呼ばれた草鞋《わらじ》に爪皮《つまかわ》を付けたもので遠出する時に履いた。

薄氷　ウスゴオリ

富山県小矢部《おやべ》市には薄氷といって、糯米粉《もちごめこ》に卵白を加えた生地を薄く焼いたせんべいに、和三盆《わさんぼん》蜜を刷《は》いた和菓子がある。水たまりに張った薄氷を模したものである。

薄雪　ウスユキ

少しばかり降り積もった雪のことをいった。

雨氷　ウヒョウ

融点以下に冷やしても雪の結晶にならず液体状態にある雨滴が降って、氷点下の樹枝や地上のものに触れて凍りついたもの。透明で表面が滑らかな氷である。物体に強固に付着する。鈴木牧之《すずきぼくし》（一七七〇―一八四二）の『北越雪譜《ほくえつせっぷ》』には次のようにあった。「堤の下に柳二三株あり、この柳にかかりたる雨、垂氷となりて一二寸ずつ枝毎にひしとさがりたるが、青柳の糸に白玉をつらぬきたる如くこれに旭のかがやきたるはえいはれざる好景なりしゆえ」と。この垂氷は気象学上の雨氷である。

馬の面　ウマノツラ

秋田県や山形県で冬期間に使われた兜《かぶと》状の毛笠の被り物に、馬の面があった。藺草《いぐさ》か、藁《わら》の芯を材料として茣蓙《ござ》状に織り、二つ折りにして後襟《うしろえり》に当たる一端を結んで細長い箕《みの》のような形に仕上げた。前面は穂先をブサブサにしたまま前方に突き出しておき、後部は綴じておく。頭から被って顎に紺か黒の木綿の紐を付けて結んだ。庇《ひさし》がひじょうに長くて横から見ると馬の面のように長く異様な格好になることから馬の面と命名された。秋田県仙北市《せんぼくし》角館《かくのだて》では、逆帽子《さかさぼうし》、逆さ笠、一杯笠とも称した。マタギが被るのでよく又鬼笠《またぎがさ》ともいわれた。奇妙な名前として借金なぐりという名前も生まれた。借金なぐりとは馬の面を被れば借金取りから顔を見られずに済むということからの命名であった。吹雪を避けるため前に庇が突き出ており、雪面から照り返す陽光を避けるために簾《すだれ》状にもなっていた。冬は防寒着ともなったが、夏は日除けにもなった。吹雪の中の橇曳《そりひ》き、山仕事のマタギや樵《きこり》が着用した。とらぼうあるいは尾花ぼっちともいわれた。とらぼうとは岩手県ではとのさまばったのことである。

梅のゆき　ウメノユキ

東京都新宿区には梅のゆきという上生菓子がある。茶席にて使用される。梅の花に雪が降り積もった様子を表現している。

梅の雪　ウメノユキ

京都には梅の雪といって、白餡を梅のような外郎《ういろう》生地で包んだ氷餅のような和菓子がある。

梅吹雪最中　ウメフブキモナカ

茨城県水戸《みと》市には梅吹雪最中といって、ふっくらとした梅の花の形をした、梅に因む和菓子がある。

うわす　ウワス

山形県東田川《ひがしたがわ》郡や西置賜《にしおきたま》郡においては新雪のことで、堅雪の上に降った雪をいった。

うわなで　ウワナデ

新潟県上越《じょうえつ》市において表層雪崩《なだれ》をうわなでといった。

うわぼ　ウワボ

新潟県上越《じょうえつ》市において大規模な表層雪崩《なだれ》のことをうわぼといった。

映雪読書　エイセツドクショ

書物を雪の光に照らして読んだこと。晋《しん》の孫康《そんこう》の故事により、苦労して勉学をするという意味を表現している。

えぎれ　エギレ

石川県白山《はくさん》市では雪の急斜面や屋根の雪庇《せっぴ》にできた亀裂をえぎれといった。雪崩《なだれ》の兆である。秋田県でも春になると降り積もった雪に裂け目が出る。これをえぎれといった。富山県では雪の裂け目をいぎれといった。山形県では雪割れや雪裂けをゆきひびといった。また、雪崩の先端に圧力によってできる雪の襞《ひだ》をゆきひだといった。

蝦夷かんじき　エゾカンジキ

北海道のアイヌが使用していた瓢簞《ひょうたん》型かんじきが、ちんるである。一本の材料を曲げて瓢簞のように作り、先端部において結合していた。瓢簞型にするのは左右に滑らないようにするためである。瓢簞型はアイヌのちんると似ているために蝦夷《えぞ》かんじきといった。特徴はかんじきの爪が左右二個ずつ合計四個あったことである。岩手県久慈《くじ》市近隣では同様なかんじきを蝦夷かんじきといった。青森県においても使用していた。↓ワカン

ジキ

海老の尻尾　エビノシッポ

寒気と吹雪でできる氷の芸術は冬期間に強風によって山の岩や木に生じる。風向きに発達した霧氷の着雪状態がまるで海老の尻尾に似ていることからいわれた雪の造形美である。形が風上の方向に伸びており、それが複数で生じる場合は海老が何匹もかたまって尻尾を向けたような形になっている。

縁切　エンキリ

石川県では豪雪地帯では屋根に降った雪が軒先から地面まで届くことがあった。このつながったところを切り落とすことを縁切といった。こうすることによって屋根から地面まで積もっていた雪を融かすことにもなった。新潟県上越市などではこずら切るといった。↓コズラキル

おおくら君　オオクラクン

山形県大蔵《おおくら》村肘折《ひじおり》温泉「おおくら雪ものがたり」実行委員会が、平成七年（一九九五）に制作した雪だるまである。高さ二十九・四三メートルもあり、世界一の雪だるまとしてギネスブックに認定された。それ以来毎年三月に出現し、現在の平成三十年（二〇一八）までに二十四世を数える。高さ十・八メートル、胴回り六十三メートルとある。東日本大震災発生の平成二十三年（二〇一一）からはおおくら君の雪が完全に融けてなくなる日までの予想クイズ「春が来る日」を行なっている。

大葉　オーツパ
新潟県において牡丹《ぼたん》雪のことをいった。大きな葉のような雪が降ることを指す。

大幅雪　オオハバユキ
秋田県において形が幅広の雪のことを大幅雪といった。ぼたぼた雪に似たものである。

大雪　オオユキ
①激しく積もる雪。②たくさん積もった雪。③冬期間にたくさん雪が積もった状態の呼称。

おーら　オーラ
新潟県において乾雪表層雪崩《なだれ》のことをおーらといった。ほーらともいう。↓ホーラ

岡の雪　オカノユキ
大分県竹田《たけた》市の和菓子、岡の雪は、卵白を使ったメレンゲの淡雪《あわゆき》菓子である。

御高祖頭巾　オコソズキン
高祖日蓮《にちれん》（一二二二―一二八二）の像の頭巾に似ていたところからの命名といわれていた御高祖頭巾は、婦人が頭に巻く防寒着や埃《ほこり》除けとして着用した。大きさは幅約八十センチメートル、長さ一・五メートルぐらいの布に紐を付けたものであった。同色の裏地が付いており、片隅に家紋が染め抜かれていた。布地は絹か縮緬《ちりめん》であった。若い女性は藤色、年配者は紺、黒、灰色を用いた。外出用のよそ行きでもあった。着物の袖のような

形から福井県では袖帽子《そでぼうし》といった。その他にも袖頭巾《そでずきん》、単に御高祖《おこうそ》とも呼ばれた。防寒着としては防雪には不向きであり、大正時代に角巻《かくまき》が出現すると廃れてしまった。

御降り　オサガリ

元日に降る雨や雪をいった。正月の三が日に降る雨や雪もそのようにいった。農家では元日に雨や雪が降るとその年は豊作になるといわれ喜んだ。元日の雨や雪は「富正月《とみしょうがつ》」ともいわれた。民俗学ではお正月はすべての生物が躍動して、春を迎え、人々が生命力の更新を喜び祝ったために目出たいとされた。おんふり、御下とも書いた。

遅雪　オソイキ

石川県白山市《はくさん》では春彼岸あたりを降雪のあがりとしていた。そして彼岸以降に降る雪を遅雪といった。

落ちぐろ　オチグロ

石川県白山市《はくさん》では、雪中遊戯の一つとして、子どもたちが雪道に落とし穴を作って遊んだ。これを落ちぐろといい、落ちりんこ、うつんこなどとも呼んでいた。

男雪・女雪　オトコユキ・オンナユキ

雪国では雪の塊を川へ投げ入れて遊ぶ雪中遊戯があった。新潟県魚沼《うおぬま》地方では、雪を川へ投げ入れる子どもの遊び、男雪・女雪があった。川へ雪を投げ入れて、雪の塊の中央部だけが残って流れていくことがあった。これを男雪といった。一方、投げ入れた雪の中で全部が水に浸みてしまう雪を女雪といった。何度も何度も繰り返して雪を川へ投げ入れて遊んだという。

落とし　オトシ

雪中遊戯の一つで、青森県では雪の積もった道路に人を落とすために雪を掘って仕掛けた穴のことを落としといった。昔は除雪をすることが少なく、家が見えなくなるぐらいの雪が積もった。そこに用足しに来た大人が落ちたりしたものだった。新潟県でも落としといった。↓ドフラ

おば　オバ

新潟県では降り始めに起きる表層雪崩《なだれ》のことをおばといった。

お神渡り　オミワタリ

長野県の諏訪湖においては、気温が下がると氷が収縮するため、湖一面に張った氷が割れることがあった。そしてその裂け目に沿って氷が盛り上がる現象により氷の道ができる。物理的には鞍状隆起現象と呼ばれるものである。厳寒期の一月から二月にかけて発生する男神と女神の愛の道といわれている。諏訪神社は諏訪湖を間にして上社《かみしゃ》と下社《しもしゃ》に分かれている。お神渡りは上社の大明神が対岸の下社の神に会いに行く時にできる愛の道という言い伝えがある。諏訪神社の氏子はその年の作物の豊凶を占った。お神渡りの記録は応永四年（一三九七）から約六百年間諏訪神社に保存されている。湖の南東から北西に渡る「一の渡り」と「二の渡り」がある。それにほぼ直角な「三の渡り」もある。お神渡りは毎年あるわけではないが暖冬の年は少ない。長野県小海《こうみ》町の松原湖、同県信濃《しなの》町の野尻湖《のじりこ》、群馬県高崎市の榛名湖《はるなこ》、北海道の屈斜路湖《くっしゃろこ》にも同様の現象が見られ

る。屈斜路湖の規模は日本一で、十キロメートルにもおよぶ。

重い雪　オモイユキ

新潟県において湿って重たい雪のことをいう。

重てー雪　オモテーユキ

新潟県において湿って重たい雪のことをいう。

泳ぐ　オヨグ

新潟県魚沼《うおぬま》地方では、新雪の多く降り積もった雪道や雪原において水中を泳ぐように漕ぎ進むこと泳ぐといった。また、深く降り積もった雪道や雪原をかんじきを履いて、膝まで埋まって歩き進むことを漕ぐといっていた。雪の中を当てもなく歩くことをこざくといった。先に人の通った足跡を辿って、雪に足をとられながら歩く道を人足道《にんそくみち》といった。足をすくわれるように大きく滑ることをすなべるといった。足のぬかるみが深い場合は、どっぷるとか、どっぽるなどといった。足が雪の中に滑り込んだり、ぬかったりすることをぬっかるといった。

下ろし雪　オロシユキ

秋田県では屋根から下ろした雪を下ろし雪といった。富山県では屋根雪が落ちることをのまが落ちるといった。屋根雪も雪崩になることがあるので危険極まりない。

御下　オンフリ
↓オサガリ

【か行】

かい鋤　カイシキ
全体を一本の木から作った木製の雪掻き用の除雪用具を青森県ではかい鋤と呼んだ。一本の木の先端を鋤《すき》状にして、それに棒を付けたように削った。かえ鋤とも呼ばれ積雪地帯に分布して、東北地方や北陸地方では木鋤《こすき》、雪鋤《ゆきすき》などと呼んだ。このかい鋤、かえ鋤は雪を削ったり、砕いたり、切ったりするのに使用した。こうせつべら、こうしき、こうしきべら、こうすき、こしき、こしきだなどともいった。

回雪　カイセツ
風に吹き回わされる雪を回雪といった。それを転じて巧妙な舞のたとえをいう。

皚雪　ガイセツ
雪の白いこと。

蛙の目隠し雪　カエルノメカクシユキ
新潟県阿賀《あが》町における表現。春になって雪が融けてから降る雪は積もる雪ではない。たいした雪ではないが、雪には違いないので、軽い程度を表わすために、蛙の目隠し雪といった。

角巻　カクマキ

冬の寒さよけにネルの布が首巻・頸巻、襟巻とされていたが、頬被りとしても使われていた。大正時代に入ると外出用として角巻が登場し、吹雪や地吹雪で重宝されて、着用されるようになった。帽子付きと帽子無しがあり、よそ行き用であった。大形の四角い毛布で、頭や肩から掛ける、東北や北陸地方の女性用の被り物であった。角巻の他に青森県津軽《つがる》地方や秋田県鹿角《かづの》地方ではフランケ、福島県二本松《にほんまつ》市あたりではケット（毛唐）とも呼ばれた。その形態が風呂敷に似ているところから風呂敷とも呼ばれた。地方から上京してくる人の多くは、厚手の縦長四辺形の赤いケットを頭から被っており、すぐお上りさんと判った。平成二十二年（二〇一〇）十二月八日には角巻を青森県の冬季観光の活性化に活用しようとして青森県観光関係一〇団体で「あおもり角巻ネットワーク」（代表世話人角田周津軽地吹雪会代表）が設立された。地吹雪体験ツアーで角巻を巻き付けて参加することにしている。平成二十四年（二〇一二）三月に第二十九回ＮＨＫ東北ふるさと賞を受賞した。

かさかさ　カサカサ

薄い雪が降る様子を描写した。さらにその降雪の音をかさかさという。

重ね着　カサネギ

青森県弘前《ひろさき》市では冬になると重ね着をした。子どもたちは何枚着ているのか、着物の襟元を見て数えたという。その時の数え唄があった。「おおふく、こふく、さいわい、びんぼ、かねもじ、くらもじ（大福、小福、幸い、貧乏、金持、蔵持）」といった。

風ばっこ　カザバッコ

吹雪の際に雨戸や軒の隙間から洩れる風の音をいった。↓フギバッコ

風花　カザバナ

山形県では乾いた雪を風花といった。新潟県湯沢町《ゆざわ》では初冬にフワフワと飛び散ってくる小雨や小雪を風花という。青空に雪がヒラヒラと舞い落ちてくると、天候が急変して荒天となることが多い。

笠雪　カサユキ

群馬県水上町《みなかみ》（現みなかみ町）では初雪が山の頂上に降った状態を笠雪といった。山が笠を被ったようになったのを表現したのである。そして、この年の冬の雪が少ない兆候であるといわれた。

風雪　カザユキ

↓ユキカゼ

鰍稽　カジカスベ

秋田県南部において多く履かれた藁沓《わらぐつ》である。川魚の名を持つ履物で、沙魚《はぜ》に似た細長い履物であった。沓前の面《つら》と側面の頬は踵《かかと》へ届くほど長くなっている。横緒は仙台沓や蟬頭と同様に一本であるが、真中より前の鼻により近い。爪掛け部分を足の厚さほどに作ったが、妻籠草鞋《つまごわらじ》や踵稽《あくとすべ》より薄かった。↓アクトスベ、セン

ダイグツ、セミガシラ、ツマゴワラジ

風クラスト　カゼクラスト

積雪の表面の層が風で吹かれて固くなった状態をいう。

寡雪　カセツ

極端に雪が少ないこと。比較用語で大雪、豪雪、小雪、寡雪と使用する。

風雪崩　カゼナダレ

春先の気温の上昇と強風によって、傾斜地の積雪の新雪が滑り落ちる現象をいった。

風花　カゼハナ

晴天の日に一度降った雪が吹き飛ばされて空中を飛来すること。雪片が風に運ばれて舞う。初冬に北西の風まじりに降る小雨や小雪のこと。風花《かざばな》ともいった。新潟県では風に乗って少し降る雪のことをいった。上州では吹越《ふっこし》という。↓カザバナ

風交じり　カゼマジリ

雪や雨などが風に交じって降ること。

片平雪　カタビラユキ

花弁の片平のような雪のこと。山形県では湿雪のこと。↓アワユキ

堅雪　カタユキ

冬期間に積もった雪が昼になると春の暖気で融けかかる。そして、夜になると寒気で冷えて表面が粗目《ざらめ》のように堅くなった状態をいった。その雪面のよごれを雪垢《ゆきあか》や雪泥《せってい》といった。秋田県では三月近くになると雪が昼間には融けて夜中に堅く凍った雪になるが、それを堅雪という。

堅雪　ガタユキ

山形県での堅雪のこと。→カタユキ

かち玉　カチダマ

→ユキマゴ

雁木　ガッキ

新潟県魚沼《うおぬま》市では玄関の出入口に雪の侵入を防ぐための庇《ひさし》としての雁木を設けた。雪棚《ゆきだな》とも称した。この雁木の下を、薪の一時保管や雪中作業の準備場とした。新潟県魚沼《うおぬま》市では前中門造りの前に約一メートル幅の庇を付け足した。この下に薪や農具を収納した。雁木には雁木柱を立てて、その間に厚い囲い板を嵌め込めば、雪囲いができるようになっていた。

かっころ　カッコロ

毛皮のことをかっころと称したと弘前藩士比良野貞彦《ひらのさだひこ》（不明―一七九八）が著した『奥民図彙《おくみんずい》』に書かれていた。かっころとはあおじしといった羚羊《れいよう》、熊、犬などの皮で作った袖の付いた防寒着であった。山で狩猟生活をする人々は獲物の皮を防寒着に利用した。冬の漁労においても東北地方の漁民たちがすべて毛皮を着用するようになったのは、漁業の北進と寒気増大に原因があった。

がった　ガッタ

山形県最上《もがみ》地方では、雪が降り積もることにより道が凸凹の段々のある状態になってしまう。荷車などがそこを通る時にがったがったと鳴るのでがったといった。

がっち　ガッチ

がっちとは雪国において堅さを競い合う雪中遊戯の一つであった。雪玉を丸めてお互いにぶつけ合い、それによって相手の玉を割ることにより勝負を決める遊びであった「がちがちまめんなーれ」と歌うこともあった。新潟県ではがっちん、がち、かち、かちだま、かちどかちど、かちん、かちんこ、がっちゃい、かっつき、ゆきがっち、きんこ、きんご、きんこら、きんごり、こま、こんぼっかち、ぶつけっこ、つぼんこ、つぶんこ、いきだんご、まごかっちなどともいった。

がっと　ガット

石川県能美《のみ》郡新丸《しんまる》村（現小松《こまつ》市）では雪中遊戯の一つに、がっとがあった。一メートル以上の大雪玉を作って、それをたんことといった谷川の中に転がし込んで水をせき止めて、水の力でもって大雪玉を溶かしてしまう勇壮な雪遊びであった。

桂乃雪　カツラノユキ

山梨県甲府《こうふ》市には、甲州葡萄一粒を求肥《ぎゅうひ》で包んで果実を菓子にした桂乃雪がある。

かてる　カテル

石川県白山《はくさん》市では二月中旬を過ぎると新雪は少なくなる。雪質は表面より変化しはじめ、昼間に融けた水分を含んだ雪は夜間になると凍結する。これを繰り返すと、表面の雪は締まった状態になる。この雪質の変化をかてる、かせるといった。この雪には小型のかんじきを使った。

かなっこ取り　カナッコトリ

雪中遊戯の一つで、新潟県では氷柱《つらら》のことをかなっこり、かねっこりと呼んでいた。取ったつららの大きさを競い合って遊んだ。そして取ったつららは雪だるまの手や雪で作った城の飾りなどに用いた。

金篦　カナベラ

青森県青森市細越《ほそごえ》などでは金篦という除雪用具があった。金篦は雪を切り落としたり、スガ（つらら）を切り落とすのに使われた。屋根の部分の凍った雪を取り除くのにも用いたという。

金下駄　カネゲタ

青森県八戸《はちのへ》市近辺では下駄の底の歯を取り外して、V字型の台に鉄がねを採り付けた。鉄がねの鼻先が渦巻状に曲げられていた。これは雪につまずかないようにとの配慮からであった。この滑りがねの部分は鍛冶屋に作ってもらったという。また、店先で売っているものから選んで、それを買って取り付けた。鉄がねの高さは低いものから高いものまであった。初心者は低いものを使用した。上達してくると高いものに乗った。普通の下駄の鼻緒に足を差し込むものであったが、防雪用の爪皮《つまかわ》の付いたものもあった。山形県庄内《しょうない》地方では普通の下駄の歯を取り外し、鉄を縦に一本付けた金下駄が遊具となった。

かねこる　カネコル

富山県上市《かみいち》町においてはつららのことをかねこるといった。

かぶり　カブリ

新潟県では家の屋根に降った雪によって雪庇《せっぴ》ができる。それをかぶりといった。山の雪庇の下の空洞になっているところもかぶりといった。山形県ではこれをむれという。↓フッカケ

かまくらやくの祝い　カマクラヤクノイワイ

秋田県大館《おおだて》市十二所《じゅうにしょ》における火振《ひぶ》りかまくらの行事である。江戸時代には行なわれていた。長らく中断していたが、平成二十三年（二〇一一）二月十四日に十二所公民館駐車場において復活した。この行事は炭俵の中に秋の落葉を詰め込み、夜になって俵に火を点けて大きく振り回すというものである。白銀の雪原を背景に俵を盛んに振り回すと、雪の上に紅葉が散るように、火花を春風に散らすような場面となった。火の鳥の雄飛を見るような火振りかまくらは角館《かくのだて》が有名である。江戸時代の紀行家・菅江真澄《すがえますみ》（一七五四―一八二九）も日記「秀酒企《すすき》の温濤《いでゆ》」（『菅江真澄全集』第三巻）に次のように描いていた。享和三年正月「十四日此夕くれつかたより人さはにむれたち、十二所の里なる、れいのかまくらやくの祝ひ見なんとて行けり。久保田に見しはや

しにかはらざりけれど、秋の葉をいたくかい集て俵にこめて、これに火をかけてただふりにふれば、雪の上に紅葉のちりくかと、火花を春風にちらしたるは、めもあやに又なきためし、風情ことなりき」と。

■コラム■

秋田のかまくら　アキタノカマクラ

秋田藩政時代（一六〇三―一八六七）に那珂通博《なかみちひろ》（一七四八―一八一七）と淀川盛品《よどがわもりただ》（一七六〇―一八一八）が、執筆した『出羽國秋田領風俗問状答《でわのくにあきたりょうふうぞくといじょうこたえ》』には、小正月のかまくら行事について次のようにあった。少し長いが引用しておく。「此日には左義長をし侍る。是を鎌倉と申す也。鎌倉の祝の体ハ、二日三日ばかり前より門外に雪にて四壁を造り、厚さ一尺二尺にし、水そゝぎ氷かためて、それへ其日にハ芽《かや》を積ミ、門松・飾藁なんどミな積ミて、四壁には紙の旗、さま〳〵の四手切かけし柳などかざり、わらはべ打群れ、ほたき棒てんでに堤て、ゆきかふ女あらば尻うたんと用意す（若き女などこの日ハおそれて多くハ往来せず）。木のほら吹鳴らしてやゝ暮行頃、几《つくえ》に餅と神酒を供し火きりて焚付る也。火の熾んに燃上るを待ニ待て、四壁に立たる米の俵結付し標を引きぬき〳〵、火を移して振まハる。これ見んと堵《カキ》のごとくに立つどひたる中よりも若き者どもはしり入て同じく振。よね俵ハ二百三百用意し、つけ替〳〵振らする也。馬もちたる人々ハ馬にものミせんとおのれも馬にも火の覚悟してのりたて〳〵通るに、馬驚さんとことに拍したて火ふりかくる也。この事ハ家継すべきをのこらを産たる家にて、其子の十五になるまでハする事に候へば、一町にハ三、四、五、六ハかならず有《ある》る也。其夜ハ親族あつまりて酒盛りし、夜の明るもしらで謡ひ舞ひするに、外通る人の見知らぬも立入てうたひつき舞かなづる事も候なり。飲食ことなることもなけれど、多くハ例のはにしんの吸物・ふきとり餅にて候。紙の旗に、鎌倉大明神と書候ハいかなる神にて候や。左義長・爆竹なんとも書候。火を焚き候時ヂヤアホイ〳〵《ヂヤアホイ》とはやす。又詞あり。鎌倉の鳥追ハ、頭切て塩付て、塩俵へうちこんで、佐渡が嶋へ追てやれ、佐渡が嶋近くバ鬼が嶋《しま》へ追てやれ。是は廓内侍町の体にて候。廓外の町々にも候へしが、家居建こミて火の災をおそれてや、今ハたま〳〵にて候。田家にもあれど十五日の夜にて一ト里に一所なり。きハめて有にもあらず」と。これは秋田藩の城下において左義長《さぎちょう》をするとし、これを鎌倉といったとする。この行事は二、三日前から門外に厚さ三十～六十センチメートルぐらいの雪の壁を造っておき、水を注いで凍らせておく。それへ茅《かや》や正月の門松、飾り縄などを積んで四方の壁に紙の旗や柳などを立てておいた。木の法螺貝《ほらがい》を吹いて、夕暮れになると餅と御神酒《おみき》を供えて積んだものに火をつけた。さらに、米俵に火を移してそれを振り回した。この米俵は仲間も加わるので二百枚から三百枚も用意しておいたという。この鎌倉行事は男子が元服する十五歳まで行なわれたという。そして家の方でもお祝いをしたとあった。ここに記述されていることを整理してみると、正月の門松などの飾り物を焼く左義長、その火祭りの左義長を鎌倉といった。江戸時代の秋田藩の久保田城下では男子元服祝を正月十五日に行なっていた。そして、左義長を鎌倉といったのである。これが秋田の鎌倉である。これが農村部に伝播して鎌倉が終了すると鳥追い行事となった。

鎌倉は古来宮中において正月十五日に行なわれていた悪魔祓いの儀式の左義長に由来するとし、秋田には後三年の役（一〇八三―一〇八七）の武将鎌倉権五郎景政《ごんごろうかげまさ》が伝えたといわれていた。武家屋敷では元服の行事として行なわれ、それが農村に伝わり、男子は若勢《わかぜ》組・若者組に加入する祭の儀式ともなった。明治四十四年

（一九一二）に行事の最中に火災が発生して、当時の警察より中止を命ぜられて以来六十余年も中断を余儀なくされていたが、昭和五十五年（一九七五）二月に楢山太田《ならやまおおた》町連合会が太田町子ども会などの協力のもとに復興させた。それが秋田楢山のかまくら保存会であった。これが秋田楢山のかまくらである。かまくらは男子の行事で、昔は婦女子の立ち入りは禁じられていた。男の子は七歳で子ども会に参加し、十五歳で成人元服して子ども会から脱し、若勢の仲間入りをした。その儀式もこのかまくらの期間中であったという。それに悪魔祓い行事が農家の豊作祈願行事になり、子どもたちの遊びへと変遷と変貌を遂げた。子どもらはホテギ棒を持って木法螺貝《きほらがい》を吹いて郷内の初嫁の家などに、「強い男の子を生むように」といっては押しかけていた。そうすると家々では餅や御祝儀を出した。このホテギ棒は柳の木で作り、祝い棒ともいわれ、正月になるとよく売りに来た。現在は作る人がいないという。かまくらの最終日には屋根に使用した藁《わら》を束ねて火を付けてどんど焼きが行なわれた。その火で焼いた餅を食べると一年間は風邪をひかないともいわれた。このかまくら期間中に家々から貰った賽銭は、それに注連縄《しめなわ》飾りの藁の一部を添えて各戸に配り、これを戴いた家では囲炉裏の鉤《かぎ》の花に括り付けて一年間の豊作と火の用心を願った。その他に無病息災、家内安全などを祈ったという。

　秋田楢山のかまくらの造り方は、農家の若勢達が行事の二、三日前より戸板で枠を造り、雪を踏み固めて水をかけて凍らせて雪の壁を作りあげることから始められた。その上に、子どもたちが長木丸太や藁などを各農家より集めてきて屋根を造った。中に祭壇を設けて鎌倉大明神と水天宮《すいてんぐう》の掛け軸を掛け、三方に御供餅二組、御神酒一升、塩ととぎ米、榊《さかき》、大根や人参などの野菜、赤身の生魚二匹、スルメ、蠟燭などを供えた。水は桶に柄《ひ》杓《しゃく》をつけてあげた。祭壇と入口に付けた注連縄には五色の御幣《ごへい》を下げた。かまくらの大きさは五・四メートルと四・五メートルの周囲で入口に薦筵《こもむしろ》を下げていた。かまくらの管理は、行事期間中は十五歳の男の子を大将として指揮させ、七歳以上の男の子が参加した。ただし、女の子は加わらなかった。子どもの年長者の何人かはここで寝泊まりをした。十五歳の男の子を持った家では子どもたちを招いて御膳を供えて御馳走して元服の儀式を行なった。ここの祭壇に祀られた鎌倉権五郎の伝承であるが、この地区においてはある説によると、権五郎は醍醐《だいご》天皇（八八五—九三〇）の末孫であり、後三年の役の戦いで片目を弓矢で怪我をしたという。当時の主食は稗《ひえ》や粟《あわ》であったといわれ、この地方に稲作を教えたのが権五郎とされていた。水天宮の方は後で農民にとっては水が何よりも大切なものからと合祀されたといわれていた。

　秋田牛島《うしじま》のかまくらについては、当時新聞記者だった宮崎進（生没年不詳）が、土地の古老柳田辰蔵から聞書きした「かまくらの語源と歴史」（『出羽路』14号・秋田県文化財保護協会・一九六一）が残っていた。それによると、牛島柳田新田のかまくらは、「十五才の男子の家が宿元となり、一月七、八日頃鳥追い小屋を建てる。長さ五間余、幅三間余、三方を雪壁で囲み、天井は腕木を入れて藁屋根、床はヌマを敷き二、三十人は座れる広さ。炉を二ケ所開き、奥正面に権五郎さんと称する御幣を祀り、神酒や餅を備え神主の修祓をうける。小屋の入口にはしめ縄を張り、外には紙幟を立て柳の枝に五色の紙をつけて飾る。小屋作りは大人の仕事であるが、かまくら行事は子供の管理である。上座の炉には十五才の少年、下座は年少の子供が座る。年長の少年は数日小屋に宿泊しその間大人の参拝もある。十四日に鳥追い、十五日には屋根藁や部落の正月飾りを焼く。柳につけた色紙は各家に持ち帰りお守りとして自在鍵につけた。ここのかまくらは少年の成人式、鳥追い、権五郎祭りが複合した行事である」と。次に、牛島中のかまくらを藤本儀一「秋田市牛島のカマクラ」（『秋田魁新報』二月十四日夕刊・一九七〇）より紹介してみる。「当時の牛島は上中下の三区に分かれ、それぞれにカマクラがつくられていたし、柳原新田にも別に一つあった。私の所は『中』に属していたが、そのカマクラをつくる場所は毎年定まっており、百姓仲間で最も古い家の一つとされていた佐川重兵衛さんの屋敷に続く畑の一角で、日本海の西風をまともに受けるところであった。このカマクラづくりには古くから伝わる様式があるとして、牛島の祝儀不祝儀行事の世話役といわれた高橋老之助さんが取り締まりそれに物好きな四、五人のおやじさん達が手伝った。子供の私らはもっぱら構築材料のワラや、なわ、クイ、長木をもらい集めたり借りて来たり、側壁に用いるゴロッコ（ゆきだまをころばしてつくる）づくりなどに回されたものだ。カマクラは入り口が南に面した鳥海山の見える方角につくられ、間口三間（五・四メートル）奥行き五間（九メートル）の広さ、地面からの高さはむね木のところで、十二尺（三・六メートル）側壁の高さ四尺（一・二メートル）くらいだったろう。側壁は雪、屋根はワラでふいた。そしていちばん奥には『カマクラのごんごろうさま』のご幣が飾られていたし、その前に、〝おかみの大将〟たる上級生達のすわる『おかみ座』の炉が切ってあり、入り口近くには小学四年生以下一年生までの〝小車の座〟になる『おしもの座』がつくられてある。上級生達は十五日からおよそ四、五日間、そこに寝泊まりした。（中略）毎夜カマクラを出て町内の家々を順番に回り『カマクラのごんごろうさんにあげてたい』と言いながら、モチや時にはおかねをもらい歩くのは恥ずかしいやら楽しいものだった。この数日間を過ごすと、こんどはこの〝住みなれた〟カマクラをこわして、クイや長木はそれぞれ持主に返し、ワラを山と積んで火をつけるのはその昔、源義家に従ってきた鎌倉権五郎景政が、安倍一族と後三年の役で戦った時の軍陣撤去をしのぶものと聞いた。またカマクラは昔の質素だった野戦時の生活をして、社会人たる勉強と寒さにまけないからだをつくるものだとも聞かされた」と。

秋田藩士人見《ひとみ》蕉雨《しょうう》（一七六一―一八〇四）は、その著書『黒甜瑳語《こくてんさご》』で、「鎌倉の祝ひ」として次のように述べていた。「藩人懸孤（こともまふけ）のとしより正月十四日と云へば、鎌倉の祝ひとて一日二日前より雪城を築き、柳条にいろいろ飾りものし旗おし立て、数多聚り木螺吹そらし黄昏過る頃より大に火をふり雪城を焼き崩し、鬨の声を上げて夫より引手（まうけ）ものに餅（もち）菓子やうのものをとらせ、其夜は近き友は元より親疎となく招き、又近き采邑よりもり暁まで諷ひ酒宴し舞狂ふ。多くは男児十五歳までの儀となす。市街にも此戯をなしきりかけ飾り藁を焼くなどは、むかし武塔天王八将の神をして巨旦将来《きょたんしょうらい》を討たしめ給ふ例、委《くわ》しくは簠《ほ》簋内伝《きないでん》（陰陽道経典）を引きし『備後風土記』の説、鎌倉神と云ひて神酒灯明するも塩津老人（蘇民将来《そみんしょうらい》）、春幸姫（頗梨采はりさい女）を祭りし事荒唐の譚に近く、止牟止（とんと）、左義長とかやは支那爆竹の余風火をふるはやし言葉は追鳥の故事なり。又翌十五夜、城北の泉むら神田八柳（秋田市神田、八柳）の辺に追鳥とて火をふり綱を挽合ふは、歳時記に見えし荊楚《けいそ》の間になす上元紅挽（つなひき）の戯に似かよひり。此ほど童部等粥杖（藩人ほだ木とも云ふ。寺島か『三才図会』に我国長木（大館市長木）か沢の事を訳し、此沢より出る。木を長さ五六尺にしきりを保多木と云。又或は鼈木《べつき》と云ふ。鼈《すっぽん》の名は其木背に甲あるゆゑと云へるもおかしき談なり。価は其根末と寸法による寸法をすつほんと謬《あやま》りしや。ほた木又追打木とも云ふ所ありとなん）を以て往来の女伴を追ひ打ち悩ます」と。この書物は一七九八（寛政六年）にかかれたものであった。この文中において示唆に富むものがかなり残されていた。それは、「鎌倉の祝ひ」として「雪城を築き」、それを次の日に、「大に火をふり雪城を焼き崩し、鬨の声を上げ」るという。まさに戦国時代の再現を残す城攻めの風習であった。この行事が殺伐となり、雪城焼打ちが始まったという理由を次に物語っていた。「小室玄民か奥羽昔物語に、往古より追鳥とて此夜火をふりしは奥羽にはありしが、相州高時没落のとしは東国よりも人数多行至り、其後より此戯に景容甚しくなり、雪城を焼討するもやうをなす事と云へし」としていた。ただし、鎌倉大明神の正体については何ら触れられてはいない。そして、「左義長とかやは支那爆竹の余風、火ふるはやし言葉は追鳥の故事なり」としていた。「はやし言葉」は記述されていなかった。

人見蕉雨は一八〇四（文化元年）に『秋田紀麗《あきたきれい》』を著して、そこにもかまくらを描いており、それは次のようであった。「十三日男の児ある家は鎌倉とて雪城を築く。十四日削りかけの祝ひ、是も粥杖の遺意とそ云ふめる。江戸より来りし家には必らずなす事也。朝より鎌倉の飾りもの目ざまし。左義長は三毬打にて、止牟止の類爆竹の事とぞ。其他鳥追や蘇民将来の事をも云。木螺を吹もの耳を貫、黄昏より火をふり歩き叫喚んで、雪城を焼崩し鬨の声を揚ぐ。果は菓子やうの引出物とらせ、夜すから乱舞乱酔していろ〳〵の芸尽し、暁を知らず。此戯市中にもあれども、失火を拍れて火は午前《ひるまえ》にふる。此夜厄払歩行く。かざり松、とし縄、ひさく、銚子、一切のかざりを取る。歳時記を考えるに、立春の日に鉤繦《かうこう》の戯とてあり。さいつ頃まで、此夜城北の泉村に是にひとしき事聞ふ。神田、蓑口、八柳、保戸野村などの若者等をはじめ、祖父、姥、婢、小女郎、小童まで出て縄を引合ふ。曳負る方は其としの作毛があしきとて双方力に任す。夫より火をふりて鎌倉のことし。結句は喧嘩口論捻合ふて疵を得たるもの少なからず、今もあるにや。予も二十年ばかりも前ならん、此戯を遥観せし事あり」と。この『秋田紀麗』は城府とその近辺の風俗を、時系列に従って記したものであった。人見蕉雨藤寧《ふじやす》は幼名を常治と称し、後に宅右衛門、但見と改めた。字士安、蕉雨斎、長流篙翁、看山楼、黒甜病痩、江領山人などの号があった。博覧強記で、その措辞《そじ》または雄渾典麗《ゆうさんてんれい》をもって称せられた。秋田藩士で小姓《こしょう》から出仕して大番組頭《おおばんくみがしら》まで進み、文化元年（一八〇四）五月に四十三歳にて病没した。『黒甜瑣語《こくてんさご》』と同様に、『秋田紀麗』においてもかまくらは攻防戦のある荒々しい行事となっていた。雪城を焼き崩すのは鎌倉攻めを想定していたものとされていた。そして武家社会にとっては跡継ぎをする男子の行事として小正月の恒例行事となり、その夜は親類縁者を招いて酒盛りをして、新年に当たって子どものよりよき成長を祈ってお祝いをしたということであった。ここにおいてもかまくらや鎌倉大明神の正体は不明であった。あまつさえ、かまくらに正月様を祀ることもしていない。

伴蒿蹊《ばんこうけい》（一七三三—一八〇六）編の『閑田次筆《かんでんじひつ》』は一八〇六（文化三年）刊行の随筆集であった。この中に『雪のふる道』が収録されていた。作者は津村淙庵《つむらそうあん》（一七三六—一八〇六）であり、次のようなものであった。「かまくらとて、十四日は雪を集めて竃を造り、門松をつみて焼あげ、その火を俵やうの物に移しとりて、町のほどをふるひありき、人の家にも投入て、ことぶきなりとてさわぎのゝしる。俵を竿なとにさしあげて、うちふるひ行ちかふは、夜ルのほかげはしたなきものから、中々やうかはりてめづらし。町ごとに火をたきつゞけたれば、けぶりたち添て、十四日のよひは空も赤うくゆりあひたり。雪の竃は町ごとに必一ところあり、家より高うよもを囲みてつくり、四日いつかまへよりかまへいでて、鎌倉おこなふとて、よるも人其内に入臥ス。木をもて角につくりて、をづのとなし吹ならし明す、ひなの手ぶりいとあやしきわざにこそ。つとめてあづきの粥すゝめたるなん、故郷にかはらぬここちするかし」と。『雪のふる道』は江戸の商人が絵入りで書いたもので、天明八年（一七八八）の著作であった。前のものは民間人が執筆したものであり、役人であった武士が描いた『出羽國《でわのくに》秋田領風俗問状答《あきたりょうふうぞくといじょうこたえ》』は文化十二年（一八一五）に上梓された。これにも絵が描いてあるが似ている面が多かった。津村商人の方はかまくらを竈《かまど》の上半分切り取った形に描いており、武士の方はかまくらを城壁の様に描写していた。かまくらの最後のハイライトシーンの雪城焼きを竈そのものと考えたところが商人的でユニークな箇所である。武士のかまくらは城、陣、基地としており、カマドの竈とはしていない。ここに両者の相違がみられる。

菅江真澄《すがえますみ》も『笹屋日記《ささのやにっき》』において久保田城下のかまくらを描いていた。「城内坊《サモラヒマチ》に、此夕《コヨヒ》、鎌倉祭とて、ふり積む雪をかい束《ツカ》ね、ついひゝぢの如《ゴト》に切り立たるは、小田の形《サマ》にも似《ニ》たり。それに松立、しめひきはえ、もちひ、みきそなへ奉りて、鎌倉大明神、あるは、佐喜長などの紙幡をおしたて、米《ヨネ》の空俵《ムナタワラ》の数もしらずつみかさね、かくて後、此俵一ッづつ、杈《マダブリ》、しもとやうのものにかけて、それに清火《キヨビ》をはなちかけて、ふりもてめぐるがこゝかしこにありて、其火《ホ》の明りはさながらみづながしのごとし。此事をへぬれば、その館《イヘく》には酒宴《ウタゲ》ありて、夜ひと夜、うたひ舞して明ぬ」と。この模様は図絵として仮題『無題難葉集《むだいなんようしゅう》』として描かれていたが、原本は失われ、その写本が残っていた。これは『出羽國《でわのくに》秋田《あきた》領《りょう》風俗《ふうぞく》問状《といじょう》答《こたえ》』と同様であった。武家屋敷の中、四角壁に囲まれたかまくらが何基もあり、左義長、鎌倉大明神の幟がはためいていた。火振りかまくらの炎を多くの見物人が旭川の橋の上から眺めていた。

近藤源八（生没年不詳）編『羽陰温故誌《ういんおんこし》』にもかまくらが掲載されていた。それは次のようなものであった。「道祖神祭　此ノ事ハ十五日ヲ用フ。是レヲ俗ニハ歳ノ神ト申スナリ。鎌倉祝ヒノ躰ハ、二日三日ハカリ前ヨリ門外ニ雪ニテ四壁ヲ造リ、厚サ一尺二尺ニシ、水ヲソヽキ氷カタメテ、夫レヘ其日ニハ茅ヲツミ、門松飾リ、藁ナント皆積ミテ、四壁ニハ紙ノ旗、種々ノ四手切カケシ柳ナト飾リ、児童等打群レ、ホタキ棒テンテニ提ケテ、行キカフ女アラハ尻打タント用意ス（若キ女ナント、此日恐レテ多クハ往来セス）。木ノホラ貝吹鳴ラシテ、ヤヽ暮行ク頃、机ニ餅ト神酒ヲ供シ、火キリテ焚キ付ケルナリ。火ノ熾ンニ燃上ルヲ待チ、四壁ニ立テタル米ノ俵結付シ標ヲ引ヌキ〳〵、火ヲ移シテ振リ回ル。是レヲ見ント堵ノ如クニ立集ヒタル中ヨリモ、若キ者共走リ入リテ同シク振リ、米俵ハ二百三百用意シ、付ケ替〳〵振ラスルナリ。馬持チタル人々ハ馬ニ物見セント、己レモ馬ニモ火ノ覚悟シテ乗リ立〳〵通ルニ、馬驚カサント殊ニ拍シタテ火振リカクルナリ。此事ハ家継スヘキ男児ヲ産タル家ニテ、其子ノ十五歳ニナル迄ハスル事ナレハ、一町ニハ三四五六ハ必スアルナリ。其夜ハ親族集リテ酒盛リシ、夜ノ明ルモ知ラテ謡ヒ舞ヒスルニ、外通ル人見知ラヌモ立入リテ、ウタヒツキ舞カナツル事ナリ。飲食異ナル事ナケレト、多クハ例ノ羽鯡《にしん》ノ吸物・フキトリ餅ナリ。紙ノ旗ニ鎌倉大明神ト書クハ如何ナル神ナルヤ。左義長・爆竹ナントモ書クナリ。火ヲ焚ク時、ヂヤアホイ〳〵トハヤス。又、詞アリ、鎌倉の鳥追は、頭切テ塩付て、塩俵へ打ち込んて、佐渡カ嶋へ追てやれ。佐渡嶋近くは、鬼ケ島へ追てやれ。是レハ郭内士族町ノ体ナリ。郭外ノ町々ニモアリシカ、家居建込ミテ火ノ災ヲ恐レテヤ、今ハタマ〳〵ナリ。田家ニモアレト、十五日ノ夜ニテ一ト里ニ一所ナリ。極メテアルニモアラス。仙北郡角舘ニテハ、十四日夜、人家隔テタル田甫ニ出テ、炭俵ヲ焚キテ鎌倉ノ祝ヒトス。家スルニ、鎌倉ノ火振リハ、佐竹殿ノ遷封以前ニ始マリシ由ナレハ、秋田ニテハ最ト古キ風俗ト思ハル、ナリ。其来歴ハ詳カナラネト、其状ハ漢土ノ雪城ノ類ヒナランカ。又、元宵ノ火山爆竹ノ故事ニ倣ヒテ、陽気ヲ迎フルノ意ナル可シ」と。このかまくらの内容は前半が『出羽國《でわのくに》秋田《あきた》領風俗問状答《りょうふうぞくといじょうこたえ》』とほぼ同じである。鳥追いの歌詞も同様である。それが後半にきて、仙北《せんぼく》郡角館《かくのだて》町（現仙北市）では、「田甫ニ出テ」、「炭俵ヲ焚キテ鎌倉ノ祝」をするとあった。これは角館の火振りかまくらである。さらに、火振りかまくらは佐竹侯転封以前に始まった古い風習であると結んでいた。この『羽陰温故誌《ういんおんこし》』は明治初期に当時土崎《つちざき》町（現秋田市土崎）

に住んでいた近藤源八が秋田県関係の文献から、歴史・民俗・地誌に関する記事を集めた写本で全三十二巻からなるものであった。写本のために資料性が低いものである。

この久保田城下のかまくらについては前出の宮崎進は、秋田藩庁『町触集《まちぶれしゅう》』の明和二年（一七六五）が初見であるとし、「かまくらの歴史」（『秋田魁新報』昭和三十四年二月一〇、一一、一二日号）に次のように論じていた。「かまくらが街頭で火を振りまわす行事だった関係で、火災の恐れは多かった。町触集には明和二年を初見として『鎌倉祝儀ニ付例年火ヲ焚候儀御構無之所今年御城下雪薄ニ付』と鎌倉停止の触流しがその後もしばしば出ている同様の布令は明和以前にも出されたと推定してよかろう」と。さらに、『加藤吉郎治景日記』からも引用して、侍町のカマクラ祝いの伝承の根強さにだめ押しをしていた。「『（嘉永三年一月二日）小笹貞衆初鎌倉に付無尽より鎌倉大明神、左義長弐枚遣し候。左義長は半紙八拾四枚、大明神は四十枚、竹も添進物致候』。当時の男児に初鎌倉祝いが贈られた慣習は、武家社会にとってかまくらが相当重要な行事だったことをうなずかせる」と。

角館の火振りかまくら　カクノダテノヒブリカマクラ

これは秋田県仙北《せんぼく》市角館《かくのだて》における俵に火を点けて振り回すかまくら行事である。最初に雪原の雪をかためて祭場を造る。この祭場をかまくら原といった。子どもたちが協力して造った。比較的広い田んぼの雪原を利用して、十五日までに踏み固めておく。そして当日、子どもたちはかまくら俵を家々から集めて歩く。それを一定の場所に保管して、小正月の年取り日が終了すると、いっせいに子どもたちがそれらを持って集合する。それに付き添って大人たちが見物人と一緒に集まってくる。そこでこの行事が開始される。これは俵の一端に三、四メートルの縄を結び、その反対から火を点けて俵が燃えあがるのを待って縄の一端で吊り上げ、頭上で火焔の大円を描いて振り回す。これは大きな火の輪を描くのが技術であり、また米俵が二から五俵分や長い縄などを用いるとかなり大仕掛けなものとなる。これを数十人でやると、広大な田んぼの白銀のカンバスにスピード感溢れる火の輪がブオー、ブオーという音をたてて幾重にも回り続け、火の鳥の雄飛の観を呈するように見えてひじょうに美しい。その夜は火事場のように真っ赤に燃えあがる。田圃のかまくら原はたくさんの灰が残り肥料となってよい意味でもあったのである。この火振りかまくらの行事は現在において、子どもたちよりも親の方が危険であるなどといっている。しかし、この行事自体よりも、現在の子どもたちの服装に使用されている化学繊維の方が危険な支度といえるだろう。これは元より火遊びではない。この火の輪の火の粉を頭からかぶり、焦がして一年間の虫払いと無病息災を祈願する意味のものであった。昔はかまくらと称して町中に雪塁を造って、中に門松を集めてそれを基地としたのは『出羽國《でわのくに》秋田《あきた》領《りょう》風俗《ふうぞく》問状《といじょう》答《こたえ》』と同様であった。さらに、かまくらの祝儀も夜に行なわれていたという。角館の火振りかまくらは、かまくらの原義の一部を留めているが、それが害虫害鳥駆除を祈るかまくらの古い形を残して伝承されてきたと思われる。それが別名「角館のムシヤキ」といわれる所以である。

さらに、「かまくらを振る」という言葉にもなったといわれている。菅江真澄《すがえますみ》はその著書『秀酒企《すすき》の温濤《いでゆ》』において、大館《おおだて》市十二所の火振りかまくらを記録していた。それは次のようにあった。「十四日　此夕くれつかたより人さはにむれたち、十二所の里なる、れいのかまくらやくの祝ひ見なんとて行けり。久保田に見しはやしにかはらざりけれど、秋の木の葉をいたくかい集て俵にこめて、これに火をかけてただふりにふれば、雪の上に紅葉のちりくかと、火花を春風にちらしたるは、めもあやに又なきためし、風情ことなりき」と。かまくらの釜どのから米俵や炭俵に縄を付けたものに火を点けて、縄の先端を持って振り回すのは無病息災、家内安全を祈願するものという。江戸時代は久保田城下の中通《なかどおり》や楢山《ならやま》においても行なわれたという。現在は角館の火振りかまくらが有名になっている。仙北市指定無形民俗文化財となっている。

横手のかまくら　ヨコテノカマクラ

秋田県においては一口にかまくらといっても種々あり、行事が錯綜しあっていた。江戸時代の久保田城下（現秋田市内）の武家屋敷においては正月十五日の歳《さい》の神《かみ》の祭に行なう左義長《さぎちょう》をかまくらと称していた。横手《よこて》のかまくらは昔は旧正月十二、十三日頃の小正月が近づくと、子どもたちは井戸の側や路側に雪を固めて、高さ幅ともに二メートルくらいの竈《かまど》形の雪室《ゆきむろ》を造り、正面には方形の祭壇を作って、そこに住み込んだ。十五日の宵闇が迫る頃、この中に筵《むしろ》を敷いて座り、甘酒と餅とで水神様を祀った雪室最奥の正面の神棚にお灯明を点した。かまくらの中では火鉢で餅を焼き、甘酒に燗をして参拝者を待っていた。参拝者となった大人たちは水神様を拝んで、餅やお金を出せば、子どもらは甘酒を振る舞った。旧暦一月の夜は、それこそ寒夜で、雪室の中はひどく冷えるので、たいていは午後十時頃には解散したという。ドイツの建築家ブルーノ・タウト（一八八〇―一九三八）が、夢の国の出来事であるかのごとく「素晴らしい」と激賞した雪と明かりのメルヘンを醸し出す行事であった。横手市においては二月十五日から十七日まで、雪の芸術展（雪像祭）とボンデンコンクールと旭山神社奉納とともにかまくらは観光行事となっている。昔はかまくらの最中に女性の通行人の尻を叩いた。これは嫁タタキの名残りであった。普通、秋田県においては嫁突き棒と称し、由利郡では嫁タタキ、仙北《せんぼく》郡ではヒヨキ、ホタキ棒、南秋田郡のホテキ棒、その他ホタケ、ボッコ、ホンテキ棒などともいった。これは信仰の玩具とされ、種族繁栄を祈願する原始性神のマジナイ棒とされたのである。

横手のかまくらは、雪室の代名詞となり、かまくらとは雪室を造って、その中に水神様を祀る行事とされている。この水神様祭りを地元では「おしずの神さん」といっている。これは新しい年にも水に恵まれるように祈願した民衆の正月行事としたのである。かまくらの中に入っている子どもたちは雪道を行く人々に対して「おすずの神さん拝んでたんせ（え）」（水神様を参拝してください）といって甘酒で誘いをかけた。人々は雪室の中に入って、水神様の祭壇に初穂《はつほ》としての志を供え、水神様を参拝して甘酒や餅を振る舞われた。この「おしずの神さん」は、昔は祭具として御堂、御鏡、御神霊（木札）、朱印、お灯明台、御神酒《おみき》入れなどを備え、天下泰平、五穀豊穣、家内安全を祈るものであった。横手において、この「おしずの神さん」という水神様祭りが、明治三十年前後に現在の雪室のかまくらという行事と結びついたのである。それまでは今日の形式のいわゆる横手のかまくらは行なわれていなかったのである。この横手においては塞神《さいのかみ》祭りの日である旧暦一月十五日の夜に、各家庭では台の上に供物をあげて灯明を点けた。町内単位の共同井戸では水神様の小祠を設けて神官を招いて水神様祭りを営んできた。横手市の四日町・上町では杉清《すぎせい》の家の前、中町では武蔵屋《むさしや》の店の前、下町では稲荷堂の前で子どもらによって行なわれていた。旧正月十五日の水神祭は町内の先輩格の子どもが先頭になり、子どもらを集めて仕事の役割と分担を決めて準備を進めた。旧家や大店の軒場を借りて、御堂、御鏡、御灯明台、御神酒入れなどを整えて、水汲みを早目に切りあげて蓋を閉め、御堂をお入れして御幣、幕で井戸を飾った。そこに神官を呼んで来て祝詞を上げてもらう。大人たちは御供物や御賽銭を持って参拝に来る。そして御札を戴くのである。この御札は家々の神棚、水屋（台所）、竈《かまど》、大黒柱に貼られたり、水の守り、火の守りとされた。子どもらは寄進されたお金で神官の謝礼、御供物代などの諸経費一切に当てて小正月の夜を楽しんだ。その当時の水神様祭とかまくらという雪室の行事が融合した頃の資料は横手市の郷土史家・薄葉篤蔵によって発見されている。同氏の「かまくらの水神まつり」（『横手郷土史資料』27号30号・横手郷土史研究会・一九五五―一九五八）から、それを要約すると次のようになる。

一つ目は横手市栄通町の藤沢家にあった錦の小幕二枚である。その小幕には白く横字で「水神」と浮き出してあり、裏には「奉納明治二十八歳未正月十五日渡部佐一郎敬白」と墨書してあった。また、同家には水神様祭の御札の版木があり、長さ二十三センチメートルで、これには「水神大神御玉串」と刻まれ、「奉納　栄通町　山本熊吉　最上忠治郎　明治敲六年　尋常　藤沢金之助」との裏書があった。さらに、同家には水の字を表徴した鉄製燭台があり、「奉納　佐々善」という金札が付いていた。

二つ目は横手市市川原町の伊藤家によって配られた水神様祭の御札の版木である。これは長さが二十二センチメートルで、「水波能売《みずはのめ》神社」と刻まれ、裏書には、「横手町川原町備　明治敲五年」とあった。

三番目は横手市四日町上町の水神様祭の祭具として「御堂、御鏡、御札版木、朱印、御灯明台、御神酒入」などがあった。御堂は高さ六十七センチメートル、屋根幅五十二センチメートルぐらいのものであった。これが臨時祭壇となり御神霊たる御札を安置するところであった。この御札には、「奉再営罔象女大神　天水分大神　国水分大神　鎮座坐賜処　神主　藤原重豊慎白」とあり、裏面には、「明治四年、天下泰平　五穀豊穣　町内安全祈白　辛未正月吉日　願主　小松屋兵吉　石垣周吉　松川長五郎　柏谷善松　富岡久助　世話方　石垣金五郎

古谷太良兵エ　大工　越前屋勇蔵」と墨書していた。

四番目は横手市四日町中町で使用する御堂で、杉の木箱に入っていた。表面には、「水波能売之大神四日町中丁小若者」と、裏面には、「寄付人渡辺八右衛門　明治四十年製箱」と墨書してあった。版木もあり、それには「奉斎水波能売大神守給」と刻まれてあった。

五番目は町内の御堂で、紫と錦の二枚の幕があり、高さ六十五センチメートル、幅四十六センチメートルであった。三枚の木札が入っており、それには、「奉斎水波能売大神　軻遇突智《かぐつち》大神　埴山《えなやま》比売大神　鎮火安穏処」、「奉斎水波能売大神　家運長久処」、「奉祈水波能売神御玉串」と墨書され、三枚とも裏面には、「夜乃守利日乃守斤守理幸閉給」と書かれてあった。この水神様祭が雪室・雪穴のかまくらとどのような理由で合体したのか。

それは明治期から大正期にかけて突き井戸で各家が各々にポンプ式の井戸を設けるようになった。当然、撥《はね》釣瓶《つるべ》や車井戸の共同使用も少なくなってしまった。このために共同使用井戸に付随して祀られ、守られてきた水神様祭は影が薄くなってしまったのである。すなわち水神様祭は祭場を喪失し、その意義も名分もなくなってしまったのである。そのために雪国の冬期間に子どもがよく遊ぶ雪穴の奥に御堂と祭場を移動させたのである。この移動は成功し、町内の共同の礼拝所を失った人々は素直にかまくらに祀られている水神様を拝みに行くようになり出したのであった。横手のかまくらは佐竹義宣《よしのぶ》（一五七〇—一六三三）秋田転封後に行なわれるようになったとも語られているが、実際は明治三十年前後に今日のような雪室形式のものとなり、明治末期から大正期にかけて盛んに行なわれるようになったものである。藩政期の横手城下のかまくらは、秋田市の久保田城下のかまくらと同様なものであったろうと思われる。横手における水神様祭は、飲料水、灌漑用水、海水、防火用水などを支配する水神に対する信仰といえよう。特に秋田県は農業立県であるからその信仰は厚かった。稲作地帯であり、治水がその豊凶を左右するものであり、水利をよくするために神を頼りにして水神信仰が生まれたのである。秋田県の有名なものとしては、仙北《せんぼく》郡中仙《なかせん》町（現大仙《だいせん》市）豊川の鎮守水神社がある。祭神は伊邪那《いざな》美命《みのみこと》が火の神・迦具土神《かぐつちのかみ》を産んで、火傷した際にそれを鎮めるために生まれた罔象女神《みずはのひめのかみ》（水波能売神・水婆女神・弥都婆能売神）である。現在の例祭は八月十七日である。延宝五年（一六七七）に米沢村の肝煎《きもいり》・草彅理左衛門が新田開発で、玉川から水を引くために堰神《せきがみ》と呼ばれる小堂の周辺の用水工事をしていたところ、豊岡村（現大仙市）三十刈の地下五尺の底から古い鏡を掘り出した。当時、三代秋田藩主の佐竹義処《よしずみ》（一六三七―一七〇三）はこの掘り出された鏡を水神として祀るように命じて以来、神殿が建てられてこの古鏡が御神体となっている。この古鏡の線刻千手観音等鏡像《せんこくせんじゅかんのんとうきょうぞう》（瑞花鳥蝶八稜鏡《ずいかちょうちょうはちりょうきょう》）が国宝に指定されたのは、秋田の博物学者といわれた武藤鉄城《てつじょう》とその長兄一郎が、昭和十一年（一九三六）の夏に太田省司宮司に懇願して拝観させてもらい、その拓本と模写とを発表したからである。国宝としては昭和十三年（一九三八）三月、再指定は昭和二十八年（一九五三）十一月十四日に指定され、秋田県唯一の鏡となって今日に至っている。この古鏡は平安時代初期の優品とされ、直径約十三・五センチメートルの青銅鏡で錫鍍金《しときん》した鏡面には、真ん中に十一面四十手の千手観音の立像、周りに観音八部衆《かんのんはちぶしゅう》、両側に婆蘇仙《ばそせん》、功徳天《くどくてん》の姿を繊細な線で鏨彫《ざんちょう》してある。裏面には宝相華《ほうそうげ》に飛び立つ水鳥図柄を対象的に四つ置き、各間隙に一羽ずつの蝶を配してあった。まさに仏教美術の逸品である。

六郷のかまくら　ロクゴウノカマクラ

秋田県仙北郡《せんぼく》美郷町《みさと》六郷のかまくら行事は二月十一日から十五日までにわたって行なわれる。最初の十一日は蔵開きと天筆《てんぴつ》、いわゆる書初め、十二日は小正月市や鳥こ市、天筆の掲揚、鳥追小屋造りが行なわれる。十五日には小正月の餅つき、かまくらの松鳰《まつにお》造り、そして鳥追で終了する。この一連の行事を六郷のかまくらといい、日本の庶民信仰などの風俗習慣の典型例として貴重とされ、昭和五十七年に国の重要民俗文化財に指定された。

この行事は左義長《さぎちょう》（三毬打・三本張・散鬼杖）の吉書焼きの遺風を移したものであった。鎌倉初期に二階堂氏が六郷の地頭職となり、鎌倉幕府の正月の行事を模倣したともされているが定かではない。一説に、この左義長を六郷に持ち込んだのは寛政年間（一七八九―一八〇一）の大地主浅尾重左衛門であり、京都御所に伝わる吉書焼きの行事をまねたともいわれている。いずれにせよ、菅江真澄も文政十一年（一八二八）の正月にこの行事を見聞しており、その著書『月《つき》の出羽路《いでわじ》』に挿絵と絵詞を残していた。この六郷のかまくら行事も吉書初めのものが豊作祈願の火祭りとして続いて、祈年《としごい》、悪魔祓い、歳占い、作占いとして発展してきたのである。豊作や繁栄は祈年《としごい》によって祈られ、悪魔祓いは凶作や不幸を除去し、そしてその年の運命を託する歳占いまでも行なうようになったのである。

六郷のかまくらは二月十一日の蔵開きから始められる。この蔵開きは正月以来閉じていた蔵を開いて、蔵の前に御膳と御灯明を置き、取っ手のある鉤を供えて祀るものであった。次に、蔵開きの日に子どもたちは天筆を作った。半紙を横に三つ断ちにして長く継ぎ合わせていき、三メートルから六メートルの天筆紙を作ってしまう。これは白紙だけでなく、赤、緑、青、黄を好みによって継ぎ足しして作るものである。子どもの人数分だけを作ったが、昔、女児は除かれた。現在は女児の分も作ることにしている。この天筆には次のように書いている。「奉納　歳徳大明神天筆和合楽地福円満楽日月清明楽五穀豊穣楽天下泰平楽国家安康楽家内安全楽商売繁昌楽富貴長命楽子孫長久楽学問向上楽交通安全楽全員合格楽　あらたまの年のはじめに筆とりてよろずの宝かくぞ集むる　平成三十年正月吉日　横山清五郎　十二歳　敬白」と。また、「奉納　鎌倉大明神天筆和合楽地福円満楽……」と最初に書き、最後に、「あら玉の……」という和歌を一首書き加える。天筆手本というものもあり、子どもたちは自分で書くのが普通である。自分で書けない幼年者は父が代筆して十五日のかまくらの夜に焼いたという。現在では六郷のかまくらを保存伝承するために天筆席書会や小学校の授業の中に組み入れられている。

十二日になると、天筆を長旗と称して四メートルも六メートルもある青竹につけて家の前や戸外に子どもの人数分だけを立てておいた。全町内数千本の天筆が雪空の寒風にヒラヒラたなびくさまはまことに壮観である。これは十五日まで立てておくこととなる。また、この日は十二日市が開かれ、十五日の小正月年越しの準備として露天市で十五日に神仏に供える猫柳（めめんこ）や繭玉（めだま）用の柳の小枝、造花ツバキの正月花などを買い揃えておく。この十二日市までは鳥こ市といって動物形の餅菓子も売られた。これは雪祭やかまくらでも十四日、十五日と売り出されるもので、種類は鶴、亀、犬、鶏、嬰児詰人形（えちこぼんぼ）などである。

十三日頃になると、鳥追小屋造りが始まる。この雪小屋のことをかまくらと呼んでいる。四角の外壁を雪で造り、茅《かや》を編んだ簀《す》か筵《むしろ》の屋根を載せて雪小屋とする。十五日に完成して正面突き当りの雪壁を刳り貫いて神棚を作って鎌倉大明神の神座を設置した。この神棚は注連縄《しめなわ》、小型天筆、御神酒、御供餅、スルメ、ロウソクで飾った。そして鳥追い小屋の中にはこたつ、火鉢、コンロを備えて甘酒を飲んだり、餅を焼いて食べることもできた。

十五日になると小正月の餅つきが始まる。神棚に飾る柳繭玉（やなぎめだま）をそれで作った。餅花、団子花なども称され、柳の小枝に付けて作ったものである。これは稲の穂を形どったもので、米俵の上に立てて正月様として豊作を願うともいう。この日の朝、大正月の注連縄や大麻、神符、門松などを集めてどこの家でも門口に掛けておく。それを諏訪神社のかまくら行事関係者が町の中央の神社前に設けたかまくら畑に集める。そして、真ん中に垂木《たるき》で二メートル四方の立方体の松鳰を造る。そこに正月飾りの注連縄や門松や藁と杉の枯れ葉を入れて松鳰を二つ造り、両間に注連縄を張る。十五日の午後、各町内本部前の街頭で力餅の餅つきが始まる。そして、夕方六時頃になると、「ポヘェー、ポヘェー」という木貝・桶貝を吹き鳴らす音が響き渡る。この木貝は一斗樽を作る時の一尺八寸の寸法で、杉板七枚を樽状の七角形に合わせ、口を当てて吹く孔の歌口《うたぐち》直径一寸五分、タガ十二本とする。タガとは箍《たが》のことで竹を割ってつくった輪であった。タガの二本は歌口のつなぎ部分である。このタガが十二本というのは一年の十二か月を象徴することである。

この日の竹打ちの戦闘に出陣する若者は青竹に数か所の荒縄イボを結びつける。これは絡み合いの中で、相手の竹が自分の竹に沿って滑り手甲や指に当るのを防ぐためである。いわば刀の鍔《つば》に相当する役割を果たすものである。竹打ちの際に最も当てられて痛い所は手と耳である。近年、耳はヘルメットで防御しており安全になった。手も軍手から革製の手袋に変化しているが当たると怪我をする。暮れて七時頃になると、再び木貝の音が響き渡る。そうすると、各町内から必勝祈願をして出陣式を終えた若い衆が、一途諏訪神社前のかまくら畑を目指して駆け出してくる。竹打ちは、南北両陣に分かれ、南軍は上町、大町、栄町、荒町、新町、古町、白山、赤城で、北軍は本道町、馬町、東高方町、旭町、西高北町、宝門町、琴平町、鑓田である。

対決は夜八時頃になる。両軍対峙の沈黙が破られ、開始の合図となって双方入り乱れて竹打ちが行なわれる。バリ、バリ、バリ、バラ、バラ、バラ、ジャリ、ジャリ、ジャリと竹の打ち合い、割れる音、絡む音、掛け声と喚声が一斉に起こりたち、竹と人間との修羅場と化す。相手方の肩を殴る、頭を打ち、スクラムを組んで後方から押し、陣を進める。観衆の声援、木貝の音、照明とその光で反射する雪がいっぱいに写し出される。凄絶きわまりない二回戦終了後の九時頃、木貝が響き渡り、諏訪神社内で大太鼓が打ち鳴らされると、かまくらの御祈禱が始まる。神官の行列が笛と太鼓の調べとともにやって来る。松凧の前で止まり、神戻しの祈禱で神符などを粗末に焼かないようにと清めの修祓《しゅばつ》を行なう。そして歳徳《としとく》の方より諏訪神社の御神火でもって松凧に点火する。こうして天筆焼き、松凧のかまくら焼きが始まり、火のついた天筆が夜空を焦がし、白銀の世界が赤く染みわたる。

竹打ちは両軍とも態勢を整えて第三回戦の開始を待っており、燃え上がる松凧を真ん中にして勇猛果敢な戦いが始まる。竹打ちは打ち放題で、六郷のかまくらの展開は「竹ぶち」といわれる所以はここにあった。今は事故防止のために両軍整列線、戦闘開始の中央線、見張所の判定鐘などが設けられている。北軍が勝てば豊作、米の値段が上がる。南軍が勝てば凶作か、または米価が下がるといわれている。これが一年の作占いともいえる。戦いが終わると南北の若者は一団となり、御神火を竹で打ち揃えて豊作を祈願する。松凧の焼き竹を拾って帰ると身体が丈夫になるともいった。寄付をした家への土産に持って帰る場合もあった。また、人々は松の木の燃えさしの小枝を家に持ち帰って若木とともに焚いて火防祭とした。その火で餅を焼き、豆の粉餅(フキドリ餅)を作って神棚に供えた。この餅を食べると若返るともいわれた。

竹打ちが終われば人々は家に帰り、甘酒を飲み、餅を食べ、今度は子どもたちの鳥追行事となる。「ホイホイ

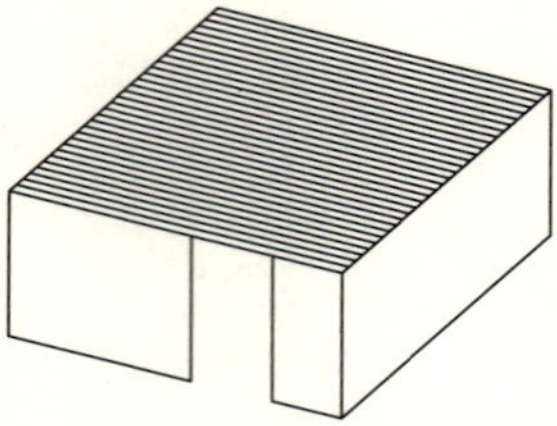

A　トリゴヤ（鳥小屋）型
（六郷・楢山・牛島）

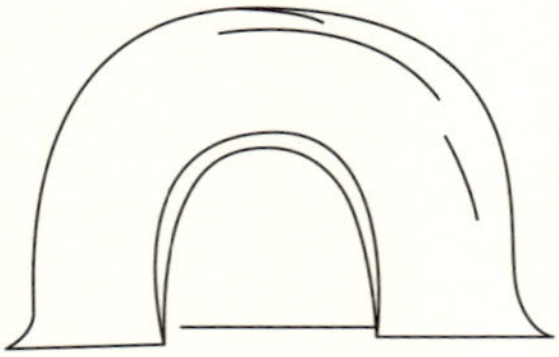

B　ユキアナ（雪穴型）
（横手・湯沢）

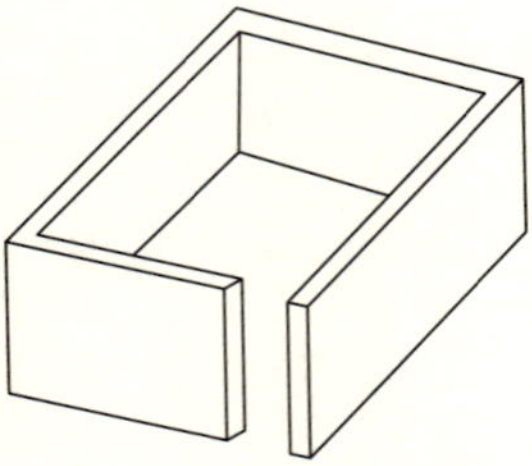

C　雪城型
（秋田城下）

カマクラの雪室

鳥追いホイ／いちばんにくい　鳥こ　鳥こ雀／尾羽切り　首切り／塩俵さ　ぶちこんで／佐渡が島さ／追てやれ追てやれ　ホイホイ」という童唄を歌って、子どもたちは小屋の中で神棚に餅、お菓子、ミカンを御供えして福取餅や甘酒を楽しんだ。この六郷のかまくらは、ブルーノ・タウトが日本美の一つと数えあげ、『日本美の再見』には次のように評していた。「六郷は深い雪に埋れた村であった。竹打ちの行われる諏訪神社の斎場は、満月の光を受けたうえ、高く掲げられた照明灯の強い光にあかあかと照し出されていた。（中略）おそらくこの行事は、何もすることのない冬じゅう、遣り場に困った精力の捌け口を求めるために考案された戦さごっこなのであろう。」と。

かまくらの諸説　カマクラノショセツ

雪の利用には雪そのものを素材として、食料を保存したり貯蔵することがあげられる。さらに大量に降る雪を信仰や年中行事の儀礼伝承に応用させた豪雪地帯があった。これが新潟県十日町《とおかまち》市と秋田県湯沢《ゆざわ》市や横手《よこて》市である。本来は紙、木、土で作る祭場や御堂を、雪を固めて時限的な一時的な空間として作り直したのであった。けっして恒久的なものではないことは周知の事実であり、仮の空間演出であった。雪の応用利用として大量に降る雪を、生活空間から社会的な場所へと変化させたのがかまくらであり、鳥追小屋であった。しかし、これらは原始的、古典的な利用工夫といわれるものである。その意味では発展的ではないことは明らかである。だが、雪の降る地域であっても、雪の降らない、雪の見られない地域でも率直に喜ばれるものである。雪の信仰的、儀礼的、空間的な利用は計り知れない創造的世界を醸し出すものであった。これがドイツの建築家ブルーノ・タウト

（一八八〇―一九三八）が見たメルヘンチックなホワイトワールドであり、それを次のように評していた。「すばらしい冬景色、町の背後には、高い山々が雪を帯びてきらめいている。積雪の上を行き交う沢山の橇。街路に積もっている雪は一メートル半から二メートルもある。（中略）カマクラを見に町へ出た。すばらしい美しさだ。これほど美しいものを私はかつて見たこともなければ、また予期もしていなかった。これは今度の旅行の冠冕《かんべん》だ。この見事なカマクラ、子供達のこの雪室は！　カマクラのなかにしつらえた雪龕には水神様を祀り、蠟燭をともし、お供物がそなえてある」（ブルーノ・タウト、篠田英雄《しのだひでお》訳『日本美の再発見』岩波書店・一九六二）。

かまくらの語源については、先行研究の宮崎進《みやざきすすむ》や薄葉徳蔵《うすばとくぞう》の論考から考察して補足すると、六つの説にまとめられる。①カマド説はかまくらのかまは竈《かまど》のかまから発した。かまの座の意味で、竈の火で正月飾り物を焼く習俗とするものである。②鎌倉権五郎《ごんごろう》説は歴史上の人物である英雄鎌倉権五郎景政《かげまさ》（一〇六七―没年不詳）を祀ったことからその名が付けられたことを由来とする。③鎌倉幕府説は鎌倉幕府をその由来とし、それが樹立されたことを祝う行事である。④水神様説は、かまくらは水神様の祭典とするもの。⑤鳥追い小屋説は、かまくらは鳥追鎌倉や鎌倉の鳥追から出たものとする。⑥かみくら説は、かまくらは神の座すところの神座や神倉すなわちかみくらが転訛してかまくらとなったとするものである。次に、①～⑥説を詳説する。

①カマド説…津村淙庵《そうあん》（一七三六―一八〇六）の『雪のふる道』にかかれたもので、この著者は雪室を竈として絵入りで説明をしていた。一見なるほどと思われるのは、現在の横手のかまくらなども完璧なほど竈の形態をしている。そして、かまくら行事において正月用の飾り物や天筆《てんぴつ》などを焼く習俗がこの竈で火を焚いたことと符合するわけである。ただし、この形態が竈と似ているからとか、飾り物を焼いた行為のみを火祭りとすることは

あまりにも短絡過ぎるきらいがある。家の中心は竈からという発想もあり、竈からかまくらという思考が抜けきれないところもあり、不自然なものでもある。鹿角《かづの》市大湯では二月十日と十一日を大湯のかまっこ祭りといっていた。この日に古くから子どもたちがかまっこ作りといって雪で釜の形の雪室を作る遊びがあった。いわゆる竈の火を大切にする火の神様への祈りが含まれていた。かまっこ祭りは、雪で作ったかまっこの中に荒神《こうじん》様を祀り、雪の夜に松明《たいまつ》の行列で火の神を迎えた。火の神の降臨とともに自分で作ったかまっこに入り、灯明を点して甘酒をあげて祈願した。この行事は発展して雪の芸術作品展となって現在に至っている。

②鎌倉権五郎説…歴史上の人物として鎌倉権五郎景政の名前は高く、後三年の役の勇士として祀る神社は多い。前九年と後三年の古戦場だった秋田県には権五郎に対する信仰が厚く、鎌倉権五郎がそのまま鎌倉大明神となったとする。権五郎の正体は鎌倉大明神であり、それが省略されて鎌倉となったとされている。過去において、それを証明しようとした新聞記者の宮崎進は秋田市牛島柳田新田の古老から聞書きをした。それは次のようなものであった。「正月七日までに約十五、六坪の雪囲の方形を作る。天井には合掌形の藁屋根、床にはヌマを敷き、炉を二つ切って薪をたく。二、三十人は這入れる広さである。小屋の一番奥に神棚を設け、翌八日に幣束を奉斎し、神官を招いて『鎌倉大明神』を祀る。神棚には供餅、神酒、灯明を献ずる。その日から十五日までは権五郎さんを祀り、参拝者がある。大人たちは『権五郎さんの神酒』を戴き、子供は甘酒や餅を焼いて祝う。大人は小屋の建設に奉仕するが〝鎌倉〟の一切は十四、五歳の少年が管理し、小屋に宿泊した。十四日には鳥追いを行い、十五日夜屋根藁を焼いて左義長を祝った。仁井田村の大野、福島、荒巻などにも同じような〝鎌倉〟が行われた」（宮崎進「かまくら起源考」横手郷土史研究会編・発行『横手郷土史資料』30号・一九五八）。ここにおいては明

確に鎌倉権五郎がすなわち鎌倉大明神であると語っていた。これは古代信仰の御霊《ごりょう》が転化し、英雄伝説的なものとなったものである。牛島のかまくらはその典型例を誇っていたのである。

③鎌倉幕府説…かまくらは鎌倉権五郎を祀るという見解は後の付会であり、鎌倉大明神とはすなわち鎌倉殿、将軍家を指しており、鎌倉幕府であるという考え方である。かまくらはその行事のハイライトが左義長《さぎちょう》の吉書《きっしょ》焼《や》きの風習を移したものであった。武家政権樹立を記念すべきこととして、鎌倉幕府政所の吉書始めが一一九二年（建久二年）正月十五日に始められていた。これは六郷のかまくらがそれをまねて踏襲しているという説もある。六郷地域の初代地頭職《じとうしき》である工藤小次郎行光の父が六郷二階堂氏の祖であり、鎌倉幕府の政所《まんどころ》執事であった。建久二年の吉書始めに出席していた。この吉書始めが六郷の天筆に相当するという。六郷地域においては、鎌倉殿は吉書始めであり、このことは武家の神事であるとする。武家の神事は鎌倉大明神として畏敬されたといわれた。左義長の遺習を秋田においてなぜにかまくらと呼ぶのか。かまくらは鎌倉殿から、鎌倉大明神と説くのがこの説である。

④水神様説…かまくらは水神様の祭典であるとする説である。横手市のかまくらは全国的に有名であり、雪を固めて刳り貫いて雪室《ゆきむろ》を作る。そして、その奥の正面に水神様を祀るのである。この行事の起こりは、横手市内に良質の井戸が少なかったために始められたいわば庶民の水を大切にする心であり、冬の雪穴に水神様を祀り、普段は井戸の側に祭壇を飾ったというものではないだろうかとする。夜になると蠟燭を灯すので、まさに水と火の併存となってくる。ドイツの著名な建築家であったブルーノ・タウトが横手市のかまくらを見て、『日本美の再発見』の中において絶賛したのはこのことがあったからだと思われる。横手市のかまくらの水神様は、「おし

ずの神さん」といわれる。市内の外町（町人街）のしづはしたたる水が湧き出るところを指している。この水神様の祭具を丹念に調査した郷土史家の薄葉篤蔵は特に御札の版木製作年代から類推して明治三十年代前後から水神祭りと雪室造りが結合した行事となったのではないだろうかと推測する。それは郷土史家の佐川良視の「鎌倉の発祥と語源」（横手郷土史研究会編・発行『横手郷土史資料』26号・一九五四）などにある雪室造りの行事がなぜかまくらという名称になったのかという疑問が残る。それともかまくらから雪室造りの行事だけが独立したのか。

⑤鳥追小屋説…正月には新年の初めに田畑に害を与える鳥獣を追い払う予祝行事があった。これが鳥追行事である。鳥追行事において、「鎌倉の鳥追いは、頭切て塩付て、塩俵へうちこんで、佐渡か嶋へ追てやれ」は、鎌倉行事の中の要因の一つである鳥追という認識のもとに立っている。そして、この鳥追行事をする陣地すなわち拠点となるところは鳥追小屋と呼ばれる雪室であった。これがかまくらの原形とされ、鳥追小屋だけが脱落したのが横手のかまくらであり、脱落したからこそ水神様祭りと結びついたと考えられる。もともと鳥追は田畑の害虫駆除を願う小正月の行事であり、正月十四日か十五日かに行なわれ、行事主体はほとんどが子どもたちであった。晩か、朝かに板を叩いて鳥追歌を唱えながら各部落を回って歩いた。一団となった子どもたちは各家々の門口に立ち鳥追歌詩を唱えて餅を貰って歩き回った。過去には鳥追行事は全国的に多くの痕跡が残滓していたが、農業の近代化によってほとんど衰退してしまった。昔は鳥の害はどこの地域でも多かった。そこで、新年の祝日に鳥を追出しておけば、その年は安心安全でいられるという願いが込められていたから小正月に実施していた。鳥追小屋、鳥小屋をとりごやというが、現在の横手市に代表される雪室は最初からかまくらと呼ばれていたもの

ではない。この雪室は何と呼ばれていたのか調べてみると、北秋田市森吉においてはゆきあな、すきあな、北秋田市鷹巣においてはゆきかま、藩政期の秋田市においては文献にあるようにとりごや、仙北《せんぼく》郡美郷《みさと》町六郷においてはとりごやであり、決してかまくらなどとは呼称されていなかった。そうするとこのかまくらとは何を指すものだったのか。この雪室が象徴的になり、ゆきあな、すきあな、ゆきかま、とりごやが廃れて、一元的にかまくらとなったのはなぜなのか。ここに疑問が残ってくる。このかまくらの語源もととなった鎌倉から探り出す必要になってくる。

⑥かみくら説…かまくらというよりも鎌倉や鎌倉大明神とはいかなるものなのかがこれを解く鍵である。鎌倉大明神は『出羽國《でわのくに》秋田《あきた》領《りょう》風俗《ふうぞく》問状《といじょう》答《こたえ》』のかまくら、六郷のかまくら、秋田市牛島のかまくらにおいても使用されている。さらに『雪のふる道』にもその絵が描かれていた。鎌倉とは神倉であり、神の坐す御座所であり、場所のことである。かまくらは神倉《かまくら》、神座《かんくら》であり、神の依って立つ場である。すなわち正月様、歳徳神《としとくじん》を迎えて、それを基点として様々な行事を行なうのであった。秋田県は冬が長く、むしろ冬期間が一年の半分近くもあるので、冬期を守護し、一年の計を願う予祝《よしゅく》行事を神前にて行なったのである。この鎌倉大明神とはかまくらを一般化させたものである。かまくらは神倉であり、一時的、臨時的に神をいます場所であり、時限的祭場であった。それを発展させ、流布するためにはハッキリとした依代《よりしろ》が必要であった。かまくらを明確に依代として定着させたのが鎌倉大明神である。秋田県においてはかまくら、神倉の御座所は雪室であった。物忌みのお籠り場所とも考えられた雪室は大人も、若者も、子どもも冬期間の遊びや儀式の行事の場所として使用したのである。左義長は吉書始めから全国に流布された正月の火の行事である。その左義長がかまくらと結合されて展開されるのは秋

田独特なものである。この左義長は火祭りであり、正月様、歳徳神の明り火ないし依代として、この火でもって神を送迎する儀礼であった。そうすると送る前の正月様はどこに御座所を設けていたのかというと、秋田においては雪室であったと考えられる。物忌みの籠りを大切にしていたこの地方では、火で送る前に正月様を一時的高《たか》御座《みくら》のクラに坐ましていたのである。かかるゆえに、この雪室が大切になってきたのである。御座所とは最初から名称がつけられていたわけではない。この雪室は神のいる場所として周知されていた。かまくらは神倉、神座から発展して時代とともにかまくらとなり、鎌倉となったのである。それが後三年の役の勇士の伝説的人物・鎌倉権五郎景政の御霊信仰が英雄伝説となり鎌倉大明神に祀りあがめられたのである。これがかまくら行事のかまくらの語源の有力な説である。

結論的に、かまくらが行事として定着したのは文献資料から証明されるように江戸時代である。雪室や雪穴をかまくらと呼ぶ以前はどのように読んでいたのか、アンケート調査によって判明した。拙著『カマクラとボンデン』（秋田文化出版・一九九〇）によれば、ゆきあな、すきあな（北秋田市森吉）、ゆきかま（北秋田市鷹巣）、鳥小屋（藩政期の秋田市や旧六郷町）などとあった。現在では藁《わら》や茅《かや》の屋根で作った雪室も、雪穴形式ものも、かまくらの呼称で統一されている。このようになるとかまくらを大別すれば図―1のようになる。図―1のAは鳥小屋であり、鳥追小屋ともいわれるものである。六郷のかまくらはこれである。壁を雪で造るが屋根は茅を編んだ簀《す》か筵《むしろ》で作った。中に鎌倉大明神を祀った。図―1のBは完全な雪室・雪穴である。これは雪を固めてから後で穴を掘って中を空洞にする。現在の横手のかまくらに代表されている。菅江真澄《すがえますみ》も湯沢市においてこのかまくらを見て絵を残している。かまくらの天井を平に作るのが技術の要領とされている。図―1のCは『出羽國秋田領風俗問状答』の雪城か雪塁《せつるい》といわれる雪の砦のようなものであった。秋田市の久保田城下や佐竹北家があった角館《かくのだて》においても武士階層の元服の際のかまくら祝いはこれだった。まさに陣屋、城、砦を雪で築いていたものだった。中に鎌倉大明神の幟や旗を立てたという。

■ ■ ■

かまこ作り　カマコツクリ

雪中遊戯の一つ。青森県では雪室《ゆきむろ》のことをかまこ、かまと呼んでいた。雪が降れば子どもたちは雪を積み上げて雪室を作った。積み上げてから横穴を空けて雪を掘り出して、中に子どもが二、三人ぐらいは入れる空間を作った。その中に藁《わら》を敷いてから筵《むしろ》や茣蓙《ござ》を敷いた。そこにお菓子や餅を持ち込んだりして食べて遊んだ。子どもたちは自分たちだけの世界空間の楽しみ方を味わっていた。

かまだれ　カマダレ

石川県白山市《はくさん》ではつららのことをいった。水のしずくが凍って棒状に垂れ下がった状態の「垂れ」を描写しているもののようである。

蒲帽子　ガマボウシ

馬《うま》の面《つら》が庇《ひさし》をわざと編まず前面に突き出させているのに対し、庇を短くして編みあげたものが蒲帽子である。山形県で使用され、蒲を材料として編んだもので、被ると両肩まで垂れる。秋田県では、ばあさきといって馬の面にひじょうによく似ているが、特徴としては庇の部分を編みあげていることが馬の面と違う箇所であった。

上雪　カミユキ

長野県のように北から南にサツマイモ型に延びている県では北部の北信と南部の南信では雪の降り方が異なる。倉嶋厚（一九二四―二〇一七）の『日本の気候』（古今書院・一九六六）によれば、北信は日本海型の雪が降り、南信は太平洋型の雪が降る。長野県においては南信の雪は上雪、北信の雪は下雪と呼ばれている。下雪は大町《おおまち》市、長野市の北から新潟県境で厳冬期に多く降る。この時に南信は晴れている。京都に近い南信の上雪は初冬と晩冬に降る。その時に北信は晴れの時が多い。新潟県では里雪のことを下雪、山雪のことを上雪といっている。北から南にバナナ型に延びる新潟県は京都に近い方より上越、中越、下越と呼んでいる。新潟県では上雪は上越の山間部で多く降る雪のことである。下雪は新潟市の平野部に降る雪のことである。

冠雪　カムリユキ

門柱、電柱、郵便ポストなどに積もった雪が大きくベレー帽子形状、松茸状になるとゆきかむり、かむりゆきといった。雪の造形美。

亀かんじき　カメカンジキ

福島県会津《あいづ》地方では大型の道踏み用の鶴かんじきと対で用いられたのが、亀かんじきであった。最初に亀かんじきを履いてからさらに鶴かんじきを付けた。足に亀かんじきと鶴かんじきを二重に履くことになる。そして道を作りに歩いたという。鶴かんじきが楕円形の卵型であるのに対して、亀かんじきは月のような真丸であった。鶴と亀の両かんじきに共通しているのは爪がなく、竹製の単輪型であるということだ。新雪の柔らかい雪の上ではひじょうに活動的であった。この丸型のかんじきは足を載せる部分の乗緒《のりお》の網が六角形の亀の甲羅に似ているからそう呼ばれたという。↓ワカンジキ

空吹雪　カラフブキ

雪が降っていない時、地表面に積もった粉雪が強い風によって吹き上げられ乱れ飛ぶことがあるが、石川県白《はく》山《さん》市ではこの地吹雪を空吹雪といった。

がり　ガリ

秋田県内において橇《そり》の雪上滑走面に凍り付いた雪の固まったものをがりといった。

軽衫　カルサン

軽衫は山袴《やまばかま》の一種で、からさん、かりさんともいわれた。語源はポルトガル語のカルソーにあるといわれ、安土桃山時代に移入された。軽衫袴とも呼ばれ、日本名は伊賀袴とする説もある。江戸時代の武士の旅行着、番匠《ばんじょう》の仕事着とされ、農民の間でも用いられた。東北地方、中部地方、近畿地方の雪国や山間部での仕事着とされた。

乾いた雪　カワイタユキ

新潟県では乾いた雪、湿り気のない感じの雪をいった。

皮かむり雪　カワカムリユキ

秋田県において積雪した雪の表層が日射、気温、風などの影響によって凍結したものを皮かむり雪といった。クラスト、雪殻《ゆきがら》、硬雪《かたゆき》、堅雪《かたゆき》などともいう。

乾き雪　カワキイキ

石川県白山《はくさん》市では乾雪のことを乾き雪といった。吹雪や寒い日に乾雪が降ったという。手で握っても固めても、固まらない雪のことである。はっしゃぎいきともいった。

革足袋　カワタビ

猪の皮で作った靴を獅子《しし》革足袋といった。また、鹿、山羊、豚、羚羊《れいよう》などの毛皮を表皮にして作った靴のことを総称して革足袋といった。

側巡り　ガワメグリ

家の雪下ろしは、片側だけを一度に下ろすと雪の重みが残りの側に掛かってくるので、ひじょうに危険な状態になる。そのためにバランスよく軒先の方から屋根全体を回るようにして雪を下ろしていった。新潟県ではこれを側巡りといっていた。

側雪　ガワユキ

除雪車によって左と右に押しのけられて両脇に堆積した雪のことをいった。その雪は融けてから固まり堅くなった。

雁木　ガンギ

日本の豪雪地帯においては、冬期間は雪のために街は一時的に通行不可能となった。そこで通路に面した家々では各家において軒先を張り出して屋根付きの通路を造った。これをところによって雁木《がんぎ》、小店《こみせ》（小見世）、仮屋《かりや》と称した。こうして降雪期の生活通路を確保した。雁木、小店、仮屋は家々の連なりで連続性が出て雁木通り、小店通り、仮屋通りとなり、①防雪空間の確保と存在、②閉鎖された街区、③近隣の相互共助、④物質交流通路、⑤老若男女の日光浴と社交場、⑥子どもらの遊戯場、という性質を備えるようになった。雁木と雁木通り、小店と小店通りは、道路の除雪を機械で行なう以前には地域共同体に偉大な貢献をした。雁木や小店を造った空間は日除け、雨除けにもなり、梯子《はしご》や竹竿の収納場所としても利用された。全国的に雁木通りと小店通りとして残っている所は、新潟県上越《じょうえつ》市、長岡《ながおか》市、栃尾《とちお》市（現長岡市）、加茂《かも》市、見附《みつけ》市、亀田《かめだ》町（現新潟市）、糸魚川《いといがわ》市、青森県弘前《ひろさき》市、黒石《くろいし》市、秋田県秋田市、鹿角《かづの》市、長野県飯山《いいやま》市、鳥取県若桜《わかさ》町がある。雁木通りは新潟県を中心に日本海沿岸地帯にあり、集中していた。小店（小見世）と小店通りは本州北端部に集中していた。仮屋と仮屋通りは鳥取県の一点にあるものであった。

　雁木通りの概念規定は、氏家武『雁木通りの地理学的研究』（古今書院・一九九八）に次のようにあった。「市街地において街路に面して、両側を解放した雁木（軒・軒屋根・下屋・おろし・ひさし）をつけた家々が、充接して連続した軒並を形成して、この軒並の延長が防雪通路としての機能をもち、歩行者がなんらの制約も受けずに、また障害物もなしに自由にこれを通路として歩行することができる、雁木造り家屋の軒並密接連続構造をした通りを言う」と。

雁木

　雁木通り、小店通りの雁木、小店とは家の主屋につけた長い庇《ひさし》のことであり、それによって雪が降っても通路が確保できる工夫から考案されたものであった。この雁木、小店を付けた家屋が連続して軒並を形成するのが雁木通り、小店通りである。

　雁木ないしは小店の建築物の形式には二つある。落とし式と造り込み式である。落とし式は主屋の一階の高さに合せて庇を付けてその下に空間を造るものである。造り込み式は主屋そのものを二階にし、二階の下の一階部分を吹放しの空間にして、通路にしたのである。雁木は落とし式も造り込み式も両方あったが、小店は落とし式だけだった。落とし式は造り込み式に比べて短期間で建築でき、道路上に建築したと考えられる。通路を確保するために江戸時代の各藩によって奨励された積雪地方の都市政策で

雁木・小店のあったところ（氏家武『雁木通りの地理学的研究』より作成）

青森県	むつ市、外ヶ浜町、青森市、五所川原市、つがる市、鰺ヶ沢町、黒石市、弘前市、三沢市、十和田市、おいらせ町、五戸町、八戸市、三戸町、田子町
秋田県	秋田市、鹿角市、小坂町、五城目町、北秋田市、仙北市
岩手県	二戸市、一戸町、九戸村、盛岡市、北上市
山形県	鶴岡市、尾花沢市、村山市、上山市、金山町
福島県	喜多方市
新潟県	新発田市、新潟市、出雲崎町、阿賀野市、五泉市、加茂市、南魚沼市、燕市、三条市、長岡市、見附市、小千谷市、湯沢町、十日町市、津南町、上越市、魚沼市、糸魚川市、妙高市、阿賀町
長野県	飯山市
岐阜県	飛騨市、高山市
富山県	南砺市
石川県	小松市
福井県	福井市、武生市、若狭町
鳥取県	若桜町

あった。雁木通りや小店通りの最盛期は江戸時代から明治時代と考えられる。戦後、除雪政策は機械化されるようになり、木造建築によるアーケード方式の雁木通りと小店通りは、大時代的な遺物となっている。

かんじき（樏）　カンジキ

日本においてかんじきと総称される民具は大別して四種類ある。これは素材すなわち民具製品の材質からの分類である。かんじきも雪の文化人類学からの考察では重要な雪上歩行用具、民具である。かんじきの種類を「表―かんじきの類型」に従って説明をする。第一は輪かんじきであり、かんじき、すかり、ごかり、雪輪、輪、ちんるなどといわれ、雪の上を歩行する際に足が雪中に埋まらないようにしたものである。材料は木や竹を曲げてそれを針金、蔓《つる》、藁《わら》、麻紐、獣皮などを使って結んだものである。第二は

かんじきの類型
（氏家等「カンジキ」、高橋文太郎『輪樏』より一部補足して作成）

種類		形	分布地域
輪カンジキ	単輪型	円形（カメカンジキ） 楕円形（ツルカンジキ・スカリ・ゴカリ）	山陰地方・北陸地方 東北地方・新潟県
	複輪型	反り・爪付 ハナカンジキ マタギカンジキ（アキタカンジキ）	北海道・東北地方 北陸地方・新潟県
	瓢簞型	チンル、エゾカンジキ	北海道・岩手県
	簾編型	簾形	東北地方 北海道
竹カンジキ		舟形	富山県南砺市
鉄カンジキ		２本有爪（左右一文字型） ４本有爪（前後左右十文字型） ミツヅメカンジキ	東北地方 北陸地方
板カンジキ（田下駄）		高足・箱カンジキ（台カンジキ） 大足・難板	日本全域

竹かんじきである。スキーの影響により、竹そのものを舟形の形状に編んで、それを両足に履いて歩行するものであった。これは道踏《みちふみ》用、雪踏用の雪道を踏んで固めるための雪中歩行用具であった。第三は鉄の爪が二〜四本あるかねかんじき、かなかんじき、かなかん、アイゼンなどといわれたかんじきである。これを靴底の裏に付けて使用した。凍結した氷雪上の歩行に適したものであった。二本爪を一文字、四本爪を十文字と呼んだ。三本爪は四本爪の変形であり、三つ爪かんじきと呼ばれた。第四は田下駄と呼ばれた板かんじきである。農業地帯で使用された高足《たかあし》系の箱かんじき、台かんじきは稲刈り用に使った。大足《おおあし》系は代《しろ》踏み用であり、なんばという難板、難木もその仲間である。↓ワカンジキ

冠雪　カンセツ1)

頭の上に冠のように乗った雪、樹木の枝葉に積もった雪を冠雪と呼んでいる。杭や電信柱や石塔など、雪上に頭部が出ているところに積もったものが景観的、形態的に見事である。冠雪は外国においてはクラウンスノーといわれ人気がある。形は烏帽子《えぼし》型が多いが、綿帽子《わたぼうし》型やベレー帽子型になったりもする。雪帽子《ゆきぼうし》、雪茸《ゆききのこ》、雪饅頭《ゆきまんじゅう》という別名がある。新潟県湯沢《ゆざわ》町においては木の上や電柱の上などに大きな雪帽子が降り積もる。

乾雪　カンセツ2)

乾燥していて乾いた雪、乾ききった雪のこと。↓カワキイキ

乾雪雪崩　カンセツナダレ

雪崩の分類基準の一つで雪崩層の雪が水分を含まないもの。厳冬期の雪崩に多く煙型《けむりがた》雪崩になりやすい。↓

ケムリガタナダレ

がんどがんど渡り　ガンドガンドワタリ

雪中遊戯で、子どもたちの雪原での遊び方の一つであった。子どもたちの年長者が中心になり、雪原で百足《むかで》状の行列をつくり走り回る遊びであった。年長者が親になり先頭を行き、幼い子らが後をついて男女入り乱れて行列をつくって参加した。親役の年長者は曲がりくねったコースをとったり、スピードを早めたりした。百足行列は雪中で転倒する者が続出した。ここがこの遊びの壮大さと醍醐味であった。石川県白山《はくさん》市においてはがんどう渡りともいった。

雁の目隠し　ガンノメカクシ

北国の春に降る雪のこと。雪が雁の目を隠す意味のことを例えて雁の目隠しといった。↓ガンノメカクシユキ

雁の目隠し雪　ガンノメカクシユキ

新潟県においては初秋に降る雪のことを雁の目隠し雪といった。

寒吹雪　カンブキ

秋田県内においては寒中の吹雪のことを特に寒吹雪といった。

冠雪　カンムリユキ

↓カンセツ[1)]

ぎが　ギガ
山形県において新雪のことをぎがという。

きご雪　キゴイキ
日差しが当たらない北側の斜面などでは乾雪が多量に降り積もって雪質は変化せず、特にその下部は雪の重量で圧縮されてコンクリートのように堅くなる。石川県白山市《はくさんし》においてはこれをきご雪と呼んだ。

木づれ　キヅレ
秋田県では樹枝を覆っている雪を木づれといった。

急雪　キュウセツ
にわかに降ってくる雪のこと。

狂雪　キョウセツ
風に吹かれて狂い舞う雪のこと。

暁雪　ギョウセツ
明け方に降る雪のこと。

螽斯の灰塗れ　キリギリスノハエマブレ
全身が灰塗《まみ》れになったキリギリスと様子が似ていることから、新潟県津南町《つなん》においては雪塗《まみ》れになることを螽

斯の灰塗れといった。↓ユキマミレ

ぎろんぼ　ギロンボ

新潟県では小さく雪を盛ったところを踏み固めて滑るようにして遊ぶ、ぎろんぼという遊びがあった。雪中遊戯の一つであった。

ぎん　ギン

山形県での新雪のこと。

くされ雪　クサレユキ

山形県での湿雪のことをいう。

ぐし割　グシワリ

新潟県では茅葺《かやぶき》屋根の雪下ろしの際に、棟木《むねぎ》の上の鍬形《くわがた》状の飾りをぐしと呼んでおり、ここから雪下ろしを始めた。これをぐし割と呼んでいた。中門造りの建物の場合は、主屋と直角に突き出た中門の接合部分をだきと呼んで、ここに雪が溜まるために、この部分の雪下ろしに苦労したという。

葛黒火まつりかまくら　クゾグロヒマツリカマクラ

秋田県北秋田郡鷹巣《たかのす》町（現北秋田市）葛黒《くぞぐろ》集落に伝わる小正月行事に火祭りかまくら、火振りかまくらがあった。宝暦《ほうれき》年間（一七五一—一七六三）から続いているものという。近くの山から切り出してきた高さ十二メートルの神木に稲藁《いなわら》を巻きつけて立たせる。そして新年の五穀豊穣《ごこくほうじょう》と無病息災を祈願して火を点けて燃やした。その時に、「うぉー、かまくらのごんごろう」と叫びながら炎の周囲を回っていった。この日の燃え具合により豊凶を占い、燃えてきた木片や炭を家に持ち帰って炉にくべたという。平成十一年（一九九九）を最後に途絶えていたが、同集落を含む北秋田市小猿部《おさるべ》地域の市民団体「おさるべ元気くらぶ」でつくる実行委員会が平成二十六年（二〇一四）に復活させ、現在も続けられている。

沓　クツ

多雪積雪地帯の雪国では藁沓《わらぐつ》、沓といい、雪沓《ゆきぐつ》とは呼んでいない。藁で編んで作ったスリッパ風の草履《ぞうり》のことである。一般的に藁製の沓を単に沓と呼んだ。積雪地帯では長い沓、半分長い沓も沓と呼んだ。積雪の日に藁製の履物を用いることは古くからある。しかし、沓、藁沓といっても地域によって形状、目的、方法が相違する。沓、藁沓は下駄代わりに履くもので、労働用には向いていない。秋田県河辺郡《かわべ》（現秋田市）においては踵《かかと》にしかげを付けて労働用にも履いた。しかげとは藁縄でできており、女性用サンダルのバックバンドのような結束機能をもっている。秋田県仙北《せんぼく》地方では、ひかげといった。秋田県由利《ゆり》地方では、ねじりぐつという粗末な作り方の藁沓があった。別名津軽《つがる》沓、松前《まつまえ》沓ともいったので北海道や青森県より南下したのかもしれないという。仙台沓というものもあり、丁寧に編んだ藁沓で頬《ほほ》と呼ぶ両面が藁を組みながら固く締まるように編むグミ編みになっており、足首を草鞋《わらじ》のように結んだ。秋田県仙北地方では青年団の指導的立場である若勢《わかぜ》頭《がしら》が履く代官沓というものが藁沓の特大品であった。若勢頭は代官とも呼ばれていた。↓ワラグツ

熊の跡掻き　クマノアトカキ
秋田県では冬至の頃、吹雪の到来を予知した熊が、その前日に穴入りするといわれていた。熊が冬眠する時の穴の痕跡を隠す行為を跡掻きといい、その頃は吹雪になると伝えられていた。

くら　クラ
雪崩《なだれ》で露出した山肌のことをくらといった。

黒眼鏡　クロメガネ
昔のサングラスは単にレンズを黒くして太陽光線から目を守っていた。当初は眼鏡の柄の部分は紐になっていたが、柄に発展した。黒眼鏡は色眼鏡ともいった。↓ユキメガネ

勁雪　ケイセツ
強い雪、なかなか消えない雪のこと。

螢雪　ケイセツ
中国の晋《しん》の車胤《しゃいん》はお金がなくて油が買えないために螢《ほたる》を集めてその明かりで本を読んだ。やはり同様に油が買えない孫康《そんこう》は窓の雪の反射光で本を読んだという。これらの故事に因んで、螢の光と窓の雪というのは苦心して学問に励んだという比喩になった。

螢雪之功　ケイセツノコウ

苦労をして学問を修めた結果により成功を得たということ。

下駄スケート　ゲタスケート

外来の遊具であるスケートに対応し、秋田県などの積雪地帯では子どものために親や下駄屋が工夫して鍛冶屋に作ってもらったのが下駄スケートであった。伝統的な日本の下駄や高下駄の足駄《あしだ》の底部に歯の代わりに鉄製の滑りガネを取り付け、雪の路上や傾斜面を利用して滑走するものであった。秋田県仙北《せんぼく》市のグンカンスケートには足駄に歯を入れずに、底部を三角に削って滑りガネを取り付け、滑りガネの先端を足駄の鼻先まで伸ばして渦巻状に巻いたものもあった。男児専用の鉄製の鼻飾りが当時の軍艦を連想させてこの名称を産んだという。大仙《だいせん》市の下駄スケートは男子用の下駄に歯の代わりに滑りガネを付けたものであった。女子用のがっぱスケートは下駄のぽっくりとがっぱと呼ばれるものに、後部の平面に縦二本の滑りガネを付けたものであった。先端部に足袋の汚れを防ぐために爪皮《つまかわ》飾りを付けた。

尻ずいな　ケツズイナ

新潟県では凍った雪の坂を尻で滑る遊びのことを尻ずいなといっていた。雪中遊戯の一つで尻滑りのことであった。子どもらはうまくなると雪の斜面に滑りやすい杉の皮や小枝を尻に敷いて滑ったという。↓ケツゾリ

尻橇　ケツゾリ

青森県や秋田県では尻を橇にして雪の急斜面を滑り降りる遊びがあった。幼児は尻の下には何も敷かずに着物のままで滑って遊んでいた。そのため、衣服が濡れて冷たくなった。小学生になると尻の下に藁束《わらたば》や杉の枝な

どを敷いて滑るようになり、衣服を濡らすほどにはならなかった。近年では段ボール箱、手提げカバン、古タイヤなども利用するようになった。新潟県では尻《けつ》ずいな、けつのりともいった。

げのま　ゲノマ

富山県上市町《かみいちまち》においては表土まで削っていく全層雪崩《なだれ》を意味した。斜面の積雪面の上部と下部の間に裂け目が入るとそれが完全に切れてげのまとなった。表層雪崩をほーのま、ほーなでといった。

げほ　ゲホ

秋田県内においては雪庇《せっぴ》のことをげほといった。げほとは秋田方言で、額（おでこ）のことである。特に額の出っ張っていることをげほといった。元々出頭《でこうべ》の略語は「でこ」であり、これが転訛されたのである。

毛帽子　ケボウシ

莫蓙《ござ》帽子や蓑《みの》帽子のように頭部から背中、そして腰まである被り物に対して、頭から肩を覆う短い被り物である。富山県は棕櫚《しゅろ》帽子、秋田県は毛帽子、山形県は尾花《おばな》帽子と地域によって呼び名も異なった。藺草《いぐさ》、実子《みご》という藁《わら》の芯、棕櫚の毛、薄《すすき》などを材料として頭部を半円球に色糸を使って編み、首から肩の部分は錣《しころ》のように編み残している。頭部は海藻を編み込んだりして装飾的な工夫もなされている。通気性もあり、棕櫚製はいっさい水気を通さないとされ、吹雪の際や山仕事をする時の被り物として最適であった。

煙型雪崩　ケムリガタナダレ

雪崩の型で雪煙を高くあげて走る雪崩である。乾雪表層雪崩に多く、大規模なものは爆風を発生する。

けら　ケラ

けらは蓑《みの》の一種であった。螻蛄蓑《けらみの》の語は古く『延喜式《えんぎしき》』に見られる。蓑を着た姿が虫の螻蛄や鳥のけら（啄木鳥《きつつき》）に似ているからこの名前が付けられた。秋田県や岩手県では蓑を雨具や防雪具として、けらを荷背《にせ》負《おい》とした。藁《わら》、菅《すげ》、蒲《がま》、枸杞《くご》などで作り、両肩から背部そして腰まで被うように編むが、T字型をしていた。雪や雨を防いだり、晴れの日の戸外の農作業や荷物を背負う労働にも適していた。代表的雨具でもあった蓑と決定的に違うのは下の方が狭まっているところであった。けらを脱いでそれを敷き、座布団の代用にもした。マンダの木を剝いで細くしたものは防水性が強く、秋田県では、まだげらといい、青森県では、しながらといった。藁で作った藁げら、藁実子《わらみご》で作ったみごげら、草を編んだもので緑が美しい草げら、笹の葉で編んだ笹げらなどがあった。装飾的なものとしての伊達げら・よりげらは、けらの肩から背中に当たる部分に海菅《うみすげ》、色糸《いろいと》、紙縒《こより》で美しく縫い取りしたものであった。婚礼の際に祝《いわい》酒樽を背負うために着用する祝げらは秋田県南部の風習であった。平鹿《ひらか》郡増田《ますだ》町（現横手《よこて》市）の戸波《となみ》の戸波ゲラは有名であった。

げろ　ゲロ

青森県野辺地《のへじ》地方では、げろと称して雪下駄の底に滑りガネも竹も何も付けていない雪下駄で滑っていた。

げろっけ　ゲロッケ

新潟県では子どもたちが雪道の表面を沓《くつ》やゴム長靴でツルツルにこすった。これをげろをつける、ぎごらせるといった。その上に新雪を被せて、通行人を滑らせる悪戯をした。これをげろっけという。雪中遊戯の一つであった。

げろり　ゲロリ

福島県では滑り下駄、下駄スケートのことをげろりといった。青森県津軽《つがる》地方では、べんじゃといった。北海道でもげろりといったという。

げろんこ　ゲロンコ

新潟県では雪中遊戯の一つとして、積もった雪を踏み固めて小さい滑り坂をつくって、そこで滑って遊んだ。これをげろんこ、ぎろんぼといった。

けんしぎ　ケンシギ

青森県津軽《つがる》地方で使用した除雪用具に、けんしぎというものがあった。除雪する箆《へら》の部分と柄の部分から構成されていた。しかし、けんしぎは壊れやすく、一年に二、三本使う人もいたという。けんしぎが廃れると雪箆を用いるようになった。

源兵衛　ゲンベイ

栃木県で用いられた短沓《たんぐつ》状の藁沓《わらぐつ》である。しかし、栃木県内においてはもともと藁沓を作っておらず、福島県会津《あいづ》地方から移入したものであった。

小雪　コイキ

小雪とは読んで字のごとく少しの雪のことである。石川県白山麓《はくさんろく》でこの発音を二つに使い分けする。一つは小ぶりになった降雪の小雪であり、もう一つは寒い日に降る粉雪を小雪といった。

こうこう　コウコウ

↓コンコン

香雪　コウセツ[1)]

梅の花のこと。香りのある白い花すなわち梅。

香雪　コウセツ[2)]

茨城県水戸《みと》市の和菓子、香雪は玉子饅頭の焼菓子である。

豪雪　ゴウセツ

大量の雪が降り積もり、重大な災害をもたらすこと。昭和三十六年（一九六一）に制定された災害対策基本法で初めて豪雪が災害の対象として認められた。災害救助法等発動の最初は３８豪雪である。↓サンパチゴウセツ

５６豪雪　ゴウロクゴウセツ

昭和五十五年（一九八〇）十二月から五十六年（一九八一）三月にかけて東北地方南から近畿地方北までの日本海側の各地を襲った豪雪。この雪によって送電鉄塔や家屋倒半壊、雪崩災害、集落孤立、交通障害、農林被害などの災害が多発した。特徴は車社会、高齢化社会で起こった点であり、都市機能停滞と交通麻痺に落ち込んだ。

ごーたん吹雪　ゴータンブキ

新潟県での吹雪のことをいった。吹雪のことは、こーてつぷき、こーとつぴき、こーとつぷき、ごんごんあれ、

ごんごんぶき、ごんごんぷき、ごんごんゆき、だいふき、だいぶき、ふーき（吹雪）、ふきあれ（吹雪荒れ）などともいう。

こおり　コオリ

秋田県のマタギ言葉で雪のこと。雪は「行き」と同じで、獲物を逃がすことと同じなので、マタギにとっては忌む言葉であるという。マタギ言葉では熊のことはいたずといい、羚羊《かもしか》はあおじしといった。鼯鼠《むささび》はばんどりという。

氷霰　コオリアラレ

霰《あられ》・雪霰《ゆきあられ》の表面に水滴が付いて凍ったもの。直径二〜五ミリメートルぐらいで雨といっしょに降ることが多い。

氷雪　コオリイキ

水が氷点下の温度で固体となったものを氷というが、雪質が氷化したものを氷雪といった。石川県白山市《はくさんし》において気温の変化や体積の縮小によって雪質が変化して氷化したものを指した。

氷花　コオリバナ

秋田県において樹氷のことをこおりばなといった。

氷雪　コオリユキ

秋田県では氷雪とは凍った軽い雪のことをいい、雪崩《わし》を起こしやすい氷雪があった。秋田のマタギ言葉でこおりとは雪のことを意味した。マタギは雪を「ゆき」といわずに、「こおり」と呼んだのは獲物を逃す「行き」を忌み嫌ったからである。

ごかり　ゴカリ

道踏《みちふみ》とは降雪した道の雪を踏み固めて雪道を作ることであった。この道踏用具はかんじきであるが、普通のかんじきよりも大型であった。これをすかりといった。普通のかんじきを履いてから、さらに、このすかりを重ね履きするのであった。腰の力だけでは足を持ち上げることができないので、先端に綱を取り付けた。すかりの綱は一メートルであったが、それよりも大型のかんじきのごかりの綱は一・五メートルであったという。十日町《とおかまち》市博物館にある深雪用特大のかんじきはごかりである。かんじき、すかり、ごかりと三つ重ねて用いた。しかし、実際にごかりを使用した例は少ないといわれていた。それはごかりがすかりよりも大きく超大型であるかんじきであり、長さ百二十七センチメートル、幅五十センチメートルのかんじきを履いて雪中を歩行するとなれば、よほど足の長い人でなければ装着できなかったからである。というよりも歩行困難の恐れがあった。

→カンジキ、ワカンジキ、

克雪　コクセツ

雪害の対策を行ない、雪の害を克服し、快適な雪国の出現を志向したもの。雪を害としてとらえるのではなく、雪とともに生活する認識の変化を意味している。最近は利雪、和雪、治雪、活雪、親雪などの用語が氾濫している。

克雪住宅　コクセツジュウタク

多雪地帯の屋根雪処理方法により、雪下ろしを必要としない住宅のこと。方法としては三つある。①自然滑落型、②消雪・融雪型、③無落雪屋根である。

小米雪　ココメイキ

富山県南砺《なんと》市では細かい軽い雪のことを小米雪《こごめいき》、小米雪《こごめゆき》といった。その形状を見立てていったもの。

小米雪　ココメユキ

山形県では乾いた雪を小米雪といった。

こざき雪　コザキユキ

秋田県では粉末状の雪のことをこさぎ雪といった。チョークのような不透明色の雪もこざき雪といった。

こざく　コザク

新潟県においては雪原や雪道に積もった雪場を当てもなく踏み歩くことをこざくといった。

莫蓙帽子　ゴザボウシ

積雪地帯では頭に被る帽子と身体を覆う防雪具が一体となった格好のものがある。それは莫蓙《ござ》帽子、藁《わら》帽子、菅《すげ》帽子、蓑《みの》帽子などと呼ばれた。東北地方から北陸地方の積雪地帯で用いられた。藺草《いぐさ》や藁や菅で編み、防雪として被った。富山県では莫蓙帽子は、ござぼし、ござぶしと呼んだ。その他にも上市《かみいち》町ではとんびござ、高《たか》岡《おか》市ではよぼし、よぼしござ、砺波市ではぺっぺ、ぺっぺござなどともいわれた。青森県ではみのかさともいわれた。帽子の部分と肩から腰までの部分とから成っている。一枚の莫蓙を二つに折って、上端を縫い付けて作られている。着用すると莫蓙マントのように頭からすっぽり被るようになる。防水のために内側に渋紙を貼ったものもある。労働には不適であった。冬は防雪具として大人用、子ども用の大小の種類があった。藁帽子と菅帽子は首から上の部分に黒や紺に染めた麻糸で藁や菅を編んでいる。肩から腰の部分は藁や菅の株の方を網のように綴りながら先端の方を垂れ下げている。青森県ではさかさぼうずともいった。藁製は粗雑で長くは使用できなかったという。

越乃雪　コシノユキ

新潟県長岡市の越乃雪は、金沢の長正殿、松江の山川とともに日本三大銘菓の一つである。越後の粳米《うるちまい》を粉砕して作る寒晒粉《かんざらしこ》に、四国徳島の和三盆《わさんぼん》を合わせた押し菓子である。そっと口に入れると雪のような白い立方体はあっという間に消えていく。幕府老中だった九代長岡《ながおか》藩主牧野忠精《まきのただきよ》（一七六〇―一八三一）の命名と伝えられている。

木鋤　コスキ

雪を掘る、寄せる、積み上げるなどの除雪具として雪掻《ゆきかき》があった。雪を掻きのける道具としてイタヤ、ブナで一本木作りしたもの、一枚の四角い板状のものを篦《へら》として木の柄を付けたものがあった。雪掻板《ゆきかきいた》、雪篦《へら》、雪鋤《すき》、雪掘《ゆきほり》、木鋤《きすき》、降雪板《こうせつばん》、こすき、ばんば、てんづきなどの名称があった。積雪地帯では屋根の雪下ろしや除雪作業に用いられた。木製のものは軽くて扱いやすかった。『越能山都登《こしのやまつと》』には次のようにあった。「こをすきの名は木を以て鋤のごとく小（さ）く造りて雪をすくひはぬる物なれば木小鋤なること明らけし」と。木鋤には踏み鋤型と馬鋤型がある。鋤は本来、踏むことによって土を掘り起こす道具。伝統的な除雪具で、木製の雪掻用であった。量産販売をしている著名な木鋤は、①津南町《つなんまち》産の秋山木鋤《あきやまごーつき》、②湯之谷村《ゆのたにむら》産の湯之谷木鋤《ぐしき》、③塩沢町《しおざわまち》産の南郡《なんぐん》木鋤《ぐしき》があった。

こずら切る　コズラキル

新潟県上越《じょうえつ》市などでは屋根に降りたまった雪の幹の部分を切り落とすことをこずら切る、こずら落とすといった。豪雪地帯では、三回、四回と雪下ろしが続くと、屋根から下ろした雪が軒先まで届いて屋根と地面が繋がってしまった。こうなると、雪の沈下する圧力によって軒先に重圧がかかって崩壊した。そうならないために、こずら切るといって屋根と地面を分離した。↓エンキリ

こっそ雪崩　コッソナダレ

初雪の季節、落葉の上に降った新雪が地面にも落葉にも馴染めずに、規模の大きくない雪崩を起こすことがあった。石川県ではそれをこっそ雪崩といった。こっそとは落葉のことで木の葉《こは》雪崩ともいう。

粉雪　コナイキ

新潟県でサラサラして乾いた細かい雪をいった。

粉雪　コナユキ
秋田県、山形県、新潟県などの積雪地帯では、本格的な冬になると寒さが厳しくなる。気温が高い時には、雪片が融けかかり塊になり、牡丹雪となるが、気温が低い時には、雪片が小さく、サラサラに乾いた粉雪が多くなる。降り積もった時の乾いた軽い粉状の雪を粉雪という。アスピリンスノー、パウダースノーともいった。

木葉雪崩　コノハナダレ
石川県白山《はくさん》市近辺で起こった木の葉雪崩のことである。↓コッソナダレ

こま（雪独楽）　コマ
こま（雪独楽）は、新潟県における雪中遊戯の一つの雪玉遊びで使われる。雪玉をボール状に丸め固めたもので、お互いに雪玉でかち割り合いをして勝敗を決した遊びであった。じごま、こんば、こんぼーなどともいった。

小見世／小店　コミセ
町家の軒下に歩道用の庇《ひさし》を出したもので、現在のアーケードと同様のものである。四代弘前《ひろさき》藩主津軽信政《つがるのぶまさ》（一六四六―一七一〇）が町家に奨励したのが始まりとの説がある。青森県弘前市、黒石《くろいし》市、秋田県鹿角《かづの》市、秋田市にもあった。冬の通路としては便利なものであった。柳宗悦（一八八九―一九六一）はその著書『手仕事の日本』（『柳宗悦全集』11巻・筑摩書房・一九八一）において次のように述べていた。弘前は、「雪深い町でありますから、店の前に更に軒を設けて雪よけの囲いをします。これが所謂『小店』でそれがどこまでも連なり、一種の風情を醸し出します。（中略）尤も小店は弘前ばかりではありません。越後の高田だとか陸中の

花輪だとか、雪の深い町では好んで設けます」と。

米雪　コメユキ

新潟県では春先の新雪をいった。圧縮されておらず軽くて柔らかい雪であった。

ごろ　ゴロ

秋田県においては降り積もった雪が斜面を転がって大きく拡大していく雪塊をごろといった。寒中にこれがあると翌日には吹雪になるといわれた。

こんこん　コンコン

雪や霰《あられ》がしきりに降る様子を表わしている。こんこんはこうこうともいう。意味としてのこんこんは誘い囃したてる「来い来い」のことである。

権兵衛　ゴンベイ

新潟県村上《むらかみ》市では藁沓《わらぐつ》の権兵衛のことをふろとろじんべといった。それは藁沓を売りに来た人が古渡路《ふろとろ》村出身ということから生じたという。権蔵という家の先祖が考案したものといわれていた。長野県北安曇《きたあづみ》郡でもごんぞう、青森県津軽《つがる》地方でもごんぞといっていた。秋田県仙北《せんぼく》地方では権兵衛《ごんべい》といって全体を網代《あじろ》編みにして爪掛《つまがけ》は二つに割れていた。北秋田市では蟬頭《せみがしら》も権兵衛とみなし、権兵衛を特にまっかごんべいと呼んでいた。権兵衛も爪掛であり、爪籠《つまご》であった。島根県出雲《いずも》や福島県中央部のように、つまごといっている地域もあった。新潟県長岡《ながおか》市や長野県上水内《かみみのち》郡ではつまがけと呼んでいた。

【さ行】

細氷　サイヒョウ

細氷というのはダイヤモンド・ダストのことである。倉嶋厚（一九二四—二〇一七）の『おもしろ気象学 秋・冬編』（朝日新聞・一九八六）によれば、ごく小さく分岐していない氷の結晶が徐々に降下する現象をいう。大気中の水蒸気が寒気のために昇華《しょうか》して氷の粒になって浮遊する現象である。風の吹かないよく晴れた日にできて、日光を受けてキラキラ輝く。氷針、氷霧も同じである。

桜隠し　サクラカクシ

新潟県阿賀《あが》町では春になって桜が咲く頃に降る雪をいった。桜隠《さくらがく》しともいった。北国の春に降る雪のことは目を隠すといい、本来の目隠しとは手や布などで目を覆うことに桜の花弁《はなびら》をたとえた。

桜花　サクラバナ

落葉樹の枝に積もった新雪や、ついた霧氷《むひょう》に、朝陽を浴びて輝いている美しい状態を、石川県白山《はくさん》市においては満開の桜に似せて桜花と表現した。雪の造形美である。

細雪　ササメユキ

山形県では乾いた雪を細雪といった。乾いているので細かく降る雪である。

さゝめゆき　ササメユキ

山口県下関《しものせき》市のさゝめゆきは、同じく下関市の阿わ雪《あゆき》を小さく切ってグラニュー糖をまぶした干菓子である。

里雪　サトユキ

日本海側、北陸地方の冬の雪の降り方に山雪《やまゆき》と里雪《さとゆき》の二つの型がある。倉嶋厚『日本の気候』（古今書院・一九六六）によれば、山雪は山間部に多量の雪が降る。里雪は平野部の狭い範囲に、短時間で多量の雪が降るのでドカ雪とも呼ばれる。里雪のように人口密度が高い平野部に多量の雪が降ると、通信交通網の発達している都市部では通信交通の障害が生じ、大雪害を起こす原因になる。里雪が降る時は山雪に比較して風が弱い。また、雪も湿っており電線着雪を起こしやすい。↓ヤマユキ

さね雪　サネユキ

秋田県仙北《せんぼく》地方でいう粗目雪《ざらめゆき》のこと、堅雪のこと。↓カタユキ

さらさら　サラサラ

乾燥した薄く小さい雪が触れ合って降る様子とその降雪の音である。

さらさら雪　サラサラユキ

山形県では乾いた雪をさらさら雪といった。

さらて　サラテ

雪の野原、特に足跡もない雪原は色々な呼び名で呼ばれた。島根県では雪原のことをさらてといった。

さらど　サラド

山形県での新雪のことをいった。

粗目雪　ザラメユキ

気温が零度以上になったり日射を受けると、雪粒の表面が融け、水の膜で覆われる。時間がたつと小さな雪粒同士が合体して粗目状の大きな雪粒となる。これが粗目雪である。山形県や富山県上市町《かみいち》で、二月から三月までの積雪が水分を帯び、粒子も粗大化して粗目状になった雪をいった。

さるど　サルド

山形県での新雪のことをいった。

さわあけ　サワアケ

福井県では雪が融けて冬から解放されることをさわあけといった。特に豪雪の年には五月頃まで残雪があり、さわあけが遅れるといった。

三角橇　サンカクゾリ

北海道開拓記念館に所蔵されている。氏家等「北海道で使用した除雪具」（『雪と生活』創刊号・一九八〇）によると、北海道内陸部において、馬によって除雪した三角形の木製橇があった。全長一メートル強、最大幅一メートル弱で、板を組み合わせて三角形にした橇であった。さらに底部に雪上を滑りやすくする二枚板を取り付けていた。

三寸雪　サンズンユキ

上信越地方において大雪の降る状態を三寸雪と呼んでいる。倉嶋厚『おもしろ気象学　秋・冬編』（朝日新聞社・一九八六）によれば、一時間に三寸（約九センチメートル）ずつ降り積もる雪のこと。激しく降る雪の様子をこう表現した。

残雪　ザンセツ

春になって遠い連峰の残雪があり、山の北側や山の岩陰、木陰などに消え残っている雪のこと。

山賊だまり　サンゾクダマリ

秋田県阿仁《あに》マタギの先輩が初心者へ教えるマタギの作法の一つであった。武藤鉄城（一八九六―一九五六）の『秋田マタギ聞書』（慶友社・一九七七）によれば、冬期間、先輩マタギが初《はつ》マタギに、「山賊だまりを教えてやるから小屋の外で垢離《こり》を取ってこい」という。そして、「もう、いい」というまで小屋の中に入るなと付け加えた。初マタギは冬の外で裸になって垢離を取っており、小屋の外でブルブル震えながら、「もう、入ってもいいか」と聞く。すると先輩マタギは「まだまだ駄目だ」という。寒さが身体に堪えがたく、ほとんど失神状態に陥る寸前にようやく小屋に入ってもよいと先輩マタギの許可が出た。そして、小屋に入ってきた初マタギに、先輩マタギは、「裸で外にいる心持ちはどうであったか」と聞いた。初マタギは、「とても寒かった」

というと、先輩マタギはそれが山賊だまりというのだと教えてくれたという。冬小屋の雪を利用した作法であった。

桟俵垢離　サンダラゴリ

秋田県仙北《せんぼく》郡檜木内《ひのきない》村（現仙北市）のマタギの刑罰であった。狩猟の出がけに歌うなど、何か行儀が悪いことをしたマタギがいると、マタギの頭目《とうもく》のシカリは雪の上に桟俵《さんだわら》を一枚敷いて、その上へ全裸で座らせ、カクラサマと称する山の神様への呪文を唱えさせた。そして、もう一枚の桟俵を頭に載せて数を数えながらわっぱで水を掛けた。三十三回掛けたという。これは雪を利用した刑罰であった。

38豪雪　サンパチゴウセツ

昭和三十八年一月から二月の北陸地方を中心とした豪雪は、『おもしろ気象学　秋・冬編』によれば、水に換算して百五十億トンもの雪が降った。新潟県では一週間に五回も雪下ろしをした。死者二百三十三人建物の被害一万一千棟以上の大きな災害であった。豪雪について鈴木牧之『北越雪譜』では次のように描いていた。「此雪いくばくの力をつひやし、いくばくの銭を費し、終日掘ほたる跡へその夜大雪降り夜明て見れば元のごとし、かかる時は主人はさらなり、下人も頭を低て溜息をつくのみなり」と。

三平　サンペイ

秋田県の代表的藁沓《わらぐつ》である三平とは、撥稽《ばちすべ》（端稽）の側面から上の方に、俵編みで円筒形を編んでいったものである。俵編みは高さ二十七センチメートルのもので十三段、二十三センチメートルのもので十一段に編みあげていった。最上部はズボンや袴《はかま》が擦り切れないように布で縁を取った。底は草履《ぞうり》編みであるが、太く強いヒゲがあるので保温と滑り止めの役目があった。三平はゴム長靴に取って代わられたが、それは欠点があったからである。縁とり布は備えてもすぐに擦り切れたからである。歩行運動は不自由、遠路を行くのにも適していない。湿雪の際には水気を吸収して重くなり履きにくくなった。三平は人名の履物となっており、他にも新《しん》兵衛《べいい》、権兵衛《ごんべえ》、七兵衛《しちべい》、源兵衛《げんべい》などがあった。

さんまる　サンマル

秋田県におけるマタギ言葉で、霰《あられ》を意味した。

しが　シガ

秋田県においては張った氷をしがといった。またつららのこともしがといった。↓タルシ、タロンペ

しがのり　シガノリ

山形県では冬期間に田圃《たんぼ》に厚い氷が張った際に、雪中遊戯の一つとしてゴム長靴で滑って鬼ごっこをして遊んだ。氷の薄い箇所は割れることもあったが、それがしがのり遊びの醍醐味であったという。

しげしげ　シゲシゲ

雪がしきりに降る様子を表わした。

獅子捕り木鋤　シシトリコウスキ

狩人用の幅の狭い橇《そり》型の木鋤《こすき》であった。新潟県津南《つなん》町では山に行く際に杖の代わりに持っていったものといわれていた。羚羊《れいよう》の脚を叩き折ったり、雪に立てて銃を載せる台にしたりした。一メートル強の長さであった。同様のものに獅子やり木鋤があった。

ししゃはで　シシャハデ

山形県での雪原のことをいう。

しずり　シズリ

木の枝などから降雪した雪がずり落ちることや、またはその雪のこと。しずり雪、垂《しず》れといった。

垂れ　シズレ

↓シズリ

しちりん　シチリン

石川県白山《はくさん》市において落葉樹の枝や葉に積もった雪が風によって花吹雪のように落ちる状態をしちりんといった。

湿型着雪　シツガタチャクセツ

含んでいる水の量が多い雪片が物体に付着して発生する着雪のこと。電線着雪の場合は強風下で発生する。

湿雪　シッセツ

俗にいう、べと雪のこと。粉雪に対してベトベトした融けた雪のこと。↓ベタユキ

湿雪雪崩　シッセツナダレ
水分を含む雪の雪崩。雪崩の分類基準の一つで、春先や気温の高い時の全層雪崩に多い。

しづで　シヅデ
秋田県ではフワッとした雪のことをしづでといった。

しづれ　シヅレ
秋田県において樹木の枝から降り積もった雪が幕のように落ちることをしづれといった。

しづれる　シヅレル
山形県において雪崩が起きることをしづれるといった。しずれ、なでつく、なでこげる、ゆきしづれともいう。

じど　ジド
秋田県においては樹木や木の股に降り積もった雪が大きな塊になって引っかかっている雪塊があり、それが安定を失って雪面に落ちる音から出た名称でじどといった。ボダと落ちる音からぼだともいった。

しとり雪　シトリユキ
秋田県において湿った雪のこと。にめり雪ともいった。

地雪崩　ジナダレ
新潟県では地雪崩というのは全層雪崩を意味した。同県湯沢《ゆざわ》町では、べと裸が出る雪崩ともいった。

地抜け　ジヌケ

新潟県村上《むらかみ》市では全層雪崩を地抜けといった。

柴橇　シバゾリ

岐阜県高山《たかやま》市の飛騨《ひだ》民俗村の柴橇は一枚橇の一種である。山の斜面に生えている木を藤蔓《ふじづる》で編んで作る。根の曲った木を数本組み合わせて橇形に編んで作った。細い枝の広がりが荷台になり、材木や薪を一時的に載せるために作る橇であった。山の上にあげる必要がなく、刈草、薪、木の枝なども載せて曳き終わったら薪とした。吉城《よしき》郡上宝《かみたから》村（現高山市）では柴ぼね、同郡河合《かわい》村（現飛騨市）では柴舟、高山市ではほえ橇などと呼んだ。冬期間だけでなく、年間を通じてよく作って使用したが、使用後は自家用の燃料とした。↓ユキゾリ（コラム）

柴の雪　シバノユキ

京都市下京区の柴の雪は、柴の上に雪が降り積もったように見える上生《じょうなま》菓子である。

しぶたれ雪　シブタレユキ

新潟県新潟市、村上《むらかみ》市、新発田《しばた》市、胎内《たいない》市などにおいて霙《みぞれ》のことをしぶたれ雪、しぶたれよきといった。みそて雪、雪混じり、雨雪、水雪などともいう。↓ミゾレ

地吹雪　ジフブキ

一度、地上に降り積もった雪が風によって吹き飛ばされて、巻き上げられて舞いに舞って吹雪のようになる状態とその現象を地吹雪といった。北海道や青森県は気温が低いので、東北地方や北陸地方に比べてサラサラし

た乾いた雪で風に飛ばされやすい。ロシア南部のブランはステップの猛吹雪のこと。北シベリアのツンドラ地帯ではプルガ、アルゼンチンのパンパ地方ではパンペロという。北米大陸と南極大陸のブリザードは飛雪による視程障害を伴った暴風雪である。地吹雪体験は青森県五所川原《ごしょがわら》市金木《かなぎ》町の冬の名物イベントである。角田周代表の津軽地吹雪会が主催する。↓カクマキ

しまき　シマキ

宮崎県や熊本県における雪風巻《ゆきしまき》のこと。↓ユキシマキ

しまく　シマク

積雪した雪が狂うように舞うことをいう。岩手県での吹雪のことをいった。

しまけ　シマケ

愛知県における雪風巻《ゆきしまけ》のこと。↓ユキシマキ

しまり雪　シマリユキ

山形県においては粗目雪《ざらめゆき》のことをいった。↓ザラメユキ

しみ渡り　シミワタリ

雪中遊戯の代表的なものとして、新潟県十日町《とおかまち》市では晴天の日の朝早く表面が堅く凍った粗《ざら》雪の上を渡り歩いた。『十日町市史資料編8民俗』（十日町市・一九九五）によれば、「しみたかほい　しみねかほい　しみたし

みた　ほーいほい」「しみたかほーい　しみねがほーい」などと歌いながら走り回った。温度の下がった日の遊びであった。日中は気温が上昇して雪が融けるが夜になると堅く凍った。さらに翌日は、雪の上、田圃《たんぼ》、小川、池でも歩いていくことができた。早春のしみ渡りは躍動感溢れる春の詩であった。新潟県蒲原《かんばら》地方では氷をざいといい、ざいわたりといった。↓ヤブワタリ

霜　シモ

晴れた寒い夜に日中の水蒸気が結晶して白くなり地面や物体へ付着したものを霜といった。はだれ霜はまだらに置いた霜であり、霜ただみは一面に置いた霜である。霜のことを霜の花、三の花、青女《せいじょ》などともいった。

霜の声　シモノコエ

霜の声は、新潟県小千谷《おぢや》市の蕎麦饅頭である。朝に霜が降り積もった様子が表現されている。

霜ばしら　シモバシラ

仙台市青葉区の白い霜ばしらは青い缶に入っている。霜柱のように糸状に細く繊細な飴菓子である。暖かくなると固まってしまうので、季節限定にして秋から冬にかけて作られる。

下雪　シモユキ

↓カミユキ

霜除け　シモヨケ
→ユキガコイ

尺雪　シャクセツ
尺雪とは一尺ばかりの雪のことである。一尺は現在の三十・三センチメートルである。

しやご　シヤゴ
山形県での雪原のことをいった。

射縄組　シャナクミ
福井県では冬期間は雪草鞋《わらじ》を履いた。その際に足の甲を包む靴下のようなものを射縄組といった。材料は豆沓《まめぐつ》と同じく藁《わら》に撚《よ》りを掛けずに、〇・五センチメートルぐらいの太さにした藁を縦に並べて、四センチメートル間隔で麻緒を緯《たていと》に、藁と同形の布を当てて編み込んだものだった。射縄組の内側が藁で、表面は布地で、履くのは素足であった。足袋《たび》と比較して水にも濡れず冷たくならなかった。

砂利雪　ジャリイキ
春になって雪解けの季節になると、雪質がすっかり変化して粗目《ざらめ》状になる。石川県白山《はくさん》市においては、それを砂利雪といった。

砂利雪　ジャリユキ

サラサラした水分の少ない燥《はっしゃ》いだ雪が降り積もった。『とやま雪語り』によれば、積もった後に水の粒のように変化する。富山県や新潟県では、それを砂利雪といった。

終雪　シュウセツ

↓ナゴリユキ

宿雪　シュクセツ

日を経過して残っている雪のことである。

出液　シュツエキ

中国では二十四節気の小雪を出液としている。立冬《りっとう》（十一月七日頃）から十日目を入液《にゅうえき》とし、小雪（十一月二十二日頃）を出液としている。その頃に降る雨を液雨《えきう》という。

樹氷　ジュヒョウ

霧氷の一種。霧粒が冷たい零下の風に吹きつけられて細い氷を結晶させる。細氷は華のように樹々を覆って景観となる。秋田県では氷花とも称している。山形県蔵王《ざおう》山麓は特に有名であり、雪こぶ、雪の坊と呼び大きなものはスノーモンスターなどともいっている。木花《きのはな》、木華《きのはな》、樹氷林、霧の花などともいう雪の造形美である。

棕櫚帽子　シュロボウシ

棕櫚で作られた精巧な被り物で、関西地方からの移入品であった。棕櫚帽子は水はけもよくて、よそ行きの男性用であったといわれている。

春雪　シュンセツ

↓ハルノユキ

消雪　ショウセツ

雪が融けて消えてしまうこと。融雪。↓ユウセツ

小雪　ショウセツ

二十四節気の一つ。陰暦十月の節で立冬《りっとう》の十五日後、陽暦では十一月二十二、二十三日頃に当たる。岡田芳郎・松井吉昭『年中行事読本』(創元社・二〇一三)によると、東洋の暦では冬は二十四節気の立冬(十一月七日)から立春《りっしゅん》(二月四日)の前日までとしていた。孟冬《もうとう》月(立冬、小雪)、仲冬《ちゅうとう》月(大雪《たいせつ》、冬至《とうじ》)、季冬《きとう》月(小寒《しょうかん》、大寒《だいかん》)の三節《さんせつ》月に分けられる。ヨーロッパの暦では冬は冬至(十二月二十二日)から春分《しゅんぶん》(三月二十一日)の前日までとしている。

消雪パイプ　ショウセツパイプ

積雪地域の生活の知恵である。路上の雪を排除する方法として考案された。道路中央にメインパイプが走っており、電気の熱でもって雪を消す方法が一つ。もう一つは地下水の噴出でもって雪を消す方法である。

しょーしょーばり　ショーショーバリ
新潟県では雪が消える頃の晴天の日に、トタン屋根に雪玉を載せて融けだした水を茶碗の中に溜める遊びをした。雪中遊戯の一つであった。誰が一番早く勢いよく水を落とすかを競い合った。しょーしょーばりとは小便がしょーしょーと音を立てて出る音を意味した。ばりとは出ることであった。

除雪　ジョセツ
人や車両の通行を妨げている路上の積雪を、強制的に除き去ること。人力の除雪と機械の除雪とがある。

除雪車　ジョセツシャ
鉄路の上の積雪を左右に掻き分ける除雪用の機関車をラッセル車といった。沿線の離れた場所に投雪して除去するロータリー除雪機関車もある。自動車道路上の雪を押し分ける除排雪用の車両もロータリー車といっている。雪を遠くまで飛ばすための羽根車装置を装備している車もある。

しらはだ　シラハダ
山形県で雪原のことをいった。

白雪　シラユキ
雪の美称。白雪という大日本帝国海軍の駆逐艦《くちくかん》の名称、K酒造の銘酒の名前、白雪とうふの名前などに使用されている。

白雨　シロアメ
島根県隠岐島《おきのしま》では雪まじりに降る雨を白雨と読ませて霙《みぞれ》を指して冬の雨としている。一般に白雨は「はくう」と読み、夏の夕立をいった。

白い石炭　シロイセキタン
北陸電力株式会社初代社長の山田昌作は、『とやま雪語り』（北日本新聞社・一九八四）によれば、水力発電のエネルギー源を「雪は白い石炭である」と語ったとある。現在の火力発電は石油を使用しているので「火主水従」であり、現代の原子力の力による発電は「原主火従」となる。

しろこば　シロコバ
山形県尾花沢《おばなざわ》市の冬遊びの雪の滑り台のことであった。雪中遊戯の一つで、滑り台の脇に雪の階段をつくって階段を登っていって一人ずつ順番に滑り降りたという。これをしろこばといった。

しんしん　シンシン
雪がひっそりと静まり返って夜などに降る様子と、その降雪の音をいった。

深雪　シンセツ1)
雪が深く降り積もった状態のこと。

新雪　シンセツ2)

積もったばかりの軽い雪は新雪といった。降雪の結晶が残っているもの。霰《あられ》や霙《みぞれ》を含んでいる。

しんばい踏み　シンバイフミ

新潟県では雪中遊戯の一つとして、雪上に迷路をつくって遊んだ。これをしんばい踏み、ちゃいごまちなどともいった。

新保橇　シンポゾリ

石川県白峰村《しらみねむら》（現白山市《はくさんし》）の手橇《てぞり》で、西谷《にしや》の新保《しんぼ》から製作技術が伝承されたので新保という名前が付いたという。手橇と同様に滑走板一枚の雪橇で、一本橇の一種である。山から材木を下ろすための橇で、扱いが難しいにもかかわらず林業従事者間に普及した。春の山仕事開始の春木山の際には燃料用薪、木炭原木、建築用材、椎茸《しいたけ》原木などの雪上運搬に使用された。この手橇は分離と組立が簡単にできて、伐採する目的地まで背負って行き、下りは材木を載せて滑降した。新保橇は同じ長さの枕（乳《ちち》）を四本持ち、左右対称であった。普通の手橇が左右極端に異なるのとは著しい違いがあった。↓ユキゾリ（コラム）

瑞雪　ズイセツ

祝うべき、喜ばしい、めでたい印とされる雪のこと。

ずいなべ　ズイナベ

新潟県でずいなべとは、ずいなべる、すぺんた、けっつなんべなどといわれる遊びであった。子どもらが雪の傾斜面を雪上で直立状態のまま滑り降りた。杉の枝や笹の束などを利用した。木鋤《こすき》やみかん箱、手製箱橇《はこぞり》なども利用した。

ずいのー　ズイノー

新潟県における雪中遊戯の一つであった。子どもたちが雪の傾斜面を利用したものや、雪を積んで作った滑り台で滑る遊びをずいのーといった。雪の斜面を下る遊びは道具がなくても、杉の葉や笹の葉などを下に敷いて滑るとよく滑ることができた。これをすべらんこ、すいな、ずいな、すいのー、すなべり、すべろう、すべろん、けつずいなどともいった。

すかすか降り　スカスカブリ

富山県上平村《かみたいら》（現南砺市《なんと》）においては、『とやま雪語り』によれば、雪の激しい降り方をすかすか降りといった。

すか雪　スカユキ

山形県においては新雪のことをすか雪といった。

すかり　スカリ

新潟県において特徴的なかんじきは、中越の山間部に分布していた楕円形複輪型の深雪用大型輪かんじき、すかりである。鈴木牧之『北越雪譜』にも言及があった。「すかりはたて二尺五六寸より三尺余、横一尺二三寸、山竹をたわめて作る。かじき、すかりの二ツは冬の雪のやはらかなる時ふみこまぬ為に用ふ。はきつけぬ人は一足もあゆみがたし。なれたる人はこれをはきて獣を追ふ也」と。この伝統的な雪中歩行具は日本では大きな形態のかんじきといえる。使用方法は普通のかんじきを履いて、さらにこのすかりを履くのである。すなわち、大型のかんじきであるすかりは歩行用ではなく、小型の普通かんじきと重ね合わせて用いるのである。すかりは雪道を踏みならす、道踏用のかんじきであった。新潟県や長野県には長さが六十センチメートルから百十センチメートル、幅は三十センチメートルから五十センチメートルぐらいのものがあった。さらに超大型のごかりと呼ぶものもあった。十日町《とおかまち》市博物館のものはごかりであった。魚沼地方ではかんじき、すかり、ごかりを三つ重ねて用いたという。大型のかんじきは雪道を歩み進める道踏《みちふみ》も困難であり、足を上げるためにすかりやごかりの最先端部には一メートルほどの縄が付いており、これを引き上げながら進んだ。すかりと同様な道踏用のかんじきは福島県や群馬県の鶴かんじきが知られている。↓カンジキ、ワカンジキ、ゴカリ

すかり雪　スカリイキ

新潟県魚沼《うおぬま》地方では、降雪のあった日は朝から道踏《みちふみ》をするが、道踏かんじきを履いて雪を踏み固めることのできる積雪量をかちきいきと呼び、道踏も不要な程度の雪をくついきと呼んだ。逆に、道踏かんじきに大型かんじきのすかりを履かなければならないほどの大雪をすかりいきと称した。新潟県でも積雪地帯の道踏用《みちふみよう》の大きい輪かんじきのことを呼んだ。かんじきのすかりやごかりがこれであった。

すき乗り　スキノリ

本格的な雪上スポーツのスキーではなく、子どもたちが作った雪遊具のスキーである。これは二枚の細長い板状の道具を両足に履いて雪上を滑って進む遊びであった。ただし、スキー杖はなかった。新潟県津南《つなん》町ではすき乗りといって、ブナの木を削りスキー板にして、先端を炙《あぶ》り曲げ、中ほどに杉板と針金で耳を付け、藁沓《わらぐつ》に

結び付けて作ったものであった。バランス調整の梶棒となるストックの役目を果たす杖棒を持たないで、スケートと同様に坂のみで滑った。青森県弘前《ひろさき》市では、子どもたちがすき乗りをして遊んだのは昭和に入ってからという。昔のスキーはゴム長靴の先を金具の間に差し込み、それを皮バンドで押さえ、踵の部分も皮バンドと折返しの金具で調整をして締めた。スキーの台は自家製の単板であった。どこの町でも村でも雪国はスキーに適した坂があり、子どもたちが集まって滑った。

すぐち　スグチ

山形県での雪の原の雪原のことをすぐちといった。

すぐり回し　スグリマワシ

雪中遊戯の一つで、雪の上で小さなアイスバーンを作った。そのアイスバーンの真中で独楽回《こま》しを行なった。これを青森県弘前《ひろさき》市では、ばんこ、黒石《くろいし》市では、しみどこ、青森市では、ねどこといった。青森県では独楽のことをすぐりといった。一つのばんこに二つの独楽を回して相手の独楽を倒す遊びであった。すぐり回しの縄は撚《よ》りを掛けて左綯《な》いもので、手元を太く、先端を細く綯った。すぐりの種類は皿すぐり、かぶすぐり、すり鉢すぐり、二階ずぐりなどがあり、形も小さいものから大きいものまであった。

すけっとう　スケットウ

すけっとうとは、細い角材の先端部を斜めに切って丸みを付け、そこにブリキを貼って針金で耳を付けた木製のスケート靴である。新潟県津南《つなん》町では子どもたちが冬の遊びに使っていた。すけっとともいい、孟宗竹《もうそうちく》を半分に割ったものを五、六本並行に針金で固定し、それに藁沓《わらぐつ》を括り付けた。また、歯のない下駄に竹を付けて雪の上を滑った。

すけはけ　スケハケ

山形県米沢《よねざわ》市などの積雪地帯に分布する除雪用具としてすけはけがあった。

菅帽子　スゲボウシ

夏の間に採集した狸蘭《たぬきらん》の菅《すげ》を干して、それを編んで作った菅帽子は、藁《わら》製の帽子よりも仕上がりはよく出来ていた。それは菅の長さが長いからであった。新潟県南魚沼《みなみうおぬま》地方では、すげぼーしとか、つっかぶり、つっこー、つっことといった。

直家　スゴヤ

岩手県和賀《わが》地方では農家は茅葺《かやぶき》の直家が多かった。この単純な形態の家屋が防雪や除雪に適した建て方であったという。冬期間の季節風は西風であるために屋根の東側に吹き溜まりができやすかった。そのために東側の屋根の骨組を西側より丈夫にし、屋根の勾配を急にした。東側の屋根の軒先の切り上げを高くし、面積を小さくした。風雪の吹き込みを防ぐために屋根に煙出しをつけなかった。

すっなべる　スッナベル

新潟県において雪道を歩いていて足元を掬うように大きく滑ることをすっなべるといった。

すっぽん　スッポン

新潟県では長い藁沓《わらぐつ》のことをすっぽんといった。ずっぺすっぽんとくずすっぽんの二種類があった。ずっぺすっぽんとは突っ掛け草履《ぞうり》型の浅い藁沓、短い藁沓のずっぺに編み筒を取り付けた深編み藁沓であった。その改良型といわれたくずすっぽんは長い藁沓と組んで巾着《はばき》を作って編みつけたものであった。長野県でも長い藁沓をすっぽんと呼んでいる。

すなべる　スナベル

新潟県において雪道を歩いている時に滑ることをすなべるといった。

砂雪　スナユキ

山形県では乾いた雪を砂雪といった。

スノーシュー　スノーシュー

日本の伝統的な輪かんじきに対して西洋かんじきをいう。石丸哲也『始める！　スノーシュー』（山と渓谷社・二〇一四）によれば、次のようにある。原形は古く六千年以上も前から中央アジアで生まれたという。雪上歩行用具としての木の板一枚がシベリアからアラスカへ、そしてカナダに渡って改良されて、木の枠に皮の紐を張ったスノーシューに発達した。新しいウィンタースポーツとなり、スノーシューを使って雪山を楽しむことをスノーシューイングと呼んでいる。日本の輪かんじきとの違いは、スノーシューは小型であるが床《ゆか》がある。輪かんじきは木製フレームと綱のネットワークの構造である。輪かんじきは雪に潜りやすいが取り回しがよく、急斜面への対応がよい。ただし、雪の中で安定した歩き方をするには熟練が必要である。スノーシューイングには、平坦な雪原で使用するレクリエーショナル・スノーシューイングと、雪山や本格登山のバックカントリースノーシューイングがある。プラスチックとジュラルミンとから成るスノーシューは、木製や竹製の輪かんじきとの比較にならないほど堅い。スノーシューのメリットは、①浮力が強い、②ラッセル能力が高いことであり、デメリットは、①大きいために狭い場所が歩きにくい、②持ち運びが不便である、③値段が高価であることである。

スノーダンプ　スノーダンプ

この除雪用具のルーツは昭和二十年代に北海道の日本国有鉄道職員が木製で作った雪馬《ゆきうま》であった。昭和三十六年（一九六一）に石川県吉野谷《よしのだに》村中宮《ちゅうぐう》地区（現白山《はくさん》市）のM鉄工所で考案したスノーダンプは、一度に大量の雪を掘ったり、寄せたりできる手押しの鉄製除雪作業具であった。その形状は、大きな角型シャベルに、パイプ状の持ち手を付けた一人用の人力除雪用具であった。昭和五十年（一九七五）には新潟県のK工業がプラスチック製のものを考案した。女性でも使いやすい「ママでもダンプカーのように雪を運べる」との思いからママダンプと愛称された。一方、石川県白山市の方では鉄製からトタン板を用いて作られるようになり、その形が箕《み》に似ていたので「雪箕《ゆきみ》」といわれたという。スノーダンプの他にスノッパ、スノッパー、スノッポ、雪押しなどともいった。↓ユキウマ

スノーバスターズ　スノーバスターズ

岩手県の豪雪地帯・沢内村《さわうち》（現西和賀町）において発起した除雪ボランティアの組織であった。沼野夏生『雪国学』（現代図書・二〇〇六）によれば、除雪ボランティアの発祥地は岩手県沢内村であり、平成元年（一九八九）に地元の青年会が一人暮らしの老人宅の雪掻きをしたのが始まりであったという。その後、平成五年（一九九三）に村の社会福祉協議会にスノーバスターズ事務局を置いて動き出した。今では岩手県内十五市町村にまで広まった。その間、全国各地の豪雪地帯の除雪ボランティアに影響を与え続けている。山形県鶴《つる》岡《おか》市三瀬《さんぜ》では平成二十五年（二〇一三）に雪の掃除人としてさんぜスノースイーパーを結成した。同年に宮城県岩沼《いわぬま》市でもスノーバスターボランティア岩沼チームを組織し、山形県尾花沢《おばなざわ》市において除雪活動をする。平成二十二年（二〇一〇）に仙台市宮城野区の福住町内会でも尾花沢市鶴子地区とは雪かき支援などの災害時相互協力協定を結んで交流している。島根県飯南《いいなん》町谷地区では平成二十一年（二〇〇九）に雪かき戦隊スノーレンジャーを結成している。ただし、一時間千五百円と有料である。平成二十七年（二〇一五）には福島県西会《にしあい》津《づ》町を拠点として、日本ジョセササイズ協会と称する除雪とエクササイズを組み合わせたボランティア団体が結成された。

スノーモンキー　スノーモンキー

長野県下高井郡山《やま》ノ《の》内町《うちまち》にある地獄谷《じごくだに》温泉内の地獄谷野猿公苑《やえんこうえん》は昭和三十九年（一九六四）に開苑した。同苑には冬期間に雪の中で温泉に入るニホンザルがスノーモンキーと呼ばれた。それが世界的に評判になったのは昭和四十五年（一九七〇）にアメリカ合衆国の雑誌『ライフ』の表紙を飾ってからである。同苑のある山ノ内町は、平成十年（一九九八）の長野五輪において、スノーボードのハーフパイフの競技会場にもなり、多くの外国人観光客が訪れるようになった。スノーモンキーの姿は平成十七年（二〇〇五）と平成十八年に国際的な写真コンクールの受賞対象となったことでも有名になった。スノーモンキーの愛称は長野電鉄の電車車両にも採用されている。

すべらんこ　スベランコ

山形県庄内《しょうない》地方では子どもたちが冬の雪滑りに履く下駄をすべらんこと呼んでいた。すべらんこは下駄屋で売っているものや自作した根曲がり竹製のものなどがあった。滑りやすくするための工夫が子どもの自慢であったという。

滑り下駄　スベリゲタ

木履《ぼくり》と呼んだ、歯が取れてしまった下駄の底部に、幅二センチメートルの竹ひごを数本打ち付けたもの。普通の下駄の歯に竹ひごを縦に付けたものもあった。新潟県や山形県では滑り下駄と呼んでいた。

滑り止め　スベリドメ

→ユキドメ

ずりがき　ズリガキ

石川県では、屋根に降り積もった雪は、ずりがきといって、叩き固めた後で切り割ってから落とすことにしていた。屋根の上で一定の形にして固形化して、地面に落ちても処理しやすいように工夫をした。

ずんずん　ズンズン

たくさん雪が降り積もる様子とその降雪の音のこと。

ずんべ　ズンベ

積雪地帯では降った雪は、除雪するよりも踏み固めていたのが一般的であった。その踏み固めるための藁沓《わらぐつ》を、宮城県加美《かみ》郡では雪踏《ゆきふみ》用の藁沓ずんべといった。藁を俵《たわら》状に編み、中の底に藁沓を付けて、歩きやすくするために上部に藁紐を付けた。そして歩く時には、それを手でもって足をあげた。秋田県では踏俵《ふみだら》と呼んでいた。

清修雪白　セイシュウセツパク

常日頃から行ないが清らかで、穢れのないことをいった。

ぜえ　ゼエ

秋田県において流氷のことをぜえといった。

積雪　セキセツ

地上に降り積もった雪の集合体を積雪という。雪片《せっぺん》、霰《あられ》、雹《ひょう》などの降雪が堆積したもの、または風によって運ばれた雪が堆積したもの。

赤雪　セキセツ
赤い雪のこと。緑藻類のクラドモナスが氷雪上に生まれ出て殖えて赤く着色する現象をいった。紅雪、雪の華、あかゆきともいう。

雪案　セツアン
雪の机のこと。雪の光で本を読むこと。苦学すること。

雪意　セツイ
雪が降りそうな空模様。雪模様、雪空、雪気。

雪衣娘　セツイジョウ
白いオウムをいった。オウムは口真似が巧みな飼鳥である。オウム目オウム科の鳥のこと。

雪隠　セツイン
雪隠は便所のこと。厠《かわや》、便所、不浄、せっちん、せんち。関連語にせっちんがあり、たとえが数多ある。人前では語れないような下手なまずい芸を雪隠浄瑠璃《じょうるり》、使い道がない大工の雪隠大工、将棋において王将を逃げ道のないところに追い詰めることの雪隠詰《づめ》、こっそり自分だけ利益を得ようとするたとえの雪隠で饅頭《まんじゅう》、やけくそのシャレの雪隠の火事、生後三日目か七日目の赤児を連れて便所神に詣《もうで》ることの雪隠詣、糞壺に生ずる蛆虫《うじむし》の雪隠虫、人情においてどんな場所でも住み慣れたところはよいと思うたとえの雪隠虫も所贔屓《ところびいき》。

雪冤　セツエン
無実の罪を雪《すす》ぎ、潔白であることを明らかにすること。汚名を除き払って、無実の罪を除き、後ろ暗いところのないことを証明すること。

雪加／雪下　セッカ
スズメ目ウグイス科の小鳥のこと。

雪花　セッカ
雪片を花にたとえていうことば。雪華。

雪塊　セッカイ
雪の固まりのこと。雪のかたまったもの。

雪害　セツガイ
豪雪、積雪、雪崩、吹雪のために通信交通機関、農作物、構築施設などが受ける被害のこと。

雪萼　セッカク
梅の異称。萼はうてな、はなぶさのこと。

雪花菜　セッカサイ
豆腐の搾りかす。豆腐殻《がら》、おから、きらず、うのはなのこと。豆腐は大豆をすりつぶした搾り汁を凝固させた加工食品であり、奈良時代に中国より伝えられたという。

『雪華圖説』　セッカズセツ
江戸時代に徳川幕府の老中を務めた古河《こが》藩侯土井利位《としつら》（一七八九―一八四八）がオランダ渡りの顕微鏡を使って観察した雪の結晶の種類を図示した自然科学書である。天保三年（一八三二）に雪の結晶八十六個の観察を刊行した。天保十一年（一八四〇）には続編で雪の結晶九十七個を描いて上梓した。

雪花糖　セッカトウ
石川県小松《こまつ》市の雪花糖は地元白山《はくさん》で採れたクルミを落雁で包んだ砂糖菓子である。

雪花の舞　セッカノマイ
名古屋市中区の雪花の舞は、山芋、米粉、卵白などを生地の皮にして黄身餡《あん》を包んだものであり、糖を雪花のようにきらめかせた饅頭《まんじゅう》である。

雪香氷艶　セツカヒョウエン
梅の異称。

雪花六出　セツカリクシュツ
雪の結晶が六方対称であることを初めて記《しる》されたのは、紀元前百五十年頃の中国・燕《えん》の韓嬰《かんえい》の撰になる『韓詩外伝』とされる。小林禎作（一九二五―一九八八）の『雪華圖説正＋続復刻版雪華図説新考』（築地書館・

一九八二）によれば、十世紀に書かれた『太平御覧』第九巻天部の『韓詩外伝』には「雪花六出」とみえた。

雪肌　セッキ

色白で雪のように白い肌のことを雪肌という。雪膚《せっぷ》ともいう。↓セップ

雪気　セツキ

雪が降ろうとする空模様。雪気《ゆきげ》ともいい、雪になりそうな気配、ゆきもよい。↓ユキゲ[1]、ユキモヨイ

雪客　セッキャク

コウノトリ目サギ科の鳥で、鷺《さぎ》の異称のこと。室町時代の著者不詳の国語辞書『下学集』にあった。

雪虐　セツギャク

雪のために虐げられること、雪のために苦しむこと。

雪君　セックン

梅の異称。

雪渓　セッケイ[1]

愛知県瀬戸《せと》市の雪渓は、雪解けを思わせる柿餡を白い雪のような山芋に粳米《うるちまい》、蕎麦粉《そばこ》、白砂糖を練りまぜて蒸したものをカルカンの皮で巻いた和菓子である。

雪渓　セッケイ2)

高山の斜面のくぼみや谷底に、夏になっても雪が融けずに残ったものをいった。

雪景　セッケイ3)

雪の降る景色や雪の積もった景色のこと。

雪月花　セツゲッカ1)

雪と月と花のこと。春夏秋冬の四季折々の良い眺めのことをいった。

雪月花　セツゲッカ2)

大分県大分市の雪月花は、柚子《ゆず》の皮の内部をゆがいて砂糖を加えた菓子である。皮の白、薄青、薄紅は、雪、月、花をそれぞれ表現している。

雪月風花　セツゲツフウカ

雪月風花とは、自然のながめ、四季の様子をいい、それを観賞して、詩や俳句などをたしなむ趣味の心境をいった。

雪原　セツゲン

一つは雪が一面に降り積もった野原のこと。もう一つは高地や極地などで堆積した雪が残っている地域のこと。

雪姑　セッコ

スズメ目セキレイ科の小鳥、セキレイの別名のこと。

雪後　セツゴ
雪の降りやんだ後、雪が降った後のこと。↓セツヨ

雪行　セツコウ
雪の中を進んで行くこと。

雪骨　セツコツ
梅の異称。

雪魂　セツコン
梅の異称。

雪山　セッサン
ヒマラヤ山脈の異称。↓セッセン[2]、ダイセッセン

雪山　セツザン[1]
雪の降り積もった山のことをいう。

雪山　セツザン[2]
白波が高く寄せてくることを雪に引き比べて、雪山といった。

雪山　セツザン[3]

ヒマラヤ山脈の異称である。セッセンともいう。

雪山　セツザン4)
中国にある天山《てんざん》山脈の異称である。

雪児　セツジ
歌姫、歌うたいのこと。

雪氅　セツショウ
鳥の羽毛で織った白い色の毛衣のこと。

雪上　セツジョウ
雪の表面のこと、雪の上のこと。

雪上車　セツジョウシャ
平坦な氷雪上や雪に覆われた雪原、雪山を走り回る自動車の総称のこと。雪の上の乗用兼牽引用の自動車である。大きなものは車体にキャタピラーが装備されている車もある。南極で使用するクローラー（無限軌道）を装備した自動車もある。バイク型の前輪が板状のスキーになった一人乗り小型のスノーモービルもある。

雪食　セッショク
雪崩《なだれ》や積雪の緩慢な滑動による山地斜面の侵食のこと。

雪色　セッショク1)
雪の色。雪のような白い色のこと。

雪色　セッショク2)
雪の色。雪景色《ゆきげしき》。↓セッケイ3)

雪辱　セツジョク
雪は雪《すす》ぐ意味を表現すること。①恥を雪ぐこと。②試合・競技などで前に負けた相手に勝って恥を雪《そそ》ぐことをいう。

雪食地形　セッショクチケイ
多雪地形ともいう。下川和夫「日本の多雪山地の環境」(『山岳』78・一九八三)によると、積雪の作用によって造られる地形を雪食地形という。積雪の侵食作用は積雪層が地表面を移動することによって生じる作用と、残雪の作用の二つに分けられる。日本では本州から北海道にいたる多雪山地に広く分布していることが知られている。

雪線　セッセン1)
高山や極地において一年中雪が融けないで残っているところと融雪したところの境界線をいった。万年雪がある場所の最低点を連ねた線。

雪山　セッセン2)
ヒマラヤ山脈の異称。大雪山《だいせっせん》。

雪然　セツゼン
雪の降るように白い鷺《さぎ》が飛び下りる様子。

雪瘡　セッソウ
↓ユキヤケ1)

雪爪　セツソウ
雪のように白い爪のこと。

雪像　セツゾウ
雪で人物、動植物、建築物の形を模放して造った像のこと。昭和二十五年（一九五〇）より開始された十日町《とおかまち》市と札幌《さっぽろ》市の雪像作りは雪祭に発展した。

雪駄　セッタ
安土桃山時代の茶人千利休《せんのりきゅう》（一五二二—一五九一）の創意という竹皮草履《ぞうり》の裏に牛革を張り付けた履物である。草履の踵《かかと》の裏面に鉄の枚を張り付けた。せちだ、席駄《せきだ》ともいった。

雪恥　セッチ
恥を雪《すす》ぐこと。↓セツジョク

雪中　セッチュウ
雪が降る中、雪が降り積もった中をいう。

雪中花　セッチュウカ
春になると雪の中から芽を出す水仙のことを雪中花といった。大阪市天王寺区には雪中花という黄身餡と外郎《ういろう》の和菓子がある。

雪中君子　セッチュウクンシ
梅の木の別名。

雪中高士　セッチュウコウシ
梅の木の別名。

雪中芝居　セッチュウシバイ
地方の娯楽芸能は旅芸人がもたらした芝居、人形劇、狂言などがあった。それに新潟県や福島県では越後瞽女《ごぜ》が門付《かどつ》けをしてはやり唄などを聞かせてくれていた。鈴木牧之『北越雪譜』に雪中の劇場が描かれていた。「芝居二三月の頃する事あり、此時はいまだ雪の消ざる銀世界なり。（中略）芝居小屋場の地所の雪を平らかに踏かため、舞台花道楽屋桟敷のるゐすべて皆雪をあつめてその形につかね」とあった。冬場は農閑期なので芝居が娯楽であった。それも地元の人々によって演じられる地芝居は、自分たち自らが役者になり、芝居小屋を作って深く関わっていた。地芝居は田舎芝居、村芝居とも呼ばれ、地元に役者がいない場合は渡りの旅芸人などを頼んで上演した。雪中芝居が今でも伝承されていることは、現在でも芝居は人気があるということである。これも雪に閉ざされた地域と深く関わりがあったのである。雪中芝居というように、雪の降る中で演じられ、芝居を見る観客の方も雪の降る中にいたところにその特徴があった。芝居役者と観客の両方で、熱演の迫力で雪が融けるほどの力が入ったものである。雪中芝居は次のようなものがある。

①尾口のでくまわし…石川県尾口《おぐち》村（現白山《はくさん》市）には深瀬でくまわし、東二口文弥《ひがしふたくちぶんや》人形浄瑠璃が伝承されていた。昭和五十二年（一九七七）五月十七日に国指定重要民俗文化財として、毎年二月の小正月に演じられている。東二口は東二口歴史民俗資料館で上演されている。深瀬は鶴来《つるぎ》町のでくまわし会館で行なわれている。深瀬では元禄年間（一六八八―一七〇四）に旅回りの人形芝居の一行が長逗留して人形のカシラ（頭）と操法とを伝授していったと伝えられている。東二口では、『白山麓二口村文弥でくの舞由緒書《ゆいしょがき》』によれば、明暦元年（一六五五）に京坂滞在中の村人がでくの舞を習得して持ち帰ったとなっている。人形であるでくの構造は木を十字に組み、手の元を下へ向けて、縄を巻き、頭部を刺込み、着物を着せ、裾から腕を差入れて左右に揺らした。一人遣いで、でくと回す者とが一体となる。深瀬では囃子方はない。東二口のでく回しは三味線、笛、太鼓が用いられた。共通演目は大織冠《たいしょくかん》、源氏烏帽子《げんじえぼし》折り、門出八島《かどでやしま》である。深瀬は熊井太郎孝行之巻《くまいたろうこうこうのまき》、仮名《かな》手本忠臣蔵《でほんちゅうしんぐら》、大江山《おおえやま》が加わる。東二口のでく回しには出世景清《しゅっせかげきよ》、嫗山姥《こもちやまうば》、酒呑童子《しゅてんどうじ》が加わる。これは義太

夫以前の浄瑠璃に合わせて熱演する。人形芝居として日本芸能史上の貴重なものとされている。

②黒森歌舞伎…鈴木牧之の『北越雪譜《ほくえつせっぷ》』にも「雪中の劇場」として紹介されている黒森歌舞伎は、別名「雪中歌舞伎」などともいわれている。山形県酒田《さかた》市黒森の日枝神社の祭礼の日、毎年二月十五日と十七日に常設演舞場で行なわれている。その他に三月の日曜日には酒田市希望ホームにて酒田公演が行なわれる。演目も横笛、猿若、あこやの松記、奥州歌枕と人形浄瑠璃から輸入された時代物が多い。その他に近江源氏先陣館という大物上演や盲長者梅加鶯鳶の純歌舞伎の世話狂言がある。この地芝居の最大の特色は観客席が野外であることにある。約四百年前の様式をそのまま伝えている。そこで近郷近在の観衆は神社境内の雪上に藁《わら》を敷きつめて薄縁の上に座った。そして持参した餅と煮しめと酒を飲みつつ雪の中で一日中芝居見物をした。日枝神社への奉納神事歌舞伎という氏子の自覚と芸能への誇りが神人共祭で、人々を役者に変身させる。芝居好きの文化大名だった山形藩主松平直矩《なおのり》（一六四二―一六九五）によって創められたそれは山形歌舞伎といった。地芝居は山形城内で演じられ、元禄二年（一六八九）二月二十五日と三月十四日、翌々年の元禄四年（一六九一）正月十八日の都合三回開催された。この地芝居が地下水脈となって多くの芝居を産むことになった。黒森歌舞伎も風俗改善のために導入され、専門の歌舞伎役者によって手解きを受けた。しかし、明治二十七年（一八九四）の庄内大地震で関係書類が焼けてしまい、伝統が途絶えた。この伝承組織は妻堂連中という一座を結成して資料と財産の管理に当たっている。平成九年（一九九七）十二月四日、国の記録作成等の措置を講ずべき無形文化財・選択無形文化財に選ばれた。

③二十日芝居…栃木県栗山村《くりやま》（現日光市）川俣、野門、上栗山においては旧暦正月二十日の二十日正月に地

芝居をした。地芝居は若衆が行なうもので、正月二日の謡初めで芝居の相談をする。決まると、義太夫語りの太夫の手配にかかった。太夫は福島県檜枝岐《ひのえまた》村の檜枝岐歌舞伎の役者に依頼した。地芝居は山の神祭礼のお祭り宿・大宿という当番宿の軒先に間口五間（約九メートル）、奥行四間（約七・二メートル）の仮設舞台を仕掛けたものである。もちろん観客は雪の中での観覧となった。舞台仕掛けは十八日となり、十九日は小屋で仕上げの稽古とする。二十日は鉄砲猟師の的打ちが行なわれてから地芝居となった。舞台は三番叟踊りで開幕し、恵比寿・大黒踊り、そして芝居となった。芝居は三幕演ずるのが慣習だった。演目は忠臣蔵、寺子屋、矢口渡、太十、安達三、渡海屋、熊谷陣屋だった。翌日の正月二十一日にも同じ芝居が行なわれた。この芝居は大正初年に廃れてしまった。

雪中四友　セッチュウシユウ
画題としての玉梅《たまうめ》、蠟梅《ろうばい》、茶梅《さざんか》、水仙《すいせん》の四つの花のこと。

雪中送炭　セッチュウソウタン
中国・宋の太宗が雪の日に食料や燃料を送った故事から、人が苦しんでいる時に救うこと。

雪中田植　セッチュウタウエ
江戸時代に東北地方の民俗行事として雪中田植があった。庭《にわ》田植ともいった。正月十五日に、雪原の中において、縄で結界《けっかい》を張って、模擬の庭田を作って、田植の所作を行なった。その内容は稲藁《いなわら》や豆がらを束ねて用いて、その年の稲の実入り方や作柄を占うものであった。新しい年の予祝行事の一つである。紀行家・菅江《すがえ》真澄《ますみ》は、次のように色々と検分していた。岩手県奥州《おうしゅう》市では、『かすむこまがた』に記録していた。天明六年（一七八六）正月「十五日けふは、（中略）日の西にかたぶくころ、田うゝるとて門田の雪に、わらひしひしとさしわたし」。青森県平内町のものは、『津可呂《つがる》の奥《おく》』に記していた。寛政八年（一七九六）正月「十五日紅調粥（あずきがゆ）くひはつる頃、田うゝるとて、いな茎に豆がらをつかねまぜて、雪を、田の町のやうにかいならしたるに植て、畔てふくろには、すぐろのかやさしめぐらしたるは、小田とやいはん、豆生とやいはん」と。秋田県大館《おおだて》市大滝では、『秀酒企《すすき》の温濤《いでゆ》』に記載していた。享和三年（一八〇三）正月「十五日の夕ぐれ近う、田植へそむるのためしとて、雪の畔まちをかいならして、稲くきと豆がらとをひとつにつかねさしたる。かやにてまれ、あしの穂にてまれ、ふたもとを深雪の中にさしたるは、こん秋の田の実よけん」と。秋田県八郎潟《はちろうがた》での正月のようすは『比遠能牟良君《ひおのむらぎみ》』に記載していた。文化七年（一八一〇）「十五日とにいづれは、この夕ぐれ近うなりて田殖すとて、雪にいなぐきつかねさし、長竿をおし立て、こもつちをさげて茄子畠、又瓜生をまねび」と。現在もこの行事を小正月に行なっている地域もある。秋田県北秋田市綴子《つづれこ》地区の高橋家で行なわれていた行事をＪＡ鷹巣青年部が継承した。同県由利本荘市鳥海町の鳥海荘でも毎年この行事の神事を司っているのが不動稲荷神社である。同県大館市比内町中野の市高齢者生産活動施設でも三岳まちづくり協議会が雪中田植を主催している。同県東成瀬村《ひがしなるせ》のまるごと自然館でも行なわれている。山形県河北《かほく》町では町内の正月行事として祝っている。

雪中貯蔵　セッチュウチョゾウ

雪の中に野菜、果物、酒、穀物、蕎麦などの食糧その他を貯蔵すること。雪は保温材として極度に低い温度とはならず凍結を防ぐためにも役に立っている。

雪中松柏　セッチュウノショウハク
松や柏《はく》は寒い冬の雪の中でもその緑色を変えない。人の信念を変えないことや節操の固いことのたとえ。

雪中の松　セッチュウノマツ
京都市北区には山芋の薯蕷《じょうよ》饅頭の中にこし餡を入れた和菓子がある。

雪中避難小屋　セッチュウヒナンゴヤ
新潟県津南《つなん》町や十日町《とおかまち》市においては、冬期間に吹雪で行き倒れる者が出てきたために、吹雪が激しい夜に、避難して朝を待つための仮小屋を設けた。茅《かや》で囲って入口に筵《むしろ》を垂らしてあった。→トマリゴヤ

雪堤　セッテイ
線路の斜面の雪が、滑り落ちるのを防ぐために、固めた雪を線路に沿って階段状に積み重ねたもの。

雪泥　セツデイ
雪融けしてどろどろになった雪のぬかるみのこと。

雪泥鴻爪　セツデイノコウソウ
雪が融けた泥道に、飛来した鴻《ひしくい》がつけた爪跡はすぐ消えてしまう。そして鴻の飛び去った方角もわからない。

痕跡も残らない、行方も知れないことのたとえ。人生は一時的で儚いもののたとえをいう。

雪天　セツテン
今にも雪の降りそうな空模様のこと。雪空《ゆきぞら》。

雪田　セツデン
雪原に同じ。高山や極地に堆積した雪がいつまでも残っているところ。

雪洞　セットウ
木や竹の框《かまち》に白紙を貼って窓をあけ、風炉《ふろ》の上を覆って火気を散らさないようにして火を長持ちさせるもの。

雪洞　セツドウ
積雪期間の登山中に露営をするために雪を掘って造った横穴のこと。スノーホール。穴が竪穴の場合はスノービットという。

雪堂　セツドウ
中国の宋《そう》の蘇軾《そしょく》は四壁に雪を描いた堂を建てた。それを雪堂といった。

雪魄　セツバク
梅の異称。魄《はく》とはたましい、霊魂のこと。

雪白　セッパク

①真っ白、純白、雪のごとく真っ白いこと。②不正がなくて性行が潔白なことをいった。

雪髪　セッパツ

雪髪とは白い雪のような髪の毛のことをいった。白髪のこと。

雪眉　セツビ

雪のように白い眉毛のこと。またそのような老人のこと。

雪庇　セッピ

山の尾根の風下側に庇《ひさし》のように突き出し、迫り出した雪の吹き溜まりである。これが崩れ落ちて雪崩の原因になる。秋田県では雪庇のことをふかげ、吹き棚、まぶさともいい、おでこの意味からげほともいった。さらに、雪庇の切れている部分をふきりといった。秋田県や山形県では、まぶともいった。雪庇の下の空洞を山形県ではむれといい、新潟県ではかぶり、ふっかけ、まぶといった。すばらしい雪庇は雪の造形美にもなった。

雪氷　セッピョウ

雪や氷のこと。氷雪《ひょうせつ》のこと。

雪膚　セップ

白い肌を雪のように喩えていうこと。

雪片　セッペン
雪の結晶が二つ以上で合併したもの。牡丹雪《ぼたんゆき》などがそうである。

雪峰　セッポウ
雪が降り積もった峰のこと。

雪峰　セッポウ
北海道旭川《あさひかわ》市の雪峰は、濃緑の羊羹を淡雪で包み氷餅を振りかけた干菓子で、裏千家十四代家元千淡々斎《せんたんたんさい》（一八九三―一九六四）の命名である。

雪面模様　セツメンモヨウ
雪面上に形づくられる形態模様。吹雪や風によってできるものと、融雪によって形成されるものとがある。前者には三日月形、鯨の背中、細波《さざなみ》模様などがあり、後者には雪えくぼ、雪面の亀甲模様、雪渓上のスプーンカット、氷の剣林のペニテンテなどがある。

雪毛　セツモウ
雪のように白い毛のこと。

雪盲　セツモウ
積雪の反射光線の強烈な紫外線によって起こる眼の角膜・結漠の炎症のこと。雪目《ゆきめ》、雪眼炎。

雪夜　セツヤ
雪の降る夜のこと。

雪余　セツヨ
雪が降った後のこと。

雪雷　セツライ
冬に鳴る雷のこと。雪が降る予兆である。

雪裏　セツリ
雪の降り積もった中、雪の降っている中のこと。

雪裏清香　セツリセイコウ
梅の異称。雪裏とは雪が降っている中のこと。

雪嶺　セツレイ
山の頂上に雪をいただいている峰のこと。名前に使用したのは明治・大正・昭和初期の評論家・ジャーナリストであった三宅雪嶺《みやけせつれい》（一八六〇―一九四五）がいた。

蟬頭　セミガシラ
蟬頭は権兵衛《ごんべい》にも、妻籠草鞋《つまごわらじ》にも似ている履物である。武藤鉄城「雪上履物の研究」（日本常民文化研究所編

〈『民具論集2』慶友社・一九七〇〉によれば、先から頭、面、頬を羽根とし、下の草鞋部分を腹に見立てれば蝉にそっくりである。秋田県仙北市《せんぼく》ではのっぺ、同県雄勝郡《おがち》ではいっぽこぺ、ひげすべと称している。先端の鼻と面が斜めや縦横に編む網代編《あじろあ》みであり、頬が羽根状になっているところは権兵衛に類似しているが、鼻先が二股になっていない。権兵衛のように底の部分がない。頬は権兵衛の場合、両頬に垂直に出ているのに対して羽根のように足首を覆うのである。妻籠草鞋と比較しても鼻と面の網代編みであること、頬が俵《たわら》編みで二つに分かれていることが異なっていた。鼻先が妻籠草鞋のように流線形でなく角張っていた。

善光寺踏み　ゼンコウジフミ

山形県での冬期間の女子の雪遊びである。雪中遊戯の一つで、雪の朝、数人で「ここはどこだ、信濃《しなの》の善光寺」と唱えながら雪を踏み固めて、そこで鬼ごっこをして遊んだ。「越後《えちご》まちご」「ここは信濃の善光寺」と歌いながら遊んだところもあった。

全層雪崩　ゼンソウナダレ

積雪全体が崩れ落ち、雪の底から落下するので底雪崩ともいう。雪崩のきっかけはほんのちょっとしたショックで起こる。気温の上昇、降雨、降雪、突風、人や動物の歩行、高所からの落石落雪、空気振動、列車の振動、ジェット機の衝撃波などがその例である。

仙台沓　センダイグツ

秋田県由利《ゆり》郡・雄勝郡《おがち》における藁沓《わらぐつ》に仙台沓という履物があった。蝉頭《せみがしら》に似ていた。武藤鉄城「雪上履物の研究」（『民具論集2』）によれば、蝉頭の面と頬が下の草鞋《わらじ》の部分から分離しないで、鼻下が妻籠《つまご》草鞋と同様に下に折られていた。頬の部分が草鞋の両側中央部に括り付けになっていた。蝉頭のように前方の面と鼻下の両方から紐が出ていた。鼻緒は蝉頭と同じく草鞋の先から出たものが横緒に結び付けられていた。保温においては蝉頭と同様だが、丈夫さにおいては妻籠草鞋には劣るといわれた。

そうじろ　ソウジロ

島根県で全く白一色で区別がつかない雪原の情景をいった。

早雪　ソウセツ

その年に初めて降る雪のこと。↓シンセツ[2]、ハツユキ[1]

霜雪　ソウセツ

霜と雪のこと。

ぞーげ　ゾーゲ

秋田県において粗目雪《ざらめゆき》のことをぞーげといった。同県仙北《せんぼく》地方ではさねゆきといった。特に同県においては二月に粗目雪が多いことから二月雪《にがつゆき》とも称した。

底雪崩　ソコナダレ

石川県では全層雪崩を底雪崩といった。新潟県柏崎《かしわざき》市、刈羽《かりわ》村では根元から生じる全層雪崩のことといった。

底雪崩　ソコンダレ

新潟県津南町《つなん》では全層雪崩のことを底雪崩《そこんだれ》といった。

素雪　ソセツ

白い雪のことをいった。白雪。人物の号としては江戸時代の俳人・鈴木素雪（不明―一七三六）がいた。

空歩き　ソラアルキ

石川県白山市《はくさん》の子どもたちの雪中遊戯の一つであった。寒中が明けた頃の晴天の日に、学校などへ通学する時、通学路から外れて雪原に行き、各自に思い思いのコースをとって目的地に直行する遊びであった。快晴の日なので気分は壮快になったという。

橇　ソリ

橇とは氷雪上、泥土上を滑らせて人や荷物を運ぶ道具である。橇は江戸時代に、「雪車」「雪舟」「雪船」「艝」「轌」などの漢字が当てられていたり、「そり」「ソリ」の仮名も用いられていた。人が足に履き、滑走履物類としたものと、人が物資を積載して滑走具として人力、畜力、自然力を利用して滑走する運搬具に大別される。氷雪上の雪橇、泥土上の土橇、材木の上を滑る木馬（きんま、ころそり、すらや、そい、もくば）があった。橇の語源は形が反り曲っていることに由来するのが通説であり、特にその先端が曲っているからである。平安時代の歌人・西行《さいぎょう》（一一一八―一一九〇）の『山家集』には、「たゆみつゝそりの早緒もつけなくに積りにけりな越のしら雪」とあった。しかし、徳川幕府役人の金澤瀬兵衛《かねざわせべえ》（一七六五―一八二二）の『越能山都登《こしのやまつと》』には次のようにあった。「そりの名はすりといふ事にて、雪の上を摺行ものなれば、そのまゝ名によべるならん」とあり、「摺り」の転訛とする説もある。↓ユキゾリ

橇子乗り　ソリコノリ

冬は橇の遊びも多く、青森県ではそれを橇子乗りといった。橇の形は板を敷いた簡単なものや箱を載せた大型なものなどがあった。箱の中には藁《わら》を敷いて幼児を乗せて押したり、引っ張ったりした。橇は坂道を利用して滑った。

橇乗り　ソリノリ

石川県羽咋《はくい》郡高浜《たかはま》町（現志賀《しか》町）では子どもたちの遊びとして雪の斜面を利用した橇乗りがあった。橇は木箱の板材を利用した簡単なもので、長さ約四十五センチメートル、幅約三十センチメートル、高さ十五センチメートルぐらいで、底に蠟を塗ったり、青竹の細片を張るなどした。橇乗りには一人乗りと二人乗りがあった。また、二台の橇を連結させて曲がる工夫もしたという。新潟県では橇乗りで使用するのは子ども橇であった。

ぞろ　ゾロ

積雪地域で冬の天気の晴れた日に約十センチメートル四方の雪塊が山の斜面を転がり落ちることをぞろといった。雪崩を起こすほどの破壊力はない。

【た行】

大根摺　ダイコンズリ

島根県東出雲《ひがしいずも》町のことばでは霙《みぞれ》のことを大根摺《だいこんずり》と表現した。絶妙な表現である。

大師講荒れ　ダイシコアレ

→ダイシコーアトガクシユキ

大師講跡隠し雪　ダイシコーアトガクシユキ

新潟県十日町《とおかまち》市、湯沢《ゆざわ》町、津南《つなん》町においては、陰暦十一月二十三日の晩は必ず吹雪になるという。弘法大師《こうぼうだいし》（七七四—八三五）が足跡を隠すために雪を降り積もらせるからであるといわれた。

大師講吹雪　ダイシコブキ

→ダイシコーアトガクシユキ

大師の足跡隠し　ダイシノアツゴガクシ

→ダイシコーアトガクシユキ

頽雪　タイセツ[1]

雪が崩れたり、壊れ落ちたりすることをいう。

大雪　タイセツ2)
激しく降る雪、多く降り積もった雪。

大雪　タイセツ3)
二十四節気の一つ。陰暦十一月の節気で立冬《りっとう》より三十日後、小雪《しょうせつ》より十五日後に当たる。陽暦では十二月七日、八日頃に当たる。

耐雪　タイセツ4)
降雪や積雪に建造物などが崩壊しないで耐えることをいう。

大雪山　ダイセツザン
北海道の和菓子・大雪山は、北海道中央部にある大雪山の雪を表現したもので、卵白、砂糖、寒天をカルメラ状に加工した砂糖菓子である。大雪山とは旭岳を主峰とする山々の総称である。その他に、北鎮岳《ほくちんだけ》、白雲《はくうん》岳、比布《ぴっぷ》岳、北海《ほっかい》岳、凌雲《りょううん》岳、愛別《あいべつ》岳、赤岳、十勝岳、美瑛《びえい》岳、緑岳、黒岳、石狩岳、忠別《ちゅうべつ》岳、化雲《かうん》岳、桂月《けいげつ》岳、音更山《おとふけ》、富良野岳、美瑛富士、武利《むりい》岳、五色《ごしき》岳、屛風岳、平山《ひらやま》、武華山《むかやま》、ユニ石狩岳、三国山、天望山、天宝山《てんぼうざん》、トムラウシ山、オプタテシケ山、ニペソツ山、上ホロカメットク山、ニセイカウシュッペ山、ベベツ岳、ウペペサンケ山、下ホロカメットク山、西クマネシリ山、南ペトウトル山、西ヌプカウシヌプリ、東ヌプカウシヌプリなどがある。大雪山国立公園があり、日本最大の原生林が林立する。

大雪山　ダイセッセン
↓セッサン、セッセン2)

ダイヤモンド・ダスト　ダイヤモンド・ダスト
地上付近の小さな氷の結晶が太陽の光を反射してキラキラ輝いて降る状態のこと。細氷《さいひょう》ともいう。
↓サイヒョウ

ダイヤモンド・フォッグ　ダイヤモンド・フォッグ
微細な形の氷の結晶がキラキラ光りながら空中に漂っている霧のこと。氷霧《こおりぎり》ともいう。

だお雪　ダオユキ
秋田県では赤い雪のことをだお雪といった。だおとはコウノトリ目トキ科の鳥のことである。日本の特別天然記念物・国際保護鳥に指定されている。鴇《とき》は全体は白色であるが、顔面に毛が無く淡紅色で、羽根は薄桃色で鴇色といわれている。桃花鳥とも呼ばれている。

竹かんじき　タケカンジキ
竹で作ったかんじきのこと。竹を材料として舟底型になるように組んで前後の端を針金で留めたものであった。真中より前方を二筋の乗緒《のりお》を渡し、舟の先端に足運びの補助の手操り紐を付ける。交通路を確保するための道《みち》踏《ふみ》用として使用した。森俊「五箇山利賀村のタケカンジキ」（『雪と生活』5・雪と生活研究会・一九八六）によれば、富山県東砺波郡利賀村《ひがしとなみぐんとが》（現南砺市《なんと》）の高田喜作が大正年間にスキーに示唆を受けて考案した舟形の竹かんじきがあった。五箇山の竹かんじきと呼ばれた。

竹下駄　タケゲタ

山形県庄内《しょうない》地方では孟宗竹《もうそうちく》を足の長さに合わせて輪切りにして、これを縦に割って先をやや舟形に削いで、緒を立てるために焼け火箸で孔《あな》を空けて縄や布の鼻緒を通した。滑りやすいように紙ヤスリで磨いたり、蠟を塗ったりした。山形県南部では竹びったとも呼んでいた。新潟県では滑り下駄といったという。

竹スキー　タケスキー

秋田県や新潟県での竹スキーは竹の長さ一・五メートルのものに、幅二センチメートルぐらいの竹ヒゴを五、六本並べて綴り、先に反りを付けたものだった。さらに、桜の木の枝を湯に浸けて曲げたものなどがスキーの代わりに用いられた。新潟県では竹スキーを他にすべろとも呼んだ。さらに、竹スキーでも先端に取り付けた紐を手に持って滑るものをたづな、みちずきといった。

竹スケート　タケスケート

青竹を割って竹の先を曲げたものを竹スケートといった。靴を履いて竹スケートをつっかけて滑った。笹竹を四、五本並べて針金で横に縛って鼻先を曲げた竹スケートもあった。

竹橇　タケゾリ

竹製の一枚橇である。①積雪で曲った熊笹《くまざさ》を用いて針金で繋ぎ、内曲りの簀子《すのこ》式にした扁平型があった。②真竹を二つ割ったものを真中で捩り曲げて針金を緯《よこいと》にして粗く編んだ橇で包み型があった。③両側の縁取りをした木に貫《ぬき》という横木を渡して底面が竹張にしてある枠取り型があった。④枠と横木の貫とは木製、底は全面孟宗竹《もうそうちく》を張り付けてあるボート型の四種類があった。竹橇は雪に沈まないといい、橇道を作る必要もなく便利であった。鉱石、薪、材木を山から下ろす時に使用した。ただし、熊笹を繋ぐのに針金が必要だったので、普及したのは比較的近年のことであった。

竹ぼこ滑り　タケボコスベリ

石川県羽咋《はくい》郡高浜《たかはま》町（現志賀《しか》町）では竹ぼこ滑りという遊びがあった。これは竹ぼこと呼ばれる履物を作り、これで積雪の路上を滑る快感を味わうものであった。竹ぼこの作り方は竹細工屋から孟宗竹《もうそうちく》を一節買ってきて、真ん中から半分に割って一足とした。下駄のように、前方中央部に一つと、後方左右両側に各々一つずつ穴を空けて藁縄《わらなわ》の鼻緒を付けた。

嶽雪　タケユキ

秋田県では高い山の雪を遠望したものを嶽雪と称した。

たっぺし走り　タッペシハシリ

宮城県七ケ宿《しちがしゅく》町では雪遊びの中でたっぺし走りというものがあった。これは坂道の雪を踏み固めて割り竹などを靴の下において、一気に滑り落ちるものであった。

谷雪崩 タニナダレ

進路の地形が谷や沢状の場所を走る雪崩をいう。雪崩の国際分類基準の一つである。

たびら雪 タビラユキ

新潟県津南町《つなん》において春先の雪で、湿気の多い幅の大きい雪のこと。牡丹《ぼたん》雪、綿《わた》雪などともいう。新潟県全県でも春先の雪のこと。

たま雪 タマユキ

山形県での湿雪のことをいった。

たるし タルシ

秋田県ではつららのことをたるし、たろんぺといった。つららは、しがともいった。

たろきじゃこ タロキジャコ

石川県能美《のみ》郡新丸《しんまる》村（現小松《こまつ》市）では雪中遊戯の一つとして雪の滑り台の遊び、たろきじゃこがあった。たろきとはつらら（氷柱）の意味でじゃこはざこ（雑魚）の方言で小物、子どものことであった。雪の滑り台は約二メートルの高さ、幅は約一メートル、長さが六、七メートルぐらいで、傾斜は約十度の台であった。子どもたちは滑る部分にたろきを半分ほど埋め込んだ。そしてその上を滑って遊んだという。

たろんぺ　タロンペ

秋田県ではつららのことをいう。↓シガ、タルシ

俵雪　タワラユキ

新潟県上越《じょうえつ》市において凍った雪の上に淡雪が降り、風がある時には霰《あられ》が吹き飛んできて俵のような形になったもの。これができると豊年の兆しといった。雪の造形美。

段こ道　ダンコミチ

新潟県魚沼《うおぬま》地方では降雪時期に屋根の雪を掘り落とすことによってできる階段上の道を段こ道といった。家の出入口から道路までに積み上げていくため、坂になって歩くのに困難になった。そこで階段状に段をつけて歩けるようにした。

だんごろ　ダンゴロ

春先の晴天の日に、降り積もった雪が太陽の陽射しを受けて木の枝から落下することがある。その落下した雪が芯になり、斜面の上から雪塊が渦巻状に拡大しながら転落する現象を秋田県ではだんごろ、でんご、ごろといった。多くは晴天の日か雨の時に雪が溶けだして落下して生じた。寒中にこれが出現すると翌日は必ず吹雪となった。↓ユキマクリ

だんびら雪　ダンピラユキ

↓アワユキ[1)]

土雪崩　チチナゼ

新潟県において土砂崩れと全層雪崩《なだれ》が一緒になったもの。

着雪　チャクセツ

雪が地面、建物、電線、木木に付着すること。

中門造り　チュウモンヅクリ

民家の基本は直方体の直屋《すごや》である。多雪寒冷地の東北地方においてはこの直屋から形態的に変化して母屋・主屋が鍵状のL字型に折れ曲がった中門造りや曲屋《まがりや》の民家が有名である。中門造りと曲屋とは外見的に、一見は類似しているように見える。しかし、出入口が異なり、中門造りは中門の先端が出入口となる。曲屋は母屋と角屋《つのや》との接続部分が出入口となる。そもそも中門とは寝殿造りでは中門廊の途中に設けられた門だった。それが主殿造りの主殿から突き出た部分も中門と呼ぶようになった。さらに、農家においても主屋に中門と称する突出部を持つ民家を造るようになった。中門造りは主として日本海側を中心とする分布で秋田県、山形県、新潟県、福島県会津地方に多く見られる。曲屋は岩手県に多く、その影響で青森県や秋田県にも伝播しており、茨城県や千葉県にも点在していた。中門造りは居住空間である母屋と、馬を飼っておく飼育小屋を併設する民家形態である。農家の飼育は馬を飼う厩《うまや》、牛舎、豚舎、鶏舎、その他に分類されるが、最も重要なのは厩である。「農家の幸・不幸は厩から来る」といわれたように農家では馬を大切にしてきた。厩は内厩と外厩があり、中門造りは内厩であり、馬を寒冷と積雪から守り、保温構造としたものである。いわば一つ屋根の下に人馬一体同居のきめの細やかな馬の飼育管理ができた。その反面に衛生上の点からは大きな問題があった。中門造りは東北地方から島根県、広島県、山口県などの中国地方に普及したL字型の構造の茅で屋根を葺いた茅葺《かやぶき》屋根である。鍵形のL字型に折れ曲がっている民家、左右両方の前方に突き出ている民家、母屋を中心にして前と後とに突き出ている民家、母屋の中心の前に凸状にT字型に突き出ている民家、さらにL字型とT字型の中にはそれが総二階建てになっている民家などがあった。中門造りが多雪地帯で普及した理由は母屋で賄いきれなかったものがこの中門に移された。別棟になると難儀する厩、便所、風呂場、農作業場を母屋に取り入れたのである。氏家武『雁木通りの地理学的研究』（古今書院・一九九八）によればいろいろな中門造りの類型がある。

①前《まえ》中門は表《おもて》中門ともいい、母屋の前方に突出した部分を付けて棟をL字型にした形式の民家である。突出した中門部分は厩と出入口になり、外と部屋との緩衝地

中門造りの類型（氏家武『雁木通りの地理学的研究』より一部補足して作成）
＝中門部分

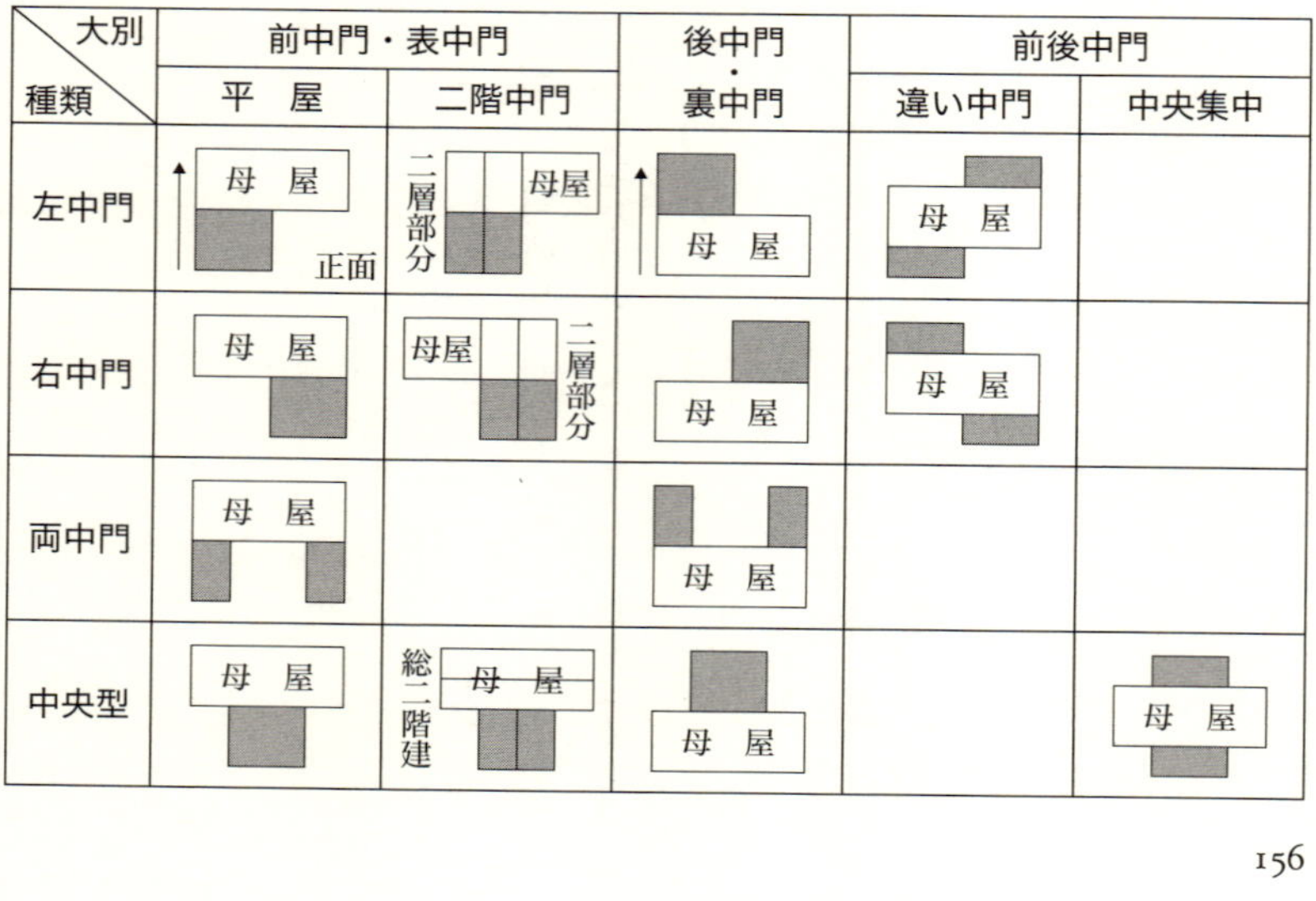

中門造り

帯となって積雪地帯に普及した。新潟県十日町《とおかまち》市の農家においては「メエチュウモン」といった。屋根は破風《はふ》を正面に見せている。

②玄関中門は表中門、前中門の一種で、突き出した中門が出入口となり、玄関を表現したことからついた名称である。

③厩《うまや》中門は厩が突き出た中門造りである。秋田県、福島県、新潟県においては母屋の土間の前にL字型に突出した中門に馬を収容したもの。山形県の農家においては厩の一部だけ突出しているので、両中門に対して片中門と呼んだ。

④両《りょう》中門は母屋の土間と上手端の前方との両方がコの字型に突き出た中門造りである。土間の前方の中門は厩と冬期間の出入口である。上手前の方の中門の部屋は正式の客や主客を迎え入れる出入口を兼ねている。これを秋田県では座敷中門と呼んだ。新潟県においては部屋中門、山形においては上中門と称した。

⑤二階中門は母屋の前方に突き出ているL字型の部分の呼称が中門であり、これが一階だけでなく、二階建ての構造になっている。豪雪地帯の冬場の出入口は二階になっている。ゆえに一階と二階に出入口が付いており、豪雪に備えていた。新潟県十日町市や福井県勝山《かつやま》市にはこれが見られた。

⑥後《うしろ》中門は裏《うら》中門ともいわれ、前中門の正反対の構造となっている。母屋の背面の中央部に部屋を突き出した形態になっている。逆T字型やL字型に突出した部屋は古くは穀物収納場所として使用されたが、寝室や衣装置き場となった。新潟県や島根県出雲地方の農家でみられた。この背後の中門部分を後屋、鼠《ねずみ》いらず、後座敷と呼んだ。山形県や新潟県においては母屋の土間の後にL字型の突出した部分を裏中門と呼んだ。上越

地方では母屋の土間の背面に突き出した形の炊事場を指して水屋中門といった。島根県や山口県では突出した部分が炊事場であったので台所中門といった。

⑦前後《まえうしろ》中門は違い中門ともいった。前中門と後中門とを合体させたものである。正面と背面とに突出した中門を持つ構造である。裏中門が水屋や台所の延長であったり、座敷からの導線であったりするものが背面の中門の理由である。正面の中門は厩と出入口を兼ねた構造となっている。中門造りの拡張的変形形態となっている。前と後とが互い違いとなっているところから違い中門とも呼ばれた。必ずしも互い違いになっていない中門もある。前と後ろともに中央に集中した形態もあった。新潟県では後中門は嫁貰いや隠居など社会的理由からの寝室の増築であり、寝間中門と呼ばれた。私的な場所ともされ、新潟県南魚沼地方では「カクレバ」と俗称された。

鳥海の雪　チョウカイノユキ

秋田県秋田市には棹物菓子の鳥海の雪がある。秋田県と山形県の境に屹立する鳥海山《ちょうかいさん》に見立てて、紫蘇餡《しそあん》と蕗餡《ふきあん》を入れて粉を棹状《さおじょう》に固めた菓子である。

長九郎　チョウクロウ

石川県白山市《はくさんし》での雪中遊戯で鬼ごっこ遊びである。鬼になった子どもが他の子どもを捕まえるのであるが、遊びの鬼が雪穴に入り、その周囲を他の子どもたちが手を繋いで輪になって回った。その際に鬼を囃すかけ声が「青田《あおた》長九郎《ちょうくろう》、それを買《こ》うた佐郎兵衛《さろうべえ》」といった。鬼は子どもたちが回っている間に誰かの足を摑むと、摑まれた子どもと鬼が交代した。鬼の入った雪穴は新雪を踏み固めて作った。遊びを交代すると雪穴を崩して更地にした。そして、また、そこに直径二、三メートル、深さ一メートルぐらいの竪穴を掘った。遊びの名前の長九郎は村内に実在した家の屋号から採ったものであった。

貯雪林　チョセツリン

防風のための防風林、防霧のための防霧林は人が造ってきた。倉嶋厚『日和見の事典』（東京堂出版・一九九四）によれば、防雪のために防雪林を設けることが、局地的に気象を変えることになる。逆に、旧ソ連の乾燥地帯では、農業用の水源確保のために、雪の吹き溜まりを作る目的で貯雪林をつくった。貯雪林でもって雪を一定の場所に集積し、外部の熱によって融けないように、雪を安定状態で保存した。

ちらーんちらーん　チラーンチラーン

→チラチラ

ちらちら　チラチラ

雪がチラチラと降るというように、雪が小さく薄く軽く舞い散る様子と降雪の音。これが遅くなるとちらりちらり。もっと遅くなるとちらーんちらーんとなる。

ちらほら　チラホラ

雪があちらこちらに少しずつ降る様子。

ちらりちらり　チラリチラリ

↓チラチラ

ちりちり　チリチリ

雪が次々と降っている様子。

ちんる　チンル

ちんるとは、北海道のアイヌが使用していた堅雪《かたゆき》用のかんじき。一本の材料からなり、瓢《ひょう》簞《たん》型に曲げて先端部で結合させた。前部と後部の両方に反りがあった。雪と接する底は滑り止め用に削って角を付けておいた。瓢簞型は丸型よりも斜面を歩く際に滑りにくく、真中のくびれたところに足を載せる乗緒《のりお》の綱を縛り付けた。アイヌが使った「てしま」というかんじきは本州の複輪型と形態が同様であった。岩手県や青森県ではこの瓢簞型かんじきを蝦夷《えぞ》かんじきといった。

月雪花　ツキユキハナ

↓セツゲッカ[1)]

筒雪　ツツユキ

雪が電線に付着した重みで断線したりする雪害を電線着雪という。時には直径十センチメートルにもなり、その形態から筒雪と呼ばれた。気温が摂氏〇度から摂氏二度くらいで降る湿雪の時に起こりやすい。秋田県や山形県は十二月に多い。青森県、岩手県、宮城県、関東、中部、北陸地方は一月が多い。北海道では寒期は粉雪

が降るため起こりにくいが、春先には多くなる。↓デンセンチャクセツ

爪籠草鞋／爪甲草鞋　ツマゴワラジ

普通の草鞋《わらじ》に爪籠《つまご》を付けたものが爪籠草鞋である。爪籠草鞋は足の甲を覆うもので、踵《あくと》稽《すべ》とともに藁沓《わらぐつ》として重宝された。雪上の履物としての軽快さ、保温性があり、秋田県や岩手県では山仕事もこれでこなした。新潟県村上市《むらかみ》では爪籠草鞋と同様のものをおそかげといっていた。

積む雪　ツムユキ

高知県高知市の積む雪は、餡を外郎《ういろう》で巻き、落雁《らくがん》粉をあしらって山に降る雪を表現した和菓子である。

冷たい雨　ツメタイアメ

上空でできた氷晶が成長して大きくなって雪となり、それが落ちてくる途中で融解して冷たい雨にかわったもの。

つらら　ツララ

水が重力によってゆっくりと流れ下がるみちすじで、まわりの寒気のために凍りついて垂れ下がった形の水である。冬場の屋根雪の融解水で生じるつららが軒先などによく見られる。

鶴かんじき　ツルカンジキ

鶴かんじきとは福島県会津《あいづ》地方、栃木県塩谷《しおや》郡栗山《くりやま》村（現日光《にっこう》市）、群馬県片品《かたしな》村に伝承された大型のかんじ

きであった。新潟県魚沼《うおぬま》地方のすかりという大型かんじきと同型で、通常のかんじきの上に履く二重構造のかんじきであった。先端部に付けた縄を曳きながら雪道を踏み進んだ。道踏《みちふみ》に用いた。通常のかんじきとしては爪かんじきや亀かんじきを履いて使用した。栃木県においても亀かんじきよりも大きい鶴かんじきは、通常のかんじきを履いた上に付けた。歩行に際して先端に結んだ綱紐を両手に持ち、この紐で足を持ち上げるようにして歩いた。高橋文太郎（一九〇三―一九四八）の『輪檋《わかんじき》』（アチックミューゼアム・一九四二）にも鶴かんじきが掲載されており、それによると楕円形複輪型、長さ六十五センチメートル、幅三十九センチメートルとある。同書には会津地方の伝承として次のようにある。「八幡太郎義家が前九年役に連日降雪のために進路を阻まれた。その折、鶴が飛び来つて義家の御前に小枝を落した。公はそれを拾って輪となし檋《かんじき》を作って歩いたので難なく進むことが出来た。それよりこのカンジキをツルカンジキと呼んだ（皆川公寿氏）」。さらに文化四年（一八〇七）の『大谷組地誌方風俗帳』には次のようにあった。「大雪にて、通路成難時はがんしきをはく、又雪はかまと云を着て自由仕候、大雪には指渡式弐尺余りに木を丸く曲て所持し、くつに結付て先達而雪をこぐ、是を鶴と申候、其跡を常ノかんじきにて歩む事あり、鶴かんじきの図ヲ顕ス」。会津地方では山間部は一晩に一メートル以上の降雪がある。土地が平らなところで使用する踏俵《ふみだわら》は重くて使用することは不可能であった。鶴かんじきはその点からすると軽くて長時間の使用にも耐えることができた。新潟県にはこれと同じようなすかりとごかりがあった。↓ワカンジキ

大師講吹雪　デエシコフブキ

秋田県では大師講《だいしこう》の日頃に襲来する吹雪を大師講吹雪といった。

手返し　テケェシ

秋田県では藁《わら》で作った労働作業用の手袋のことを手返しといった。東北地方では手返しとは手袋の別称であり、木綿《もめん》、刺《さ》し子《こ》、綿入れ、毛皮、藁製などのものがあった。冬期間の防寒防雪用に使用した。

大根卸道　デコンスリミヂ

秋田県では大根おろしのようにグチャグチャの状態の雪道を大根卸道といった。

てしま　テシマ

北海道のアイヌ民族が使用した軟雪用のカンジキであった。複輪型で大型の楕円形であった。桑かこくわ蔓《づる》で作った。ユヶケリという鹿皮靴を履いた上にこれを付けた。柔らかい雪の上を歩いても足が深く雪の中に滑るのを防いだ。てしまとは、てしが「滑る」で、まが「泳ぐ」ことからきたもので、アイヌはこれを履いて、雪の上を滑り泳ぐものと考えたのであった。

手橇　テソリ

滑走板が一枚の一本橇、雪橇である。橇を操作する腕木《うでぎ》状の把手《とって》を手と名付けたことによって手橇という名前が付けられた。木材を運ぶのに使用した。左右極端に長さの違う手を取り付けており、梶《かじ》用の長手が約二メートル、荷受用の短手が約一メートルと、比率が二対一であるのが手橇の標準的なものであった。そして、この手が操作用と木材を載せるためのものであった。手橇は縄を掛ける必要もなく、急斜面でも降りる利便性があった。荷材を手橇に載せて積み、縄をかけた。降ろす時も縄を解いて横に寝かせれば簡単に取り出せた。前滑り、後滑り、横滑りができるので曳くのにも便利であった。手橇が導入されてからは従来の山だし橇、撥橇《ばちぞり》などは使用されなくなった。昭和初期に東北地方から新潟県、北陸地方、飛驒《ひだ》地方に移入し改良された橇であった。↓ユキゾリ（コラム）

てっつき篦　テッツキベラ

てっつき篦とは栃木県の積雪地帯に分布していた除雪用具、木製雪搔《ゆきかき》である。篦は上端に柄を取り付けた。水分の少ないサラサラ雪は篦状の除雪用具で跳ね除けた。岩手県和賀《わが》郡には雪をすくって投げるための除雪用具に、さって篦がある。

でっぱり　デッパリ

↓ユキワリ2)

でぶり　デブリ

山形県では雪崩でできた雪溜りをでぶりといい、なだれくそという土砂、枯草、落葉、枯木、小枝などが堆積して地味が肥えてくることをいう。↓ナダレクソ

出前かまくら　デマエカマクラ

雪で造るかまくらを全国各地へ届ける事業のこと。この事業内容はかまくら製作の職人が依頼先に、雪を運んでいってかまくらを再現してみせること。主体は横手市商工観光部観光おもてなし課観光振興担当が行なう。

出前かまくらは、前身となる出張かまくらが、平成三年（一九九一）から平成九年（一九九七）まで行なわれていたとのことで、正式の出前かまくらとなったのは『市報横手』平成十二年（二〇〇〇）二月号によれば、同年一月の岩手県釜石市が出前かまくらの最初である。平成三十年（二〇一八）は十九回目となる。

天下　テンガ

新潟県や山形県の男児の雪中遊戯に雪玉割りがあった。男児らは雪玉を作って足で転がしながら雪を堅く大きくしていった。そして二人以上に分かれ、雪玉をぶつけ合って堅さを競い合った。割れずに残った者を天下《てんが》といった。それに挑戦する子どもを敵《かたき》といった。雪玉のぶつけ合いなので、水や塩で固めたり、一晩外に置いておいたり、色々と工夫をした。山形県ではかちかち、雪玉ぶつけ、でんかなどともいった。新潟県ではころころ、たんころ、こしばっこね、すぼんたまこわし、かっちたまこわしなどといった。

天泣　テンキュウ

空が晴れていて雲が見えないのに、雨や雪が降る現象のこと。

でんご　デンゴ

→ダンゴロ

大師講吹雪　デンスコブキ

→アシアトカクシ

電線着雪　デンセンチャクセツ

電線に雪が付着する現象を電線着雪という。倉嶋厚『おもしろ気象学 秋・冬編』（朝日新聞社・一九八六）によれば、風が弱く気温が零度から二度くらいの時に湿雪が電線の上に付着する。ある程度の雪が電線に降り積もると、雪はその重みで真下に回転して下に垂れ下がる。そして、また電線に雪が降り積って、また、その重みで回転することを繰り返しているうちに電線の着雪は直径二十センチ以上になってしまう。電線は雪の重みで垂れ下がり、しまいには断線してしまう。電線着雪の防止対策として電線にヒレを付けたり、リングを付けたりする工夫がなされている。

どい落ち　ドイオチ

群馬県では表層雪崩《なだれ》の小さいものをどい落ちといった。雪崩の幅としては五メートル以下であり、谷や崖から落ちてくるものである。

戸板雪崩　トイタナダレ

石川県白山《はくさん》市において、残雪期に圧雪で押さえつけられていた斜面に育つ灌木が上の雪が融けて跳ね返った時に、その衝撃でブロック状の堅い雪が雪崩を起こすことがある。小さいものは厚さ二十〜三十センチメートルで板戸一枚位、大きいものは板戸二枚のものが落ちた。雪崩の規模は小さいが雪質は堅く氷化しているので危険であった。

凍雨　トウウ

冬の凍りつく、冷たい雨のこと。霙《みぞれ》である。冬の雨と書いて冬雨《とうう》という場合もある。

投雪タワー　トウセツタワー

積雪地帯の屋根の雪下ろしの最新「兵器」として富山県砺波《となみ》市に56豪雪の際に登場した機械である。『とやま雪語り』（北日本新聞社・一九八五）によると、「鉄骨とステンレス製で、直径一メートルのじょうご型ポッパーが上下二個付いている。屋根からシュートを使ってポッパーに雪を投げ込み、ポッパーから樋《とよ》を通り、流雪溝の穴に落ちる」仕掛けであった。おおいに期待され、理論的には便利になるはずであった。しかし現実は屋根の高低差の調整、タワーの移動滑車の運行不能、投雪タワーの順番待ちなどの欠点があり、無用の長物と化した。新潟県小千谷《おぢや》市においては威力を発揮したとの報告もあった。

どかどか　ドカドカ

雪が大量に降る様子。

どか雪　ドカユキ

積雪地帯やそれ以外の土地で、一度に大量の大雪が降ること。倉嶋厚『日本の気候』（古今書院・一九六六）によれば、降雪地帯の積雪期間は初雪期、新雪期、多雪期、融雪期に分けられる。初雪期は雪が積もったり、消えたりする期間である。積雪が現われて二十日から三十日である。新雪期は根雪《ねゆき》が始まって雪が降るたび積雪状態が深くなってくる。十二月から一月である。北陸地方ではこの期間にどか雪が降る場合が多い。新潟県十日町《とおかまち》市や上越《じょうえつ》市では一日で七十センチメートル以上の新雪が降り積もる。除雪した鉄道路線、道路、建築物の屋根は雪に埋もれてしまう。二月の多雪期は最も雪が深くなるが、積雪はそう多くない。そして、三月は融雪期となり、積雪の深さは急速に減じて来る。北海道は北陸地方より多雪期、融雪期は二十日ぐらい遅い。

ドカ雪・大雪割キャンペーン　ドカユキ・オオユキワリキャンペーン

山形県大蔵村の肘折《ひじおり》温泉は発見が大同二年（八〇七）とあり、温泉場開業が明徳二年（一三九一）である。全国有数の豪雪地帯として知られている。それを逆手に取った肘折温泉では降雪量に応じて宿泊料や日帰入浴料を割り引くキャンペーンを毎年一月から三月までの六十日間限定で行なっている。最高積雪深が午後三時までに過去最高値の四百十五センチメートルを超える場合は、対象となる十七軒の旅館の宿泊料が無料となる。平成三十年二月十四日に四百三十六センチメートルになり、無料となった。

時ならぬ雪　トキナラヌユキ

冬ではない季節に思いもよらず降った雪のこと。

戸だれ　トダレ

新潟県魚沼《うおぬま》市では雪棚《ゆきだな》や雁木《がんぎ》の中に雪が入り込むのを防ぐために戸だれを前の方に立てかけておいた。防雪簾である戸だれは夜間や降雪中は日中でも広げておいた。雪の降らない日中は戸だれを巻いておいた。

どったん　ドッタン

新潟県十日町《とおかまち》市、魚沼市、津南町、湯沢町、刈羽《かりわ》村などの積雪地帯での雪道に掘った落とし穴のこと。子どもらが仲間や通行人を落として喜んだ悪戯。雪の落とし穴を表わすことばが、大橋勝男・岡和男『新潟県雪ことば辞典』（おうふう・二〇〇七）によれば、三十四語にもおよんでいる。冬の雪の日は盛んにいたずら遊びが展開された。雪は子どもらの友達だったことを物語っている。新潟県を上・中・下越にわけると、中越が最も多く、あなぼっちょー、あなんぼおとし、おとしあなあそび、おんどろ、がくんどー、がぶ、かふんど、だいば、どーだん、どちあな、どちゃあな、どったん、どっち、どっちん、どっぴあな、どっぽ、どびあな、どびんちょ、どぶ、どぶせ、どふら、どふんじょ、どぼ、ばったん。上越は、えぐらぼっちょ、えだぼっちょ、おちゃまんど、かがんぼち、がっと、ぼち。下越は、おそ、どほら。中越と下越の共通のおとし。中越と上越の共通のどふがある。

どっぷる　ドップル

新潟県で雪原や雪道を歩く時に足がぬかり、さらに深い場合ところにはまることをどっぷるといった。

どっぽる　ドッポル

→ドップル

どどどど　ドドドド

雪崩が崩れ出して落下する際の音。

どびら　ドビラ

秋田県では雪崩が起こった際に土や石を混じったものをどびら、ねびらといった。

どふら　ドフラ

新潟県や山形県での雪中遊戯の一つであり、雪の落とし穴であった。通路に雪穴を掘って落とし穴を作って、人が落ちるのを見て喜んだという。穴は浅く、雪はクッションになったのであまり危険はなかったが、落ちた人は驚いたという。新潟県では、どふら、どぶか、どんぶら、どびんこ、どったん、どっちん、どふんじょ、どふか、どーふ、どふ、どぶ、どぼ、ぼっちょ、ちょっぼこ、おそ、おとし、おとしあな、おんどろ、がっと、がぶ、かふんどともいい、津南町《つなん》ではどべらんこともいった。山形県尾花沢市《おばなざわ》の冬遊びで、雪の落とし穴のことをどふらといった。わからないようにじょうずに雪の蓋をするのが難しかった。どふらに引っ掛かるのは子どもよりも大人の方が多かった。どふぁ、どふか、どんぶらともいった。

泊まり小屋　トマリゴヤ

新潟県長岡市《ながおか》において吹雪の時に避難した仮小屋のこと。↓セッチュウヒナンゴヤ

富正月　トミショウガツ

元日の雪は豊作の前兆として喜んだ。↓オサガリ

ドラゴンアイ　ドラゴンアイ

岩手・秋田両県に跨《またが》る八幡平《はちまんたい》の鏡沼《かがみぬま》で雪が溶けはじめる五月下旬に出現するドラゴンアイといわれる現象をいう。直径五十メートルの鏡沼は、冬になると水位が下がり、全体が厚い雪氷で覆われる。春になって水位が回復すると、中央部の雪氷は浮力で隆起し、逆に、周辺部の雪氷は岸についたまま水没する。こうして鏡沼の

雪氷は中央丘と円環状の水面が形成される。中央部分の雪氷を囲むように溶けた水がドーナッツ状にたまり、巨大な竜の目玉のように見える。雪氷でできた中央丘は水中の氷が一か月以上浮き続けることによってできる。しかし、外気や日光によって中心部からしだいに溶けてくる。雪氷の中央丘が崩れる直前に、真ん中に小さい穴が空く。これを竜の目の開眼といった。開眼は六月中旬で、わずか二週間ほどである。この竜の目の瞳が青く輝くことをドラゴンアイの開眼と呼んでいる。

とらぼう　トラボウ

このとらぼうは藁実子《わらみご》という稲の穂の皮を取り去った後の茎を編んで作った被り物である。その形態がトノサマバッタと似ていることから、秋田県や岩手県の方言であるとらぼうと名づけられた。これは馬面《うまづら》、馬の面《つら》とも呼ばれている。馬の長い顔に似ているからでもある。とらぼうはたいへんに軽くしかも被りやすく、雨や雪を通しにくいものであった。労働作業に適しており、マタギたちも使用した。秋田県山内村《さんない》（現横手市《よこて》）ではとらぼうのことをだおぼっちといっていた。だおとは朱鷺《とき》のことであった。↓ウマノツラ

トンネル掘り　トンネルホリ

雪中遊戯の一つであった。新潟県津南町《つなん》では三、四メートルの積雪があれば、家の周辺ではどこでも雪の山や壁ができた。子どもたちは自分で工夫してトンネル掘りをした。トンネルを掘って、雪の回廊を造り、そこを回ることが遊びであった。

胴服　ドンブク

東北地方や北陸地方では寒冷地の冬期間に着用する綿入れの半纏《はんてん》を胴服といった。胴着《どうぎ》が転訛して胴服《どんぶく》となった。チョッキのような袖なしのものもある。雪国ではこの胴服に綿を入れた胴服綿入れが普及した。作業着ではなく、部屋着であり、室内暖房が炭火や焚火であった昔は、体の前面は火の力を借り、背後は胴服で寒さをしのぐということであった。津軽《つがる》地方ではどぎん、関東地方ではどうふくといった。男女の区別なく、実用保温性があり、部屋着でも、外出着でも両方に用いられた。

蜻蛉橇　トンボゾリ

一本の台木にV字型の積荷台と舵《かじ》取り腕木《うでぎ》を取り付けた一本橇の一種である蜻蛉橇は、腕木が普通二本一対であるのに対し、一本だけの構成であった。新潟県上越市総合博物館にある蜻蛉橇は、腕木がV字型ではなく、L字型となっている。L字型とは、腕木の長さが、左が長くて右が短いように、異なる長さになっている橇である。蜻蛉橇とは左か右に素早く向きを変えることができるからこの名前が付いたものといわれている。↓ユキゾリ（コラム）

【な行】

長木鋤　ナガコスキ

新潟県湯沢《ゆざわ》町では家の軒端から垂れ下がった雪を落とすために長木鋤を使った。雪が棟木《むなぎ》から落ちてくる際に、事前に降り積もっていた雪を突き落としておいた。この時に長木鋤を使用した。長木鋤は全長二・五メートル以上なので普通の木鋤に丸太を取り付けたものであった。津南《つなん》町では柄の長い木鋤を長柄《ながえ》と呼んだ。

泣き面雪　ナキツラユキ
春近くの雪で道がグチャグチャになり、橇を曳くのに苦労した。それを秋田県では泣き面雪といった。

名残雪　ナゴリユキ
伊勢正三《いせしょうぞう》作詞・作曲で、イルカが歌う歌謡曲として有名な「なごり雪」がある。雪の降りじまいで、およそ涅槃会《ねはんえ》（陰暦二月十五日）前後とされるので涅槃雪ともいった。大阪・京都・東京はだいたい三月中旬から下旬、札幌は四月二十日、高知・鹿児島は二月下旬であった。雪涅槃、雪の果て、雪の名残、雪の終わり、雪の別れ、忘れ雪、終雪などともいう。

雪崩　ナゼ
新潟県上越《じょうえつ》市、長岡《ながおか》市、柏崎《かしわざき》市、十日町《とおかまち》市、湯沢《ゆざわ》町、津南《つなん》町において全層雪崩《なだれ》のことをいった。なぜは全層雪崩と表層雪崩の区別はせずに、一つにくくることば。なぜがつく、なぜがでる、なぜつきにあうなどとたくさんの別称がある。↓ナダレ

なぜ止め　ナゼドメ
↓ユキドメ

なぜ除け　ナゼヨケ

↓ユキドメ

雪崩　ナダレ

山の積雪が春暖《しゅんだん》の頃になって融けはじめて、積雪の全体がそのまま山腹を崩れ落ちる現象である。底雪崩、地こすりともいう。根雪《ねゆき》の上へ新しく粉雪が降り積もり、強風によって粉雪が山腹を滑り落ちるものを風《かぜ》雪崩という。ナダレは崩れ、崩壊することで、転じて傾き崩れる、傾斜する、流れくだる意味である。雪崩雪《なだれゆき》を略して雪崩《なだれ》というようになった。鉄道や道路の人口斜面の法面《のりめん》から発生する法面雪崩、傾斜した屋根《やね》の雪が滑り落ちる屋根雪崩、氷河が崩壊することにより起こる氷雪崩、大量の水を含んだスラッシュ雪崩などがある。

雪崩くそ　ナダレクソ

雪崩によってできた雪だまりをでぶりといった。そこには雪崩によって堆積した土砂、枯木、枯草、落葉、木枝などが集積した。そして地味《ちみ》（土地）が肥えてくることを雪崩くそといった。

雪崩除呪文　ナダレヨケジュモン

秋田県のマタギが雪山での狩猟活動の際に最も恐れていたのは、獲物に襲われることより雪崩に遭うことであった。そのために、雪崩除呪文を伝承していた。武藤鉄城『秋田マタギ聞書』（慶友社・一九七七）によれば、仙北《せんぼく》市田沢湖《たざわこ》町のマタギは次のように行なった。「山の神　頼む　此のヒラマエ（斜面）を　安穏《あんのん》に通らせた給え　アブラウンケ、ソワカ」、「ノサ（幣）も取り敢えず　神のまにまに」。由利本荘《ゆりほんじょう》市鳥海《ちょうかい》町のマタギは、

「南無財宝無量定覚仏南無阿弥陀仏」（百宅の小野勘太郎家）、「エンダラ　チタラ　アビガエタ　アブラウンケソワタカ」（水無の太田又司家から聞き書き）を唱えた。北秋田市阿仁《あに》のマタギの呪文は、「摩利四天王　浮かすこと　此の湯をお通りのうち　お待ち給えや　南無アブランケン、ソワカ　ソワカ　ソワカ」（根子の佐藤永太郎家）、「南無財宝無量寿岳山」（二万二千編唱える・泉利三郎家）とあった。

夏の霜　ナツノシモ
愛知県名古屋市の夏の霜とは、阿波《あわ》の和三盆《わさんぼん》で丹波《たんば》の赤小豆漉し餡を挟み、その上にさらに氷餅をふりかけた和菓子である。

雪崩　ナデ
秋田県、山形県、福島県、群馬県、新潟県において雪崩《なだれ》のことをいう。山の上より地を撫で下ろすように来るのでなでといった。なぜ、なでがつく、なでがでる、なでつけ、なでにあう、なできれる、なでひらなど。

なでおろし　ナデオロシ
山形県では局部的に斜めに吹雪くことをなでおろしといった。なでらおろしともいう。

なでこげる　ナデコゲル
山形県では雪崩《なだれ》ができることをなでこげるといった。なでつく、しづれるともいう。↓シヅレル

南郡木鋤　ナングングシキ

新潟県南魚沼《みなみうおぬま》産地とする木製鋤《すき》型の伝統除雪用具として南郡木鋤があった。秋山木鋤や湯之谷《ゆのたに》木鋤とともに有名であった。↓コスキ

軟雪雪崩　ナンセツナダレ

粘着力の小さい雪が急斜面に積もった時に起こる。

新野の雪祭　ニイノノユキマツリ

長野県下伊那《しもいな》郡阿南《あなん》町新野の雪祭は正月十四日夕刻から十五日朝にかけて伊豆神社で行なわれる。鎌倉時代に伊豆権現を勧請した伊東氏が大屋として神主を兼ねて神事主祭を続けてきたが、明治初期になってから退転した。しかし、祭は継承され続けている。祭の準備は正月元日から始まる。東西上手衆《わでしゅう》から頭人《とうにん》四名と宮司、禰宜《ねぎ》、氏子《うじこ》総代が伊豆神社に参集して門開《もんびら》きを行なう。正月十三日の一日に集中させて、精進《しょうじん》入りのおくりや、面様《めんさま》迎えのおくだり、お滝入り、ご参宮が行なわれる。十四日朝から家々から集めた正月飾りで伊豆神社境内に直径約二メートル、長さ約九メートルぐらいの松明を造って立てて祭場を設営する。午後になると、面箱の行列を整えて諏訪神社から伊豆神社におのぼりをする。面様を入れた唐櫃の神輿を真ん中にして、高張提灯、旗、ビンザサラ、弓、槍、薙刀《なぎなた》の祭具を持った人々、進行人の東西上手衆、少年の舞人のゴダツ、巫子《みこ》の市子《いちこ》、宮司、神職、責任役員、消防団、氏子などの大行列が笛や太鼓の囃子《はやし》に乗りながら渡って来る。伊豆神社到着後に本座、新座のビンザサラの舞、輪舞、順の舞など舞を数番する神楽殿の儀に移る。夜の祭典は地主《じぬし》

神《がみ》のガラン様の祭、中啓の舞、御参宮、順の舞に本殿の儀が執り行なわれる。十五日午前〇時頃になると庁屋で面開きを行ない、午前〇時半頃になると人々は庁屋《ちょうや》の板壁を激しく棒や丸太で打ち付けて神の出現を求める乱声を発する。舳先《へさき》に火を灯した恵比寿《えびす》・大黒の人形を乗せた宝船が大松明《たいまつ》に点火をする。祭は庭能《にわのう》の輪舞となり、本殿から庭開きに移る。最初に①幸法《さいほう》がビンザサラの先導で登場して出たり入ったりを七回繰返す。次に②茂登喜《もどき》が現われて、三番目、③競馬《きょうまん》が二名出て四方に矢を放す。続いて、④宮司が牛に乗って現われて、社殿の屋根めがけて矢を放つ。午前五時頃、⑤翁《おきな》、⑥松影《まつかげ》、⑦正直切りの三人の翁が現われて豊作祈願の舞をする。⑧海道下り、禰宜親子が新年を寿《ことほ》ぐ。⑨神婆では娘と爺婆とで稲作の豊穣予祝の性的所作を行なう。さらに、⑩天狗の鬼舞で太郎・次郎・三郎が登場する。⑪八幡が駒に跨って鎮め、⑫志津目《しづめ》が獅子を鎮めて祭は終わりとなる。加えて、これに⑬親鍛冶は茶番狂言の余興とされ、並行して社殿奥では⑭田遊びが行なわれていた。終わるのは午前八時を過ぎる朝となる。十六日は朝から諏訪神社で座敷洗いという名の後片付けと完了祝が行なわれて終了となる。この祭の特徴は農作物の豊作祈願として小正月に行なう予祝行事である。「大雪でござります。大雪でござります」と公言して雪を投げ入れることである。雪は豊作の兆といわれ、新年に降雪を祈願する予祝の神事が祭の起源であることを物語っている。新野はあまり雪が降らないほうである。そのために雪のない時は近くの山から雪を持ってきて雪祭としていたという。雪祭と名付けたのは、大正十五年(一九二六)にこの祭を見学した折口信夫《おりくちしのぶ》(一八八七―一九五三)である。同県下伊那郡南信濃《みなみしなの》村(現飯田《いいだ》市)の遠山の霜月祭と下伊那郡天龍《てんりゅう》村神原坂部の冬祭とともに国の重要民俗文化財に指定されている。

二月雪　ニガツユキ

↓ゾーゲ

にぞ　ニゾ

蒲《がま》や菅《すげ》を棒状に編み、それを頭に被って後頭部に布を垂らした。宮城県、山形県ではにぞと呼び、新潟県ではぼあさきといった。にぞの後の垂れ布は雪が襟元から入るのを防ぐためのものであった。馬《うま》の面《つら》と似たような被り物であるが、先端はボサボサにしないで纏めて装飾をしておくところが異なっていた。↓ウマノツラ

二本橇　ニホンゾリ

二木橇とは削って反《そ》りをつけた先端の台木《だいぎ》・ずり木《き》と呼ぶ二本の橇台から成る。その橇台の前《まえ》と後《うしろ》に二本の横木《よぎ》・寄木《よしぎ》を渡すのが基本型である。横木を固定するために刳貫式《くりぬきしき》か、削出式《けずりだしき》の山《やま》を備えておいた。この山を枕《まくら》・乳《ちち》、ぶくり、てしろなどといった。橇台の上には直接に木材や荷物を積載して運ぶこともあるが、橇台の台木の上に、桁《けた》をつけたり、荷台や山車《だし》をつけることもあった。橇の分類は橇台に付ける枕（ぶくり）の数で一つ枕から四つ枕まで分けられる。橇台も板利用の平形、山形、鼻反りなどによって多くの種類がある。雪橇の類型は六つに分けられる。①一つ枕、②二つ枕、③三つ枕、④四つ枕、⑤特殊型、⑥馬橇《ばそり》である。①一つ枕は前撥《まえばち》（親撥）と後撥《うしろばち》（捨撥）からなる撥橇《ばちぞり》である。材木運搬用として急斜面を滑降するのにはよかった。青森県では一挺撥《いっちょうばち》、下北地方では二杯撥《にはいばち》、一台だけの時は空撥《からばち》と呼び、津軽《つがる》・下北《しもきた》地方から岩手・秋田両県をはじめ、北は北海道、南は北陸地方まで普及した。岩手県雫石《しずくいし》町で使用された隼《はやぶさ》もこの一つ枕の雪

橇であった。②二つ枕は一本の橇台に二つ枕付きの橇である。安定感もあり、荷の重力のかけ方、雪への接面の仕方が効果的で積載量も多かった。橇の中で最も多い型である。橇台が板状で原材を削って橇としたものや加工した板に付けた枕をして橇台としたものの平型であった。枕の上に橇台と平行に縦に置く木で、二本の橇台に渡した横木の上にさらに渡した荷台を撞木《しゅもく》付といった。両鼻反りといって二つ枕の橇で、頭と尻の両方に反りがあり、前進と後退を簡単にする機能があった。橇の強さと除雪の効果のために橇台の背面が山のように反っている山橇があった。③三つ枕は台木の幅が狭く、厚い傾向があり、重量の荷積みに耐えられるような橇であった。④四つ枕も三つ枕と同様に重量に耐える橇であった。⑤特殊型とは大持《おおもち》と修羅《しゅら》があった。大持は大物橇の意味で、巨石や巨木そのものを橇台として運ぶのであった。雪橇とは限定できない。同様に大石大木を運搬するのに修羅というのがあったと『北越雪譜』にある。修羅は昭和五十三年（一九七八）に、大阪府藤井《ふじい》寺《でら》市道明寺《どうみょうじ》の仲津媛古墳陪塚から掘り出されたことで有名である。⑥馬橇は北海道から使用が始まり、青森県、秋田県、岩手県に普及して東北地方から、上信越地方、北陸地方、中国山地へと波及し、南限は島根県であった。材木や物資などの積荷を載せるのに用いられた。↓ユキゾリ（コラム）

にめ雪　ニメユギ

山形県での湿雪のことをいう。

にめり雪　ニメリユギ

山形県での湿雪のことをいう。

庭雪　ニワユキ
新潟県では庭に降った雪を庭雪といった。

人間止め　ニンゲンドメ
新潟県において、屋根の雪下ろしの際に、雪とともに人が滑って落下しないように、木の丸太か鉄製の滑り止めの器具を屋根に施した。これを人間止めといった。↓ユキドメ

糠雪　ヌカユキ
真冬の低温時期に糠《ぬか》のような乾いた軽く細かな雪が降ることを新潟県津南《つなん》町においては糠雪という。

ぬく雪　ヌクユキ
山形県での湿雪《しっせつ》のことをいう。

ぬっかる　ヌッカル
新潟県において雪原や雪道を歩いて足が雪中に潜ってしまうこと。田中来「雪の中のくらしと言葉」（『雪と生活』5・雪と生活研究会・一九八六）によれば、ぬかって足を取られることをぬっかるといった。

猫雪　ネコユキ
新潟県では猫でも歩けるくらいの僅かな量の積雪のことを猫雪といった。

ねすど　ネスド

山形県では全層雪崩《なだれ》のことをいった。山形県庄内町《しょうないまち》では底雪崩《そこなだれ》のことをねすどといった。

ねばりあわ　ネバリアワ

石川県白山市《はくさんし》では湿雪《しっせつ》を帯びた雪崩《なだれ》のことをねばりあわといった。

ねばり雪　ネバリイキ

石川県白山市《はくさんし》において水を含んだ湿雪《しっせつ》のことをねばり雪といった。

涅槃雪　ネハンユキ

↓ナゴリユキ

ねびら　ネビラ

↓ドビラ

ねぶて　ネブテ

秋田県において雨雪《あめゆき》のこと。↓アマネブテ

ねぶて雪　ネブテユキ

↓アマネブテ

根雪　ネユキ

雪が積もりはじめ、積雪が下積みになり長期間地表を覆ったものを根雪という。秋田県などの降雪県では雪の降りがけに使用する言葉である。降った雪が積もって融けないで残る雪のこともそういった。山形県では寝雪、万年雪、臥雪《がせつ》ともいった。

庭雪　ネワユキ

新潟県で庭の雪のことをいった。↓ニワユキ

のう垣　ノウガキ

宮城県七ケ宿町《しちがしゅく》では雪囲いのことをのう垣といった。

軒掃い　ノギハライ

岩手県、山形県、新潟県では屋根の雪下ろしをした後に、地上から軒先までの高さまでに雪が積もってしまうため、それを除雪した後でなければ、雪を下ろすことができなかった。その除雪することを軒掃いといった。軒掃いは橇《そり》で雪を運んで捨てた。↓エンキリ

軒回り　ノキマワリ

新潟県魚沼《うおぬま》市では軒回りといって、降り積もった屋根の雪を掘って落とした。地上で堆積した雪と、家の庇《ひさし》に降り溜まった雪が繋がってしまう。それを取り除くことを軒切《のききり》といった。切り離した雪や、窓の部分を覆って閉じ込めていた雪をさらに取り除くことを掘りあげといった。

残り雪　ノコリユキ

春になっても消えずに残っている雪を見立てて、黒糖松風《こくとうまつかぜ》と蒸し羊羹《ようかん》の流し合わせの上生菓子《じょうなま》が残り雪である。

のそのそ　ノソノソ

山形県においては牡丹《ぼたん》雪がのそのそと降ったといわれた。

のののの　ノノノノ

山形県では雪崩《なだれ》が起こって雪が崩れ出す時の音がののののと聞こえたという。

のま　ノマ

石川県では冬季に雪崩《なだれ》が発生する急斜面の危険個所のことをのまといった。岐阜県では全層雪崩をのまといった。のまは岩石、樹木、土砂がまじるのが恐ろしかった。表層雪崩はあわ、あをといった。その特徴は速度がきわめて速いことである。

のむた雪　ノムタユキ

富山県では寒中に大きな花弁のような水分の多い雪が降った。これをのむた雪といった。

海苔雪　ノリユキ

新潟県湯沢《ゆざわ》町や十日町《とおかまち》市で三月末頃に降る淡い湿った雪のこと。それを海苔《のり》雪といった。

【は行】

はーで　ハーデ
山形県での湿雪のことをはーでといった。はてともいった。

排雪　ハイセツ
積雪を押しのけて除くことをいった。

灰雪　ハイユキ
富山県上市町《かみいち》において寒中に降る灰のような細かな雪のことを灰雪といった。スコップによく付着した粉雪のことでもある。

馬鹿雪　バカユキ
冬期間に三日も四日も雪が降り続くことがあるが、秋田県ではこのような状態のことを馬鹿雪といった。

履き橇　ハキゾリ
菅江真澄《すがえますみ》（一七五四―一八二九）の『齶田濃刈寝《あきたのかりね》』にも描写された氷雪上の滑走遊具である。日本のスキーのルーツに当たるもので、氷雪を利用する滑走運搬具であり、橇から考案されたものである。堅木《かたぎ》の一枚板から削り抜いたサンダル型の橇足の台に直接両足を載せた。先端に綱を取り付けて滑走方向やバランスを調整するものであった。昭和初期までは滑走用具として実用とされていた。秋田県田沢湖町《たざわこ》（現仙北市）のスリッパ型の履き橇を立橇といった。檜木内村《ひのきない》（現仙北市）のものは天狗鼻といって足を入れる先端が高くて大きいところに特徴があり、雪を掻き分けるとともに足を保護する役目をした。角館町《かくのだて》（現仙北市）の履き橇は幅が広くて、先端部は着雪を少なくする細工がしてあり、裏底には滑りをよくするための竹を取り付けていた。履き橇は山橇《やまぞり》ともいわれた。

薄雪　ハクセツ

薄い雪のこと。

白雪　ハクセツ

白い雪のこと。白雪糕《はくせつこう》という干し菓子の名前などがある。

白雪糕　ハクセツコウ

新潟県長岡市《ながおか》の白雪糕は、口に含めると、舌の上に消えるのは雪のごとしといわれた和菓子である。

白魔　ハクマ

日本の積雪地帯の冬の雪は、生活と生産活動を阻害している。さらに、通信・交通も止め、農業災害は甚大である。雪は白い悪魔と恐れられていた。これを白魔といった。

箱稭　ハコシベ

藁《わら》細工の技巧を最大限に発揮した短い藁沓《わらぐつ》である。老人用の履物ともいわれたほど完成度が高く、飾り藁沓として玄関踏台に装飾品として置かれた。短靴のように足首から下を覆う形状を箱になぞらえて箱稽と呼んだ。底のほどけた藁が雪を撥ね返すので汚れることが多かった。一見して外観と作りは立派だが、見かけ倒しで、履いてみると意外とよくないものであった。福島県会津若松市《あいづわかまつ》では源兵衛《げんべえ》といった。精細を極めていたため製作が面倒で、その分価格も高かった。武藤鉄城「雪上履物の研究」(『民具論集2』慶友社・一九七〇)によれば、昭和二十年(一九四五)頃では五円以上が相場となっていた。

ばさばさ雪　バサバサユキ

新潟県阿賀《あが》町で粉雪のことをばさばさ雪といった。秋田県ではばさばさと降り積もる雪をいった。

馬橇　バソリ

馬橇は馬を動力とした橇で、雪や氷の上を滑り走るようにした乗り物である。北海道において、本格的に馬橇が製作されるようになったのは明治以降であった。特に交通運輸機関の整備に重要な役目を果たした。関秀志『北海道の馬橇』(北海道開拓記念館・一九八四)によれば、明治七年(一八七三)当時の北海道開拓使は樺太《からふと》支庁を通じて樺太在住のロシア人から馬雪車(馬橇)と曳馬鉄沓(蹄鉄《ていてつ》)を購入して、これを明治八年(一八七四)官営工場で造らせ、普及させた。当時の開拓使長官・黒田清隆《くろだきよたか》(一八四〇—一九〇〇)が、明治十一年に本格的な北海道開拓の起動力として馬橇開発に取り組んだ成果であった。

はだけ雪　ハダゲユキ

秋田県では、「はだける」とは「掻《か》く」ことを意味した。雪をはだけるとは雪を掻くことであった。このことから積雪期間に雪道の両側に高く除雪して積まれた雪をはだげ雪といった。

はだら雪　ハダラユキ

新潟県での春先の雪のことをいった。春の淡雪《あわゆき》であった。

はだれ　ハダレ

新潟県で表層雪崩《なだれ》のことをはだれといった。はやともいう。

班雪　ハダレユキ

はだれとは、まだら、まばら、はだらと同義である。新潟県ではハラハラと降る雪をいった。まだらに降った雪のことである。

端稽　バヂスベ

ばぢ、はじとは、端（はし）の転訛したもので、尻尾《しっぽ》の短いこと、後半分がない足切《あしき》れを意味する。踵稽《あくとすべ》の踵の部分を取ったような藁沓《わらぐつ》である。爪皮《つまかわ》のある履物、藁草履《わらぞうり》といったものである。底が草履編みと簾《すだれ》編みの二種類あった。丈夫であるが沓を濡らすと乾きが遅いといわれた。

撥橇　バチゾリ

二本橇の一種である。雪の急斜面で長い用材を山から下ろすのに用いた橇であった。省略してばち、ばつともいった。幅広の木橇で橇板の長さが普通の橇の半分ぐらいであった。撥橇の先端（ハナ）に肩縄を通して撥の左右に足を掛けて梶取りをして降りた。後部に材木の頭を三、四本載せて材木の尻を雪に引き摺って行く。そして、これをブレーキにした。前部に付ける橇をタテ撥・前撥・親撥、後部に付ける橇をステ撥・後撥と呼んだ。前橇だけ用いる時は一挺撥《いっちょうばつ》、前橇と後橇を用いるのを二挺撥（にはいばつ・ばつばつ）といった。二挺撥の場合は梶は前部の前撥で取り、積荷の重量は後部の後撥に多くかかる。荷物がない撥橇は空撥《からばつ》といった。下北《しもきた》地方や津軽《つがる》地方の特有なものであったが、昭和初期に北海道や東北地方一帯に広まった。撥橇は手橇で山《やま》子《こ》（木こり）の手製が多かった。雪の坂道を背負って上がるために軽い木材を使用した。台木・ずり木に左右一個ずつ枕（ち・ちち・乳）を削り出し、その上に横木を一本渡す。材木の先端をその上に載せて引きずった。後の端は雪の上を滑らせた。ブレーキとしては針金の輪に紐を巻いて作ったタガを台木・ずり木に嵌めてスピードを調節した。関秀志『北海道の手橇』（北海道開拓記念館・一九八七）によれば、撥橇の名称由来は「半乳」か「端乳」で、橇の基本形の「ヨチ（四乳）」に対して半分の二個しかないことを意味していた。

初冠雪　ハツカンセツ

各地の積雪は山の頂上からはじまる。山のふもとから見て、その年の秋に最初に山の頂が積雪によって白くなることを初冠雪と呼んだ。初冠雪はその土地の人々の季節感を誘い、四季おりおりの目安となるものである。

はっさぎ雪　ハッサギユキ

山形県小国《おぐに》町において乾燥して乾いた雪をいった。

初霜　ハツシモ[1]

京都市中京区の和菓子・初霜は晩秋の景色を表現したという。インゲンマメやサツマイモなどを煮てつぶし、栗などを入れたきんとんの上にそぼろを霜に見立てている。

初霜　ハツシモ[2]

神奈川県鎌倉《かまくら》市の和菓子・初霜は大納言小豆《だいなごんあずき》の生地に氷餅《こおりもち》をあしらったものである。大納言小豆とは直径四・八ミリ以上の大粒の小豆をいう。普通の小豆は直径四・二〜四・八ミリである。それ以下は二等小豆という。

初霜　ハツシモ[3]

長野県諏訪《すわ》市の初霜は、もち米で作った重湯《おもゆ》を氷結させて、その乾燥した氷餅《こおりもち》をすり砂糖で包む干し菓子である。

はっしゃいだ雪　ハッシャイダユキ

富山県砺波《となみ》地方の方言でサラサラした水分の少ない雪のことをはっしゃいだ雪といった。降り積もった後に凍って氷の粒のようなじゃり雪に変化する。

はっしゃぎ雪　ハッシャギイキ

石川県白山《はくさん》市における寒い時に降った新雪の乾雪をはっしゃぎ雪《いき》といった。乾き雪ともいう。

はっしゃぎ雪　ハッシャギユキ

山形県小国《おぐに》町において乾燥した雪のことをはっしゃぎ雪《ゆき》といった。

初雪　ハツユキ[1)]
その年の冬になって最初に降る雪のこと。

初雪　ハツユキ[2)]
京都市上京区の和菓子・初雪は、晩秋にかけて山から初雪が降ってくる風情があるという。

初雪　ハツユキ[3)]
京都市北区に、きんとんと白小豆粒餡の和菓子がある。

初雪　ハツユキ[4)]
京都市中京区の黒糖きんとんに黒つぶ餡で作った和菓子である。

初雪　ハツユキ[5)]
岡山県津山《つやま》市の和菓子・初雪は、餅に砂糖を搗《つ》きまぜて短冊に切って陰干しをしたものである。

初雪　ハツユキ[6)]
東京都新宿区の和菓子・初雪は、柴の上に降り積もった初雪を表現したものである。

初雪　ハツユキ[7)]
東京都千代田区の和菓子・初雪は、茶巾《ちゃきん》に絞った白練《ね》り切りに紅梅を一輪置いたものである。

初雪　ハツユキ8)

東京都中央区の和菓子・初雪は、羊羹《ようかん》に白い落雁《らくがん》の粉を貼り合わせた生地で餡《あん》を巻いたものである。

はて　ハテ1)

山形県での新雪のことをいった。

はで　ハデ2)

山形県での雪原のことをいった。はでこ、はでやら、はどやら、はぼでともいう。

はで　ハデ

山形県村山地方では表層雪崩《なだれ》をはでといった。

はでやら　ハデヤラ

山形県での雪原のことをいった。

はで雪　ハデユキ

秋田県において、春近くにサラリと降る乾いた雪、また寒中の軽い雪のことをはで雪といった。堅雪の上へサラリと降る乾いた軽雪のことは、はで、は雪といった。

花吹雪　ハナフブキ

桜の花びらが風によって散り乱れる状態を冬の吹雪に見立てていった。花嵐ともいう。

花雪　ハナユキ

新潟県津南町《つなん》ではキラキラ光る花弁のように降る雪片の雪を称した。しかし、水分は少なかった。

撥ねごいすけ　ハネゴイスケ

富山県における道路の雪かき用具として撥ねごいすけがあった。除雪に使用した。木製であり、軽くて使いやすかった。現在は金属製やプラスチック製のスコップに変わった。

羽根突き　ハネツキ

富山県や新潟県では除雪用の木鋤《こすき》を羽子板《はごいた》にする羽根突きという遊びがあった。羽根をながく雪の上に落とさないように繰り返し打ち上げた。正月や休日の日の雪が止んでいる時に、五、六人が輪になって羽根突きをした。羽根はよく上がり、誤って羽根を落とすと罰として遊び仲間から雪をかけられた。この羽根は篠竹《しのだけ》の筒に山鳥の羽根を三枚埋め込んだものであった。鈴木牧之の『北越雪譜』の「駅中の正月積雪の図」に描かれていた。雪上での羽根突き遊びは羽根返しとも呼ばれた。

疾風／早手　ハヤテ

急に激しく吹き起こる風で、降雨や降雹《ひょう》を伴うことがある。しっぷう、はやち、陣風《じんぷう》、急風《きゅうふう》ともいう。

隼　ハヤブサ

二本橇の一種で、岩手県雫石町《しずくいし》で用いられた橇であった。隼は一つ枕の雪橇で、横木の左右に抗を立てて積載物が崩れないようにした。薪を積んで急斜面の高いところから一気呵成に滑り下ろした。この速い速度で滑り下りる機能と、全長約七十センチメートル、幅約四十センチメートルの堅木《かたぎ》材の小型橇から隼という名称が付いた。江戸時代の紀行家・菅江真澄《すがえますみ》は日記『奥《おく》の手風俗《てぶり》』に次のように隼を描写した。「小つくし（小尽）山の家戸にしばしやすらひて、みや木引いづるを見れば四乳、鶻と名ある艝に、うしの皮のはやをつけて、みや木六十あまりのつみのせて、よね、七十のたはらつつたるおもさを、益雄ひとりが力して引くだし行、よつぢ、ここらきそひつつ飛やうにくだるを、と（疾）からぬ料にとて、前だつ、みちづくりが、檜の枝をりしきしきくだし、あふぎ見れば、そびへ立るいはねより雪とばして、はやぶさてふ雪船にあまたつみ上ておとしたるを、たかゆくや、はやぶさわけの、と、うちたはれ、此雪車のとさは、鳥などのおとすに似たれば、うべ、はやぶさの名はあるにこそあらめと、しばし雪のたか岡に見たたずみて」と。解説をすれば、材木を引き出す様子を見た。飛ぶように速い隼という名の橇は牛皮の曳綱に六十余の材木をつけて引くという。重さにすれば米俵が七十俵ほどあるものを男ひとりで山から引き出すものだった。山では橇を引く者らが各々競っていた。速すぎないようにと、先達者が先に道筋をつくっていた。顔を上に向けて山を見ると、岩の間から雪を飛ばして隼という橇が材木をたくさん積んで下ってきた。この橇の速さは鳥が飛ぶような格好なので隼の名がついたのだろうと雪の中を高い所に佇んで考え付いた。↓ユキゾリ（コラム）

は雪　ハユキ

↓ハデユキ

ばらつく　バラツク
雨、雪、雹《ひょう》、霰《あられ》がバラバラと降ってくること。

ぱらつく　パラツク
↓バラツク

ばらばら　バラバラ
↓バラツク

はらみ雪　ハラミユキ
山形県での湿雪《しっせつ》のことをいった。

春出水　ハルデミズ
雪解け水や春の長雨で川が氾濫すること。

春の雪　ハルノユキ
関東より西の太平洋側では真冬よりも早春に雪が降ることが多い。気象上は春雨となるが、急激な気温低下のために水気の多い雪に変化する。融けやすい雪であるが予想に反して大雪になる場合がある。

春吹雪　ハルフブキ
↓ハルノユキ

春水　ハルミズ
新潟県十日町《とおかまち》市や南魚沼《みなみうおぬま》市においては雪解け水のことを春水といった。春になると雪が融けて出水《しゅっすい》する。この春水は何度も出てくる。春の安らぎ水となった。しかし、一度に押し出される時は鉄砲水の大洪水となった。近年はこの被害を防ぐために、三月になると、雪を排除して人工的な流路を作ることにしている。↓ユキシロミズ

春霙　ハルミゾレ
春になってから降る霙《みぞれ》のこと。

はわたし　ハワタシ
新潟県で降雪中に起きる雪崩《なだれ》のことをいった。

はわたり　ハワタリ
山形県で雪崩《なだれ》のことをいった。わし、わす、わや、わうす、わおすともいう。

班雪　ハンセツ
まだら雪のこと。↓マツセツ

ばんばこ　バンバコ
福井県などの積雪地帯に分布する木製除雪用具にばんばこがあった。平らな板台に柄を取り付けたものであっ

た。富山県や岐阜県吉城《よしき》郡などの積雪地帯に分布する類似の木製除雪用具にばんばというものがあるが、そちらは一本木作りであった。

氷雨　ヒサメ

歌手の佳山明生や日野美香が歌う歌謡曲「氷雨」はとまりれん作詞作曲である。この「氷雨」によって冬の雨として有名になった。冬の凍るような冷たい雨のこと。氷雨は霙《みぞれ》、雹《ひょう》、霰《あられ》を指すことばでもある。

ひしゃく　ヒシャク

山形県での雪原のことをいった。

飛雪　ヒセツ

風に吹き飛ばされて降る雪。吹雪、地吹雪。積雪が強風に吹き飛ばされたもの。

微雪　ビセツ

雪が少し降ること。

ひた雪　ヒタユキ

山形県での湿雪《しっせつ》のことをいった。

人足道　ヒトアシミチ

人通りの少ない道では道踏《みちふみ》されないところもあった。この場合は自分でカンジキを履いて道作りを行なった。

これは人足道といわれ、道は線にならずカンジキの足跡のみの点々になっていた。人足道でも一度人が通った跡があれば、次に行く人は楽であった。

氷の雨　ヒノアメ

雹《ひょう》や霰《あられ》のこと。↓ヒサメ

ひやしこ　ヒヤシコ

岩手県沢内村《さわうち》（現西和賀町《にしわが》）では冬期間の玄関外に柱を立てて横木を結び、それに茅簾《かやすだれ》を張って風除室《ふうじょしつ》のようなものを造った。玄関を延長した形のひやしこを造って家の出入口の防雪対策をした。防雪廊下というべきもので、長さは一定しないが二間《けん》前後が多かった。ひやしこの西側には風除けを造ることが多い。

雹　ヒョウ

雷を伴った積乱雲から降ってくる、直径五ミリ以上の豆粒から鶏卵ぐらいの氷の塊をいう。

氷晶　ヒョウショウ

北海道や山岳地帯で見られる大気中にできる氷の結晶で、晴れた日に空中に浮かび、日光がさすと七色に輝く。氷塵、氷霧。

氷雪　ヒョウセツ

梅の異称のこと。

表層雪崩　ヒョウソウナダレ

滑り面から下層の積雪を残して上層部分の積雪のみが崩落する雪崩のこと。

氷霧　ヒョウム

冬山や寒冷地において大気中の蒸気が微細な形の氷の結晶になり、霧のように空中を漂っている状態のこと。こおりぎりともいった。

ひらつぐ　ヒラツグ

秋田県において雪崩《なだれ》によって雪が崩れることをいう。

平雪崩　ヒラナダレ

走路の地形が平面的な箇所を走る雪崩のこと。谷や沢のように、両側が地形で拘束されている箇所を走る雪崩を谷雪崩という。

ひらひら　ヒラヒラ

薄く軽い雪が舞い落ちるように降っている様子のこと。

鬢雪　ビンセツ

鬢の毛のこと。

吹雪　フーキ

↓フキ

吹雪倒れ　フーキダレ

↓フキダオレ

風雪　フウセツ

強い風を伴って降る雪のこと。吹雪や地吹雪のように飛雪《ひせつ》の有無についての限定はなく、強い風で雪が横なぐりになって降ることもある。

ふーとー雪　フートーユキ

新潟県柏崎《かしわざき》市や刈羽《かりわ》村においては、積雪の層にある新雪が降ったままの状態の層のことをふーとー雪といった。上層部分の雪の重みで堅く締まり、雨が降っても下に通さず、春先に雪が消えてもなかなか消えない堅い雪の層のこと。

深沓　フカグツ

福井県では藁《わら》で編んだ長い藁沓《わらぐつ》をいった。向《む》こう脛《ずね》のところが上から割れているものは巻《まき》深沓といって冬の山仕事に履いていた。紐でくくったので雪は入らなかった。富山県でも深沓と呼んだという。

ふかげ　フカゲ

秋田県において雪庇《せっぴ》のことをふかげといった。吹《ふ》き棚《だな》、げほともいう。

吹雪　フキ

新潟県においては一月中旬が吹雪の最盛期である。吹雪のことをふき、ふーき、ふきあれといった。あれこと、あれごと、あれっこともいう。山形県でもふき、ふぎといった。

吹雪　フギ[1]

秋田県においては吹雪のことをふぎといった。山形県でもふぎといった。

吹雪　フギ[2]

青森県、秋田県、山形県、岩手県においては吹雪のことをふぎといった。さらに、『北東北の天地ことば』（小田正博・風詠社・二〇一三）によれば、岩手県では、ぶき（二戸市）、ふぎあらし（久慈市）、ふぎあれ（同）、ふぎえぁ（二戸市）、ふきかんぶき（花巻市、矢巾町）、ふぎかんぶき（遠野市）、ふぎだな（矢巾町）、ふきちぇぶき（九戸郡）、ふぎつら（八幡平市）、ふきぶり（奥州市）、ふきまぐり（奥州市）、ふぎまくる（大船渡市）、ふきらうぇーぶき（九戸郡）、ふきらぇぶき（九戸郡）、ふきらぶき（二戸郡）、ふきらんぼ（遠野市）、ふぎれぇぶき（九戸郡）、ふぐらびき（一戸町）、ふぐれぁぶき（九戸町）、ふっかげ（奥州市）、ふりぶき（盛岡市、宮古市、奥州市）というとある。

ふきおろし　フキオロシ

雪と一緒に山から吹き下ろす強風のことをいった。

吹き込み　フキコミ
秋田県では吹雪によって道路一面に広がった多くの足跡のことをいった。また雪道に吹き込んで塞がって積もることも吹き込みといった。

ふきざらし　フギザラシ
秋田県では雪道に吹き込んで積もるので雪道が区別できなくなることをいった。

吹雪倒れ　フキダオレ
秋田県、山形県、新潟県において、吹雪のために凍死することや雪中での遭難をいった。吹雪倒《ふーきだお》れ、吹雪《ふき》どり遭《あ》いともいった。

吹雪出し　フキダシ
→フブキダシ

吹き溜まり　フキダマリ
秋田県においては吹雪によって雪が吹き込んでいっぱいにつまることをいった。

吹雪だれ　フキダレ
新潟県などの積雪地帯では吹雪に遭って凍死してしまうこと。吹雪《ふき》どーれ、吹雪《ふき》だれに遭う、吹雪《ふき》どーれに遭うなどともいう。

吹雪どーれ　フキドーレ

新潟県で、吹雪で倒れて凍死することをいった。

吹雪どり　フギドリ

秋田県、新潟県では吹雪の中で凍死することを吹雪《ふぎ》どりといった。山形県では冷たい吹雪で雪まみれになることをいった。

吹雪ばっこ　フギバッコ

秋田県においてヒュウヒュウと鳴る吹雪の音のことを吹雪ばっこといった。雨戸や軒先の隙間から風のみが洩れ入る音を風ばっこといった。

吹花　フキバナ

秋田県では吹雪のことを吹花《ふきばな》といった。

ふきり　フキリ

秋田県において、雪庇《せっぴ》の切れている部分をふきりといった。↓フカゲ

吹雪倒れ　フクダオレ

新潟県では吹雪で倒れて凍死することをいった。

覆面　フクメン

日本海から吹きあげる風雪を防ぐ目的として、新潟県、山形県、秋田県、青森県には覆面の被り物が伝承されていた。これは防寒、防雪、日除け、防虫、防砂塵、防汗、防葉の用途もあった。秋田短期大学名誉教授だった守屋磐村《いわむら》（一八九三―一九九〇）の『覆面考料』（源流社・一九七四）によると次のようになる。覆面の被り物は大きく分けると以下の三種類に分けられる。①幅広い布そのものを利用した帯状の帯式、②風呂敷状の正方形の布から作り出した風呂敷式、③被り物として頭の形状に合わせて袋形にした頭巾式である。

帯式の帯とは、タナ、タンナとも称して、その意味は細長い布、日本手拭、鉢巻帯、下帯（ふんどし）であった。種類としては、ハンコタンナ、ハナガオ、タナ、ヒロタナ、ナガテヌゲがあった。ハンコタンナは山形県庄内《しょうない》地方の早乙女たちが被っていた。最初、山形県から秋田県に広まったハンコタンナには留具と

覆面の類型（守屋磐村『覆面考料』より作成）

帯式	ハンコタンナ（文銭付）	山形県庄内地方、秋田県由利地方
	ハナガオ（文銭無）	秋田県由利本荘市、にかほ市
	タナ	秋田県由利本荘市
	ヒロタナ	秋田県由利地方子吉川下流
	ナガテヌゲ	秋田県秋田市、大仙市、仙北市
風呂敷式	フロシキ	青森県、秋田県、山形県、北海道渡島半島
	フロシキボッチ	新潟県
頭巾式	ドモコモ（オカブリ、ボシ、マルボシ）	新潟県村上市、山形県
	カガボシ	山形県庄内地方
	サンカクボシ（サンカク）	新潟県村上市
	サントク	秋田県由利地方子吉川上流

しての一文銭が付いていたが、しだいに一文銭は秋田県のものには付かなくなった。秋田県ではハンコタンナをハナガオ（花顔）ともいったし、フクベ、フクメン、ハナフクベ、フクベタナなどとも呼んでいた。山形県と秋田県を代表する覆面である。タナはタナ被りのことで、江戸時代から亀田藩（岩城氏二万石）で用いられた。そして、ヒロタナ被りはヒロタナとハナガオの組み合わせであり、子吉《こよし》川沿岸で用いられた。語源のヒロとは長さを表現する一尋《ひろ》＝六尺（一・八メートル）のことであり、幅広にして用いられるからともいわれた。被り方はハンコタナ、ハナガオと同じように、日本手拭の代わりにヒロタナを被り、そのうえからハンコタナで押さえるように巻き付ける方式である。ナガテヌグイは秋田藩（佐竹氏二十万石）全域の被り物として着用された。通称「ナガテヌゲ」ともいった。北前船が秋田の土崎港《つちざきみなと》に渡来伝播させ、それが雄物《おもの》川を溯って流布し、仲仕《なかし》の女人夫《おんなにんぷ》が手拭状に被って、その余分を肩当てとした。これに刺子《さしこ》を施せば実用性と美意識が増加し、顔が美しく写し出された。ナガテヌグイの柄は若向きには山路、年輩向きには馬の足形の絞り染めにした。

風呂敷式の風呂敷とは、本来は物を包んで持ち運ぶための四角い布のことである。被り物としての風呂敷はこの四角い布の右上と左下の先端に対になるように紐を付けたものである。この真四角な布を角違いに三角に折って被った。名称は新潟県のフロシキボッチ、フロシキ、山形県のサンカク、サンカクボシ、秋田県のサンカク、フクメン、岩手県のフロシキ、シハン、石川県のシハン、シアン、青森県のホッカブリ、北海道のフロシキカムリなど様々であった。

頭巾《ずきん》式の頭巾とは、頭に被る袋形の布であり、目以外の顔を覆うようにしたものである。また、頭巾は頭に被って防雪、防寒、防暑の帽子であった。種類としては、新潟県、山形県、秋田県、福島県のドモコモ。岩手県、宮城県、秋田県、山形県のテナガボッチ。山形県のカガボシ、秋田県のサントクなどがあった。ドモコモは、国学者・喜多村信節《きたむらのぶよ》（一七八三―一八五六）の『嬉遊笑覧《きゆうしょうらん》』（一八三〇）によれば、トモコモ頭巾といわれ、大府江戸で流行した。オカブリ、ボシ、マルボシといわれ、ボシとは烏帽子《えぼし》の略語である。テナガボッチの覆面頭巾は中央部を頭とすると、両端は手となる。それが著しく長いので、手長《てなが》ボッチということになったのではないかという。カガボシは山形県庄内地方独特の被り物で裏付きの防寒用もあった。サントクはサントクボッチとも呼ばれた。語源は日除け（防日）、虫除け（防虫）、汗除け（防汗）の三つの徳から三徳＝サントクといわれた頭巾である。

衾雪　フスマユキ

物を厚く覆い包んだ様相を衾雪といった。

ふっかけ　フッカケ[1]

新潟県南魚沼《みなみうおぬま》市や十日町《とおかまち》市では雪庇《せっぴ》のことをふっかけといった。まぶ、かぶりともいった。山では稜線に張り出し、雪崩《なだれ》の原因となる。家屋や大きい施設では屋根雪崩になるので危険である。↓ヤネナダレ

ふっかけ　フッカケ[2]

福島県会津地方や群馬県水上《みなかみ》町（現みなかみ町）では雪楯《ゆきたて》のことをふっかけといった。ふっかけは山の尾根や峰などに吹き溜めてできた楯のような雪である。それが暖かくなると山の地肌を削り落ちて大きな雪崩《なだれ》になった。↓セッピ

吹越　フッコシ

北関東の上州では背梁《せきりょう》山脈を越えて、晴天の日に雪片が飛来することがある。これを地元では吹越と呼んでいる。風花《かざばな》である。↓カザバナ

ふっちゃらい　フッチャライ

山形県で雪原のことをいった。ふっちゃらすともいう。

ふどわら　フドワラ

山形県で雪原のことをいった。

吹雪　フブキ

古くは「雪吹」と書いた。雪粒子が風によって空中を舞う現象を吹雪という。吹雪は吹《ふ》き溜《だ》まりや雪庇《せっぴ》を形成すると同時に視程悪化で交通障害、雪崩発生原因ともなる。

吹雪倒れ　フブキダオレ

北海道・東北・北陸において、吹雪の中で行き倒れることをいう。毎年同じ場所において吹雪倒れが出た。↓ユキダオレ

吹雪だし　フブキダシ

石川県白山《はくさん》市において、吹雪によって尾根の風下側に張り出した雪庇《せっぴ》のことをいう。吹雪出《ふきだ》し、ふぶきだしと

もいった。

吹雪溜まり　フブキダマリ

吹雪の際の強風の風向き具合で積雪の多少が極端になる。石川県白山市《はくさん》ではこの折の吹き溜《ふだ》まりのことを吹雪溜まりといった。

吹雪月　フブキツキ

陰暦五月の異称。

踏み俵　フミダラ

青森県では雪踏み用の俵型の藁沓《わらぐつ》のことをいった。ふんだら、ふだらともいう。踏み俵という名称の踏みは、雪を踏んで道をつけることを意味し、俵はその形状に由来した。径四十五センチメートル、高さ六十センチメートルぐらいの、俵を小さくしたようなものである。底に藁沓を編んで置き、足先が引っ掛かるようにしてあり、その周囲を俵状に編んで円筒型にしたものであった。踏み俵の前方の真ん中部分には縄が付けられており、それを手で持って足を上げ下げして歩きやすいようにして踏み進んだ。秋田県羽後《うご》町では、たらくつともいった。冬期間は一晩に一メートルも雪が降るので、隣の家や物置小屋に行くこともできなかった。踏み俵で道を踏み固めて屋敷境や道路整備を丁寧にする時には二回、三回と往復して固めた。

踏み文字　フミモジ

雪原を踏み固めて文字や絵を描く雪中遊戯のことを、新潟県では踏み文字といった。

冬囲い　フユガコイ

ひと冬に三メートル以上の積雪がある新潟県の豪雪地帯では、雪の重圧から家を守るために冬囲いをした。家の周囲には屋根から下ろした雪が積まれるので、土壁、出入口、窓などを保護するために厚い木の板が必要であった。家全体を守るための厚い板は長さ一間（約百八十センチメートル）、幅一尺（約三十センチメートル）、厚さ一寸（約三センチメートル）ぐらいの板で、家を囲む方式を用いた。戸の外側に作られた桟や溝に落とし込む方法で、落とし板、羽目板《はめいた》を下から上まで隙間なく嵌め込んでいた。出入口には雪棚《ゆきだな》と呼ぶ仮の屋根を作り、雪が戸内に直接入り込まないようにした。さらに入口には茅《かや》で編んだ雪だれという簾《すだれ》を立てかけた。

冬雷　フユガンナリ

↓ユキオロシ3)

冬の雨　フユノアメ

冬に降り凍えるような雨のこと。気温が低下するので霙《みぞれ》から雪になるような雨のこと。松尾芭蕉は「おもしろや雪にやならん冬の雨」と詠んだ。

冬の都市　フユノトシ

世界の冬の都市とは、冬の都市市長会に参加する都市のことである。世界の冬の都市市長会とは昭和五十六年に札幌市において、北方都市会議が開催された時にできた。今井啓二「快適な北方都市の創造へ世界冬の都市市長会」（『水の文化』45号・ミツカン文化センター・二〇一三）によると、当時の札幌市長だった板垣武四

（一九一六―一九九三）が提唱して生まれた「冬の都市」ネットワークである。「冬は資源であり、財産である」というスローガンを掲げて世界の北方都市が快適な都市空間の創造を目指している。気候と風土が似ていて、雪で繋がっているというユニークなネットワークである。昭和五十七年に第一回会議を札幌市において開催した。平成二十八年の第十七回会議も札幌で開催した。冬の都市の定義は積雪基準と寒冷基準の二つがある。積雪基準は一年間のうちに積雪量の最大値が二十センチメートル（八インチ）以上になること。寒冷基準は一年間のうちで最寒月の平均気温が摂氏〇度（華氏三十二度）以下であること。平成二十八年三月現在で、アメリカのアンカレッジ、エストニアのヴィームシ、カナダのエドモントンとウィニペグ、ノルウェーのトロムソ、フィンランドのロヴァニエミ、モンゴルのウランバートル、ロシアのマガダンとノボシビルムス、中国の長《ちょう》春《しゅん》、ハルビン、ジャムス、吉林《きつりん》、鶏西《けいせい》、チチハル、瀋陽《しんよう》、韓国の華川《ファチョン》、太白《テベク》、麟蹄《インジェ》、日本の札幌と松本の十か国二十一都市が加盟している。

鰤おこし　ブリオコシ

初冬期に鰤の定置網漁が始まる。十二月、一月の北陸地方は鰤漁の最盛期に当たる。この頃に鳴る雷を鰤おこしと呼んだ。鰤は寒流に乗って接岸する回遊魚である。雪おこしなどともいった。風土が生んだことばである。

ふりきり　フリキリ

山形県で吹雪のことをいった。

降り暮らす　フリクラス

雪が朝から夕方まで一日中降り続くこと。屋外の仕事は雪が降ると作業はできないので一日中家の中で過ごすことになる。旅先での雪は通行止めになって宿で待つようになる。この状態を降り籠《こ》められるという。雨の時にもいう。

降りくらむ　フリクラム

雲から雪が降り出して周辺が暗くなること。

降りしらむ　フリシラム

雪が降っていながら辺りが明るくなること。

降り物　フリモノ

俳諧や連歌《れんが》において雨、雪、霰《あられ》、霙《みぞれ》、雹《ひょう》などの天から降ってくるものを総称して降り物といった。

ふわりふわり　フワリフワリ

雪がきわめて軽く漂うように降っている様子をいう。

踏ん込み　フンゴミ

着用形態はズボンのような、モンペのようなもので、ダブダブのものを踏ん込みといった。ふくらはぎのところの細いものを雪袴《ゆきばかま》といった。踏ん込みは着物の上に履いて男も着用した。

平成十八年豪雪　ヘイセイジュウハチネンゴウセツ
平成十七年（二〇〇五）十二月から平成十八年（二〇〇六）一月にかけて、北海道・東北・北陸から四国・九州まで、全国的に大きな被害をもたらした豪雪。気象庁は38豪雪に次ぐ戦後二番目の豪雪とした。被害は雪崩《なだれ》、交通遮断、大規模停電の多岐にわたった。死者百五十二人にのぼり、新潟県と長野県には災害救助法が適用された。

牛木橇　ベコギソリ
牛木橇は二本の橇爪と湾曲した一対の自然木を加工した角《つの》部分を組み立てて作った。秋田県平鹿《ひらか》地方では、この角部分が牛の角に似ているところからその名前が付けられた。橇を縄で縛って組み立てることを平鹿地方ではつめるといい、由利地方ではつむぐと呼んでいた。人が曳《ひ》いて堆肥《たいひ》を運搬するには合理的な構造であった。V字型になった角に竹で編んだ橇皮を敷き、これに堆肥を山盛りに積み上げた。牛木橇は薪、柴、米俵を運ぶにも簡便で重宝された。牛木橇は夏期の保管場所の都合で、使い終われば分解することになっていた。

べた雪　ベタイキ
石川県白山《はくさん》市では、握ると雪玉になり、水分が表面にしみ出るほど水を含んだ湿った新雪をべた雪《いき》といった。

べた雪　ベタユキ
新潟県津南《つなん》町や刈羽《かりわ》村ではベタベタとした湿った雪のことをべた雪といった。十日町《とおかまち》市ではみずゆき、みずっぽいゆきともいった。富山県砺波《となみ》地方ではべた雪とは霙《みぞれ》よりも雪に近い降り方をいった。

へどろ　ヘドロ

へどろとは、秋田県では冬に使用する藁沓《わらぐつ》、沓《くつ》と同様に、雪のない時の藁《わら》製サンダル、またはスリッパ状の突っかけ式藁沓《わらぐつ》のことをいう。へどろの先端に爪皮《つまかわ》はあるが労働用には向いていない。秋田大学名誉教授北条忠雄によれば、「ヘドロはもと浅らかに（薄く＝筆者注）降ったような雪をさす語でその上を履くのでヘドログツ↓ヘドロとなったのかも知れない」（「雪にちなむ秋田方言」『雪國民俗』二集・秋田経済大学雪国民俗研究所・一九六四）という。大人用と子ども用があり、中に足指を挟む鼻緒があった。大人用は婦人の履物の観があった。へどろは草履《ぞうり》編みと胡座《あぐら》編みの二種類がある。胡座編みは多少弱いが、濡れた場合には乾きが早いといわれていた。新潟県においてはこれをジンベ、ジンベゾーリといい、後ろに紐があったので踵に掛けるとバックバンドとなってしっかりと足に固定されていた。

べんじゃ　ベンジャ

下駄の底の歯を取って鉄がねを付けてスケート状の履物にしたものを津軽地方ではべんじゃといった。↓ゲタスケート

べんどう道　ベンドウミヅ

山形県最上《もがみ》地方や小国《おぐに》町においては雪で中央が馬の背のように盛り上がった道のことをべんどう道《みづ》といった。

防雪　ボウセツ

雪からの被害を防ぐこと。

防雪林　ボウセツリン
吹雪、吹き溜まり、雪崩《なだれ》などから防ぐために鉄道線路、道路、耕地に沿って設けられる森林のこと。

ほうどう　ホウドウ
山形県での雪原のことをいった。ほうどわらともいう。

ほうば　ホウバ
石川県で雪原のことをいった。ほうちゃ、ほう野《や》ともいう。

ほうば漕ぎ　ホウバコギ
石川県白山《はくさん》市では新雪の際の雪原をほうばと呼び、この雪原での雪中遊戯をほうば漕ぎといった。よく雪合戦最中に逃げ場を求めて新雪原のほうばにやって来た。そうすると逃げる子どもと追いかける子どもとが雪原の中で走っているのか、転がっているのかがわからない状態になってしまった。これがほうば漕ぎ、ほーば漕ぎの醍醐味であった。

暴風雪　ボウフウセツ
激しい風を伴う雪のこと。

ほう野　ホウヤ
石川県白山麓《はくさん》においては雪一色の原野をほう野といった。ほうちゃともいう。

ほーとー雪　ホートーユキ

新潟県十日町市《とおかまち》や津南町《つなん》では、雪粒のごく細かな乾いた雪をほーとー雪といった。気温が低い時に降り、握っても固まらないサラサラした雪である。ぼか雪、ぼかいき、ほーたいき、ぼーたいき、ほーたいゆき、ほーたゆき、ほーていき、ほーとーいきともいった。

ほーのま　ホーノマ

富山県上市町《かみいち》では表層雪崩《なだれ》のことをほーのまといった。柔らかい新雪が、固まった古い積雪上を滑落する現象で、三月から四月にかけて多発した。

ほおば　ホオバ

石川県で新雪のことをいった。

ほーら　ホーラ

新潟県湯沢町《ゆざわ》や長岡市《ながおか》における乾雪表層雪崩《なだれ》のこと。ほうら、おーらともいった。

ほーろー　ホーロー

新潟県湯沢町《ゆざわ》では湿った雪が降り止むと樹木にも多く積もり、雪が落下した。これが傾斜面を転がり落ちていくと、拡大して力を増してほーろーという雪崩《なだれ》となる。↓ホーラ

ぼかぼか　ボカボカ

雪が盛んに降っている様子。

ぼか雪　ボカユキ

↓ホートーユキ

『北越雪譜』　ホクエツセップ

江戸時代後期に新潟県塩沢町《しおざわ》（現南魚沼市《みなみうおぬま》）生まれの鈴木牧之（一七七〇―一八四二）が著した生活、産業、文化、習俗、伝説などを詳細に記録した江戸期の雪国百科全書の文献をいった。初編三巻は天保八年（一八三七）に、二編四巻は天保十二年（一八四一）に刊行された。

ぼこぼこ　ボコボコ

雪が勢いよく降っている様子。

ほだ　ホダ

山形県での新雪のことをいった。ほでともいう。雪原のことをさす場合がある。

ぼだ　ボダ

秋田県において雪塊が落下する音から出た名称である。じども雪塊の落ちる音から出た言葉である。↓ジド

ぼた雪　ボタエキ

新潟県南魚沼市《みなみうおぬま》で春先に降る湿った雪片をぼた雪といった。降ってもあまり積もらない。

ぼたぼた　ボタボタ

→ボタリボタリ

ぼたぼた雪　ボタボタユキ

富山県上市《かみいち》町では寒中に水分の多い花弁のような大きな雪、ぼたぼた雪が降った。スコップには付着しないものであった。秋田県においてはぼたぼた降る意味の雪をいった。

ほだやぶ　ホダヤブ

→ホダワラ

ほだ雪　ホダユキ

山形県での雪原のことをいった。ほだ、ほで、ほでやら、ほどやら、ほどわら、ほつでわらともいう。

ぼた雪　ボダユキ[1]

新潟県において、寒中に本格的に積もる雪のこと。

ぼだ雪　ボダユキ[2]

秋田県では大きな雪片が牡丹《ぼたん》の花弁のようにぼだぼだと降る雪をぼだ雪といった。山形県でもそういった。

ぼたりぼたり　ボタリボタリ

湿気のある大粒の雪が降る様子をいった。

ほだわら　ホダワラ

新潟県での雪原のこと、深く降り積もったままの雪のこと。ほだやご、ほだやぶ、ほたわら、ほだわら、ほーてやぶともいう。

牡丹雪　ボタンユキ

新潟県では春先に大きな粒の結晶でフワッと舞い落ちて消えてしまうような雪のことを牡丹雪といった。綿雪《わたゆき》ともいう。

ぼっこ　ボッコ

秋田県教育委員会編『秋田のことば』（無明舎出版・二〇〇〇）によれば、秋田県では冬の降雪時に下駄の歯やスケートの滑走面に付着する雪をぼっこといった。固有性がある呼び方は二十三とおりあった。①ぼっこ、ぼろっこ、ごろっこ、でんごろ、がっぱは南秋田・仙北・平鹿《ひらか》・雄勝《おがち》・由利《ゆり》地方。②ごっぱ、ごっこは山本・南秋田・河辺《かわべ》地方。③こぶ、こんぼ、もっこは鹿角《かづの》・北秋田地方。④ごっぽ、ごっぷ、ごっぷり、ごろ、がっかもか、がっかまっかは山本地方のみ。⑤こごり、ゆきこごり、ばっこ、べあっこ、だっぽ、ごんこ、がっぽは南秋田地方のみ。下駄についた雪は歩行を妨げる。転んで怪我のもとにもなる。付着した雪の状態を視覚、触覚など聴覚以外の感覚印象を言語表現した擬態語は雪国ならではの固有文化である。政治の世界でも指導者に黙って従う人のことを「下駄の雪」と揶揄することがある。

ほで　ホデ1)
山形県で、新雪のことをいった。
ほで　ホデ2)
山形県や新潟県で、雪原のことをいった。↓ホダワラ
ほでわら　ホデワラ
山形県や新潟県で、雪原のことをいった。
ほどけた雪　ホドケタユキ
山形県で、湿雪のことをいった。
ほどけ雪　ホドケユキ
山形県で、雪が融ける状態になることを意味した。
ほとほと　ホトホト
↓ホドロホドロ
ほどほど　ホドホド
↓ホドロホドロ
ほどろほどろ　ホドロホドロ

淡雪《あわゆき》が降る様子をあらわした。ほとほと、ほどほどともいう。

ぼろ　ボロ

富山県上市町《かみいち》では雑木の枝から転び落ちた少量の雪をぼろといった。新雪を刺激して表層雪崩《なだれ》を誘発することさえあった。

ホワイトアウト　ホワイトアウト

屋外において雪や霧で純白の白一色になった状態をいう。前後左右が真白になり、天地の区別がつかなくなってしまう。視界が効かなくなり、方向感覚に支障をきたす恐れがある。原因は吹雪や地吹雪による雪の乱舞、集中大雪による視界遮断と白色反射などがある。

ほわら　ホワラ

福島県や群馬県でいう表層雪崩《なだれ》のことをいった。雪の表面に新雪が降りそれが雪崩となって表面を滑ってきた。音もなく一番危険な雪崩といわれている。福島県では雪崩のことをふっかけともいう。

【ま行】

まえまこ雪　マエマコエキ

富山県富山市では雪が右左から吹き付けてくる。さらに上からだけでなく、降り積もった雪も舞い上がるようになる。この乱舞のように降る雪を舞うように舞うといったことから、それが転訛してまえまこ雪となったという。

巻雪　マキユキ

山形県最上《もがみ》地方においては地吹雪のことを巻雪といった。地面に降り積もった雪が風によって舞い上げられた。

マタギかんじき　マタギカンジキ

前輪が広く、後輪が狭い形状をしており、山を下る構造となっている輪かんじきである。複輪型で強靭で丈夫な框《かまち》と牛の皮の乗緒《のりお》で構成された中型のかんじきであった。歩行用、登降用としてよくその性能を発揮した。その特徴として、頑丈な滑り止めとして使用される長さ十センチメートルくらいの爪があった。爪かんじきは秋田マタギの発明と伝えられていた。新潟県、岩手県、福島県、長野県ではこの型のかんじきを秋田マタギから習得したと伝えられている。秋田マタギが雪山で履くものであった。ゆえに、秋田かんじきともいった。

→アキタカンジキ、ワカンジキ

斑雪　マダライキ

→ハダレユキ

沫雪　マッセツ

まだら雪、まばら雪、はだれ雪。雪がところどころはだらに残っていること。

松の雪　マツノユキ

高知市には、松に降り積もった雪を表現した松の雪という和菓子がある。

まどぶち　マドブチ

まどぶちとは、新潟県の冬期間における子どもたちの雪中遊戯の一つであった。立てておいた木鋤《こすき》を的として雪玉を投げ当てて競い合う遊びである。

まぶ　マブ

秋田県と山形県では雪庇《せっぴ》のことをまぶといった。まぶさともいった。

まぶさ　マブサ

↓マブ

ママダンプ　ママダンプ

↓スノーダンプ、ユキウマ

まめから道　マメカラミチ

山形県最上《もがみ》地方や小国《おぐに》町においては雪で片側が高く傾いている道をまめから道《みち》といった。

豆沓　マメグツ

福井県において冬期間は豆沓というものを履いた。足袋《たび》の上に装着するもので、さらに普通の草鞋《わらじ》を履いて紐で締めた。豆沓は藁《わら》を撚《よ》らずに直径〇・八センチメートルぐらいの大きさにして、指の股をつくりながら前半分の木型を入れて斜めに編んで作った。豆沓の甲掛けは雪草鞋よりも保温性があった。この藁沓は遠くに出る時に履いたものであった。

豆の粉吹き　マメノコナブキ

秋田県では粉末状で不透明色な雪の吹雪を豆の粉吹きといった。

迷い道　マヨイミチ

新潟県では冬に雪が積もると、子どもたちは雪原を踏み固めて迷い道という迷路を作った。そして、そこで鬼ごっこや追いかけっこをしたという。雪中遊戯の一種であった。

マント　マント

マントは江戸時代後期に軍隊用として取り入れられた袖無しのフード付きの厚手の外套着である。羅紗《ラシャ》生地がたいそう重いものである。男もので大正時代には大いに流行し、一世を風靡した。雪中外出用の防寒防雪の衣料であり、よそ行き着である。毛布ことブランケットを略したケットとも呼ばれた。マントと同時期に愛用されたインバネスはスコットランド北部の地名から名づけられたが、ケープの付いた男牲用のダブルの袖無し外套である。男性用の和服用コートとして用いられた。トンビや二重廻しなどともいわれた。現在では大相撲の幕下以上の力士が着用できるという。

万年雪　マンネンユキ
高山では万年雪の下方の限界線を雪線《せっせん》といい、雪線以上の場所に年々降り積もる雪が、その重みによる圧縮などの原因により、性質が変化してしだいに粒状構造の氷塊になったものである。北海道の大雪山《たいせつさん》、山形県の月山《がっさん》、飯豊山《いいでさん》、鳥海山《ちょうかいさん》、群馬県の谷川岳《たにがわだけ》、静岡県の富士山《ふじさん》、富山県の立山《たてやま》、石川県の白山《はくさん》、鳥取県の大山《だいせん》には万年雪がある。山地の深雪は五月になっても雪が融けない。

水雪　ミズイキ
石川県白山市《はくさんし》では、手で握ると水が浸み出して滴り落ちるほどの水分が多い雪を水雪といった。

水た雪　ミズタユキ
富山県富山市から黒部市《くろべし》にかけて降る雨とも雪とも区別がつかないもの。「水と雪」がなまって水た雪と呼ばれている水雪《みずゆき》のこと。霙《みぞれ》のことであるが、霙は比較的新しい言葉であり、水た雪、水雪の方が的確に表現しているという。

水っぽい雪　ミズッポイユキ
新潟県では霙《みぞれ》や水雪《みずゆき》を水っぽい雪といった。

水べた雪　ミズベタユキ
水雪《みずゆき》の中で水分の含水量が多いものを水べた雪といった。これは融解が進み含水率がひじょうに高い雪のことで、俗にシャーベット状の雪ともいう。シャーベット状の雪とはジャムやスラッシュとほぼ同義である。

水雪　ミズユキ
新潟県、香川県、広島県、熊本県、大分県では霙《みぞれ》のことを水雪といった。水分を含んだ霙はまさに水雪である。特に水を含んだ量が多いシャーベット状態の雪を水べた雪といった。↓ベタユキ

みずれ　ミズレ
山形県において雨雪のこと。

水わかせ　ミズワカセ
秋田県における寒過ぎの水っぽい雪崩《なだれ》のこと。

みぞ　ミゾ
表面の雪が融けて水雪《みずゆき》状になったものが雪崩《なだ》れ落ちることをみぞといった。新潟県津南《つなん》町や湯沢《ゆざわ》町での表層雪崩《なだれ》の一つである。

みそて　ミソテ
↓ミゾテユキ

みそて雪　ミソテユキ
↓ミゾテユキ

みぞて雪　ミゾテユキ

新潟県十日町《とおかまち》市や上越《じょうえつ》市では雨と雪が混じった雪のことをいう。みそて、みそて雪ともいう。

みぞるる　ミゾルル

雨と雪が混じって降ること。霙《みぞれ》が降る、そしてみぞれるから転訛した。降ってくる雪が地表付近の暖かい空気に触れて一部が融けてしまって降る現象である。

霙　ミゾレ

地表に近いところの気温が高い時は、雪片の一部が途中で融けて急激に落ちて来るが、そのような雨と雪とが同時に降る現象をいう。初雪や終雪のころに多い。みぞるると動詞としても使われる。雪雑《まじ》り、雪交ぜ、雨まじり、融けかけた雪などといい、「雨氷」「三曾礼」と書いてみぞれと読ませていた。

道こぎ　ミチコギ

新潟県では雪の道路に道を作るために道踏《みちふみ》をする人のことを道こぎといった。石川県白山《はくさん》市では新雪が多量に降った直後に、最初につけられた雪道のことを新道《あらみち》といった。白山市では新雪が一メートルを超え新道を踏まなければならなくなった時、その最先頭に立つ人を先道《さきみち》といった。そして先導をすることを先道するといった。青森県では雪が降るとけんど（道路）つけをした。除雪することがなく、踏み固めるだけであった。家の玄関にある踏み俵《だわら》を履いて表通りまで踏み固めていく。けどつけといって毎朝これを行なった。

道標　ミチシルベ

冬になると新潟県、山形県、秋田県では家も田んぼもすべて雪に覆われる。そこで覆われた道に竹竿を立てて道標としておいた。道行く人に道の広さを表わして、警告をしたものである。

道つけ番　ミチツケバン

新潟県では雪の朝の道踏《みちふみ》や道つけのことを道つけ番といった。あらかじめ、当該地域によって人数が決められていた。道つけ番の役務を終えた者が道踏帳という作業記録簿に日付、実施者、積雪状態、特記事項を記入して次の当番に渡したという。

道踏　ミチフミ

新潟県の豪雪地帯では一昼夜の降雪が一メートルを超えることも珍しくなかった。昭和三十九年（一九六四）、東京オリンピック直後からモータリゼーションが進んでいった。それ以前は除雪という考えがなかったので、この雪を朝方から踏み固めた。人が歩いてもぬからないようにするのが道踏であった。道つけともいった。道踏は必ずかんじきを使った。大量の降雪の時は、大型のすかりという大きい輪かんじきを使用した。すかりは楕円形で直径八十センチメートルぐらいのものであった。各家から一人が道踏専用の道踏かんじきを履き、デサキと呼ぶ自分の玄関先から隣家の境界まで、あるいは道路に通ずるところまでの範囲を往復して積雪を踏み固めた。雪降りが続けば、再度夕方に、また道踏をしなければならない。これを夜《よ》い道踏《ちふみ》といった。道踏は普段は一戸から男女を問わずに一人出ればよかった。しかし、降雪の状態が激しくなると、男性に限定された。これを男《おっこ》懸《が》けといった。新潟県魚沼《うおぬま》地方では隣接する集落まで道踏を合力《ごうりき》仕事としていた。これは輪番《りんばん》の村人足の作業であり、道踏による合力は道踏合力といい、輪番を合力番と呼んだ。栃木県栗山《くりやま》村（現日光《にっこう》市）では足舞《あしんまい》といって、積雪地帯の集落間の雪掻《か》き作業は各戸から必ず一人が出た。これは義務と義理があるという。栃木県黒磯市《くろいそ》（現那須塩原市《なすしおばら》）では集落間の雪掻き作業は必ず各戸から一人出役することになっていた。朋輩役《ほうばいやく》といった。これを義務《ぎむ》と称した。新潟県でも義務手間《ぎむてま》や公力《こーりき》といって無報酬が原則だった。そして集落内の公の役務の順番や当番を公力番《こーりきばん》といった。

道踏人足　ミチフミニンソク

山形県では積雪があった朝は集落総出で道踏をした。隣接する集落まで、朝早く道を踏んだ。こうして雪を踏み固めて往復通行して道を拵《こしら》えた。道踏人足とは道踏をした人々のことをいった。

道踏の札　ミチフミノフダ

富山県五箇山《ごかやま》（現南砺市《なんと》）は積雪地帯であった。村と村との間の道を交代で道踏をするのが慣行であった。一日当番で道を踏むと次の家へ回した。村の社会生活の中で除雪作業が規律によって処理されていたのがこの各家交代で、村仕事をする場合の当番札であった。これを道踏の札といった。

道踏板　ミチフミバン

新潟県の積雪地帯では家の前の道は各家の道踏になるが、集落間の道や神社などの公共施設までの道は、集落の道踏当番の仕事となった。道踏は二、三人一組になっており、その順番を忘れないようにするために道踏板を使用した。道踏板には世帯主の氏名が列記されており、道踏当番が終わると、すぐに次の人に渡した。降雪がない日が続く時は道踏板は当番の家から動かなかった。これは道踏当番に当たっていることが続いていることを物語っていた。

みちぼんぼん　ミチボンボン

新潟県では陣取り雪中遊戯の一つとしてみちぼんぼんがあった。雪原を踏み固めて渦巻状の道をつけて両端の二手に分かれた。合図とともに一人ずつ走り出し、出会った場所でジャンケンをした。勝った子どもは相手の陣に向かって進み、負けた側は次の子どもが走り出した。早く相手の陣に到着した方を勝ちとした。

密雪　ミッセツ

隙間がなく細かな雪のこと。

蓑　ミノ

蓑は藁《わら》製の雨具で、農作業、山仕事、漁業にも着用した。茅《かや》、菅《すげ》、藁、棕櫚《しゅろ》、笹《ささ》などの茎葉《けいよう》を編んで作った雨具であり、それが雪合羽《ゆきがっぱ》にもなった。全体的に軽く、幅もあり、両肩から全身を被うマント状のもので、裏面も網の目型に編まれており、袖の付いた蓑もあった。秋田県では蓑は枸杞《くこ》という山地に自生する細長い草を干したもので作った。藁、菅、マダの皮を材料とするものもあった。てんぐ蓑や藁蓑は雨雪両用であった。ひろろ蓑、ふろもち蓑、真蓑、うるかわ蓑は雨具であった。ぎご蓑やのめし蓑は荷物背負用であった。雪や雨を防ぐ用具に使われたが、けらのように労働用には作られていなかった。蓑のことをけだい、けんだい、けでいなどとも呼んだ。蓑は最初から雨具や防雪具の外套である。この蓑と似ているのが労働着のけらであり、荷物運び用のクッションとした。けらの他に荷物運びの労働着には背中当、背負子《しょいこ》、バンドリなどがあった。バンドリとは、動物の鼯鼠《むささび》のことであり、東北地方はじめ栃木県、新潟県、富山県、長野県、岐阜県、奈良県、和歌山県ではこういった。

蓑帽子　ミノボウシ

蓑帽子とは頭部から被って顔が出るように仕上げ、帽子から腰まで着用される被り物兼コートであった。藁《わら》や菅《すげ》を材料として頭部を半円球状に編み、後背部から腰まで編み込んだものであった。庇《ひさし》の部分は前に突き出して作った。藁帽子や菅帽子はサラサラした雪の降るところで使用された。それに対して茣蓙《ござ》帽子は湿った雪の降るところで使った。長野県下水内《しもみのち》郡では蓑帽子といって竹の皮で作るものもあったという。新潟県では蓑帽子、みのぶうしと呼んでおり、秋田県ではみのぼっちが通称であった。

蓑虫　ミノムシ

小さな氷が冬の朝に蓑やケラなどの藁《わら》製品に付着することがあるが、秋田県ではそれを蓑虫といった。藁製の被り物だった馬《うま》の面《つら》の先端に付着した。それを払うとハラハラと散り落ちる、その雪の細い粒の田園的な風流表現である。

蓑雪　ミノユキ

群馬県水上《みなかみ》町（現みなかみ町）では、初雪が山の下の裾野まで降った状態を蓑雪といった。山全体に蓑を着せて被せたようなことからそういわれた。そして、この年の大雪の兆しであるといわれた。

婿投げ　ムコナゲ

新潟県東《ひがし》頸城《くびき》郡松之山《まつのやま》町天水越《あまみずこし》集落（現十日町《とおかまち》市）には江戸時代から伝わる婿投げ習俗が伝承されていた。これは同集落から嫁を貰った婿が藪《やぶ》入りに初泊りに来ると必ず行なわれた。それが本来は正月十七日に行なわれていた。現在は湯本《ゆもと》集落（現十日町市）が引き継ぎ一月十五日の午前中に行なわれるようになった。これが越後の奇習としての婿投げとして有名になった。毎年一月十五日、松之山温泉街の奥にある薬師堂で行なわれている。前年に松之山町から嫁を貰った婿を招き、松之山町の若者たちが背負って温泉薬師堂に行き、その婿を「一、二、三」の掛け声とともに、五メートル崖下の雪の上に投げ落とした。これは略奪結婚の名残といわれ、松之山町の若者の腹いせが形式を変えたものといわれている。婿投げが終了すると、今度は広場で歳《とし》の神・どんど焼きが始まる。そして、無病息災を祈願して、参加者全員が「おめでとう」といいながらどんど焼きの炭と雪を混ぜ合わせて相互に塗り合った。婿投げは婿を腹いせに投げたのが習慣となり、通過儀礼に変容したものである。婿投げの発祥は江戸時代といわれており、炭塗りの方はそれ以前ともいわれている。最近は松之山町以外の人でも公募で参加できることになっている。その際には、婿は和服で参加することが多い。元々は婿投げ行事（正月十七日）と、「歳の神の炭塗り」といわれた炭塗り行事（正月十五日）は別々のものであった。同日同所で連続して行なわれることから一体のようになった。婿投げは結婚の祝福と夫婦の絆が固くなるようにとの願いから現在まで行なわれている。毎年、松之山町では前年十一月までに次回の婿投げ出場者を募集する。雪に因むものではないが、新潟県では南魚沼《みなみうおぬま》郡六日町《むいかまち》（現南魚沼市）に婿の胴上げが残っていた。これは上田庄坂戸城主（六日町周辺）であった長尾政景《ながおまさかげ》（一五二五頃―一五六四）が正月元日、八坂神社の春祭の夜に前年婿養子になった者を祝ったもので、祝福して神社本殿の天井に向かって胴上げをしてやったことから起こったものといわれていた。これは、その後、一月六日に「婿の胴上げ」の名前で行なわれている。

無雪　ムセツ

新潟県十日町《とおかまち》市や阿賀《あが》町では雪が無いことを無雪といった。

六の花　ムツノハナ

雪の結晶の形は六角状になることが多いので六の花といった。六華《りっか》、六花《りっか》ともいう。

霧氷　ムヒョウ

木や立ち枯れの草に付着した水滴が凍りついて、遠望すると一面に白い花が咲いたように見える。これは過冷却した雲や霧が風に送られて樹皮や立ち枯れた草にぶつかりあい、そこに凍りついて氷層を形成したものである。白色に見えるのは気泡を多く含んでいるためである。瞬間的に、朝日や夕日に輝く光景はひじょうに美しい。気象学上では成因により、樹霜《じゅそう》、樹氷《じゅひょう》、粗氷《そひょう》の三種類に分かれる。

むれ　ムレ

山形県においては雪庇《せっぴ》の下の空洞になっている箇所をむれといった。↓カブリ

室　ムロ

↓ユキムロ（コラム）

瞑雪　メイセツ
夜中に降る雪のこと。

目簾　メスダレ
積雪地帯の新潟県や秋田県では雪目《ゆきめ》の予防に目簾をした。古い蚊帳地《かやじ》の端布や目の粗い布片などを切って用いて、それに紐を付けて両耳に結び、額から垂らして眼を覆った。目の前面に垂らした簾で日差しと雪の反射光を防いだ。寛政《かんせい》十二年（一八〇〇）発行の『北越志』の挿絵にも描かれていた。目簾の前身は雪目覆いであり、後継のガラスレンズの雪眼鏡より実用的であった。岐阜県飛驒《ひだ》市では積雪地帯の屋外作業では直射日光から眼を保護するため笠の縁に黒色の薄い布を縫い付けたものを目簾としていた。岩手県雫石《しずくいし》町では馬の尾毛で編んだものがあった。↓ユキメガネ

もかもか　モカモカ
雪が盛んにたくさん降る様子。もこもこともいう。

もこもこ　モコモコ
↓モカモカ

餅雪　モチユキ
新潟県津南《つなん》町では積もっていた古い雪が圧縮されて堅く締まった雪の層を餅雪といった。締まった雪ともいう。
餅雪とはその圧雪状態を見立てていったものである。

もや　モヤ

新潟県での表層雪崩《なだれ》のことをいう。

もやいわえ　モヤイワエ

新潟県では降り続く雪が積もらないで流れ落ちてしまう表層雪崩《なだれ》をもやいわえといった。

もろ雪　モロユキ

秋田県において深い雪のことをもろ雪といった。深い雪をぬかりながら歩くことをもろ雪漕《こ》ぐといった。

【や行】

薬師の吹雪　ヤクシノフブキ

秋田県では旧暦十二月八日の吹雪を薬師の吹雪といった。

やなぜ　ヤナゼ

新潟県魚沼《うおぬま》地方では全層雪崩《なだれ》をやなぜといった。表層雪崩は、はや、はだれと呼んでいる。

屋根雪崩　ヤネナダレ

屋根に降り積もった雪が二階から一階の屋根、一階の屋根から軒下に落ちること。これを屋根雪崩といった。春の屋根雪崩は下に人がいると事故になる。春先は大きな建築物の軒下には近づかないよう注意が必要である。

屋根雪　ヤネユキ

秋田県では屋根に降雪した雪ではなく、かつて屋根に積もっていた雪で、それを下ろしたものを屋根雪といった。

やぶ　ヤブ

新潟県では積雪で人の踏みこんでいない雪の原のことをやぶという。未踏の雪の原を歩くことを十日町市《とおかまち》、津南町《つなんまち》、刈羽村、関川村《せきかわ》ではやぶわたり、やぶこぎ、やぶこぐ、やぶこざきといった。秋田県や山形県でも深雪《しんせつ》のことをやぶといった。もろ雪ともいう。↓モロユキ

やぶ渡り　ヤブワタリ

新潟県津南町《つなん》などでは、春になって積雪の表面が凍ってその上を渡っても足が沈まなかった。特に、人が踏み込んでいない雪原は雪が凍結して固くなっていた。その上を歩くことをやぶ渡りといった。未踏の雪原をやぶといった。やぶこぎ、やぶこぐ、やぶこざき、しみ渡りなどともいった。↓シミワタリ

やぶわら　ヤブワラ

山形県や新潟県での雪原のことをいった。やぶともいう。雪原を漕いで歩くことは、やぶこぎ、やぶこぐ、やぶこざきといった。

山かんじき　ヤマカンジキ

↓アキタカンジキ

山木鋤　ヤマグシキ
新潟県などの積雪地帯に分布した木製除雪用具であった。普通の木鋤《こすき》に近い形のもので、狩猟の際に携帯した。
↓シシトリコウスキ

山雪　ヤマユキ
冬に寒気が吹き出した時に、主に日本海側の山沿いから山岳地域で降る雪を山雪という。この時、日本の気圧配置は西高東低型になり、等圧線が南北に近い方向に延びる形となる。雪雲は日本海上で発達し、低気圧が日本上陸前より雪を降らせているが、日本列島の山岳に向って強い風が吹くために内陸や山岳地域では大雪となる。日本海側、北陸地方の冬の雪の降り方に山雪と里雪がある。山雪と里雪は季節風が相互にぶつかる東北地方の日本海側でいわれはじめた現象である。↓サトユキ

融雪　ユウセツ
雪が融けること。

融雪溝　ユウセツコウ
北海道・東北地方・北陸地方のように雪の多いところでは冬期間の流通・交通を確保することが大切である。特に都市部における道路上の積雪に対する除雪・排雪は、多大なる経費を必要とする。最少経費の除雪として採用されたのが融雪溝である。道路の側溝に温水を導入して路上の雪を融かす装置である。ただし急な豪雪では追いつかないし、極寒の地域では凍結してしまう欠点もある。

融雪洪水　ユウセツコウズイ

多雪地帯においては、春になると連日の雪解け水が川に流れ込み、流量がしだいに増加して、ついには氾濫を起こしてしまう。これが融雪洪水である。北陸地方と東北地方では三、四月に起こり、北海道では四、五月に起こる。

融雪屋根　ユウセツヤネ

新潟県津南《つなん》町や十日町《とおかまち》市において、家の屋根に降り積もった雪を家の中の暖房の余熱によって溶かす構造の屋根のこと。

夕霙　ユウミゾレ

夕方の霙のこと。夕方になり気温が下がると、昼間に降っていた雨が霙に変わる。夜になり、ますます気温が下がれば本格的な雪となる。

雪　ユキ

日本の紋章の一つ。雪の紋章は大きく分けて正六角形、雪輪形、六弁放射形がある。千鹿野茂『日本家紋総覧』（角川書店・一九九三）によれば、「雪」の他に次のようなものがある。雪輪《ゆきわ》、外《そと》雪輪、太外《ふとそと》雪輪、中陰雪菱《ちゅういんゆきびし》、平角《ひらかく》に雪、外雪輪に雪輪、子持ち雪輪、初雪、雪菱、吹雪、春の雪、春風《はるかぜ》雪、雪輪に春風雪、丸に春風雪、石《こく》持《も》ち地抜《じぬ》き春風雪、花形雪、山吹雪、曇り雪、山雪《やまゆき》、山谷《さんや》雪、矢雪《やゆき》、丸に矢雪、氷柱《つらら》雪、巌敷《いわし》き雪、雪に違い鷹の羽《は》、雪に裏桔梗《うらききょう》、雪に地抜き一文字、雪に十本扇《じっぽんおうぎ》の骨、雪に地抜き大文字《だいもんじ》、雪に枡《ます》、陰雪《かげゆき》に四《よ》つ目《め》、丸に雪の内《うち》に釘抜《くぎぬき》、外太雪輪に一《ひと》つ引《び》き、外雪輪に角持《かくも》ち、中陰雪菱に桔梗、中陰雪菱に花菱《はなびし》、中陰雪菱に五三《ごさん》桐《きり》、中陰雪菱に蔦《つた》、雪薺《ゆきなずな》、雪薄《ゆきすすき》、雪輪菱に橘《たちばな》など数多くの種類がある。

雪あかり　ユキアカリ

雪あかりは新潟県上越市の銘菓である。明かり役にたとえた梅餡と味噌餡がある。摺り蜜をすりつけた薄い煎餅で挟んだものである。

雪明かり　ユキアカリ

光を反射させて明るみを作ること。雪のために闇夜が明るくなったということである。

雪足　ユキアシ

茨城県、千葉県、東京都、静岡県、奈良県、香川県、大分県において竹馬のこと。

雪足駄　ユキアシダ

栃木県において竹馬のこと。↓ユキアシ

雪遊び　ユキアソビ

新潟県において、雪によって遊ぶこと。雪を用いて創意工夫をして遊ぶこと。

雪穴／雪洞　ユキアナ

新潟県などにおいて、雪中に避難用や露営用として雪を掘って造る横穴や竪穴のこと。スノーホールのこと。

雪穴掘り　ユキアナホリ
雪中遊戯の一つで、山形県では屋根の雪下ろしをした後に、下ろしたその雪を利用して雪山になったものに穴を掘って中に部屋を作り、筵《むしろ》や茣蓙《ござ》を敷いてカルタやトランプをして遊んだという。

雪雨　ユキアメ
霙《みぞれ》のこと。雪交じり雨。「雨雪」という表現もあり、雨雪と雪雨とを区別して使っている地方があるという。雨雪は秋も深まり雨に雪が混じって降ってくることをいった。冬に向かう心境である。それに対して、雪雨は冬から春になる時に降る雪に雨が混じることを呼んだ。こちらは春を待つ期待が表現されている。

雪嵐　ユキアラシ
吹雪に同じこと。→フブキ

雪争い　ユキアラソイ
→ユキゲンカ

雪荒　ユキアレ
長野県において吹雪のこと。

雪安居　ユキアンゴ
冬期間の降雪時の安居のこと。冬安居のこと。冬安居とは僧が陰暦十月十六日から翌年正月十五日まで遊行《ゆぎょう》に出ないで一か所で修行すること。

雪塩梅　ユキアンバイ

新潟県阿賀《あが》町において積雪の状況を雪塩梅といった。

雪筏　ユキイカダ

茨城県においてマンボウの肉が雪のように白いところから付いた名前のこと。

雪石　ユキイシ

栃木県において色がひじょうに白い長い石をいった。

雪板　ユキイタ

一枚の板で、それを雪の上で滑るので雪板といわれている。サーフボードと類似し、雪上を滑るための遊具である。形状はスノーボードの原型ともいわれるが、違いは留め具であるバインディングも、滑走面のへりのエッジもない簡単な板である。輪状に伸びた綱を先端に付け、それを梶とし、均衡をとって前へ滑る。スノーボードのように足を固定しないで板に乗るので、広場でも山でも気軽に楽しめる。一枚板から削りだして作るのを雪板とし、薄板を重ねて貼り合せて作るのをスノートイと区別することもある。

雪苺　ユキイチゴ

山口県において冬苺《ふゆいちご》のこと。

雪芋　ユキイモ
静岡県においてジャガイモのこと。

雪うさぎ　ユキウサギ
大阪市中央区には兎《うさぎ》のように作った上生菓子《じょうなまがし》の雪うさぎという和菓子がある。

雪兎　ユキウサギ
新潟県津南町《つなんまち》、南魚沼市《みなみうおぬまし》、湯沢町において、雪の降る前ぶれとして、走る兎《うさぎ》のような形をした層積雲《そうせきうん》をいった。

雪兎　ユキウサギ
雪で兎の形に作る子どもの遊び。雪中遊戯の一つであったが、多雪地帯ほど雪の降らない地方で作られた。積雪を楽しむ遊びで、特に正月時期が多かった。お盆の上に載せて置く雪兎は、目玉に南天《なんてん》の真赤な実を付け、耳に南天や椿《つばき》の葉を付け、髭《ひげ》に松葉を用いて楽しんだ。新潟県では椀などに作って盆に載せて置いた。松尾《まつお》芭蕉《ばしょう》も雪兎の発句を詠んでいた。「雪の中に兎の皮の髭作れ」と。

雪打ち　ユキウチ
雪を丸めてぶつけ合うこと。雪打合い、雪投げ、雪合戦ともいった。↓ユキガッセン

雪馬　ユキウマ[1)]
大分県において竹馬のこと。雪足ともいう。↓ユキアシ

雪馬　ユキウマ[2]

積雪の切削《せっさく》、運搬、投棄に用いる一人用人力除雪用具のこと。『北海道の民具と職人』（北海道・一九九六）によると、雪押し、雪箕ともいった。昭和二十四年頃に北海道の日本国有鉄道職員が木製の雪馬を作った。昭和三十六年には、石川県吉野谷村（現白山《はくさん》市）のM鉄工所が鉄製のスノッパーを考案した（白山自然保護センター『はくさん』九巻三号・一九八二）。北海道でも『北海道の民具と職人』によると、昭和三十八年頃には日本国有鉄道が、深川《ふかがわ》市のN鉄工所、幌加内《ほろかない》町のH鉄工所、旭川《あさひかわ》市のO鉄工所などに鉄製の雪馬を発注したとある。軽量なプラスチック製は新潟県のK樹脂工業が昭和五十一年に商標登録していた。雪馬は名称も新しくなり「ママさんダンプ」となった。それからママダンプ、スノーダンプになり、現在も広く一般的な除雪用具として活躍している。

雪埋め　ユキウメ

富山県八尾《やつお》町野積（現富山市）で考案された和紙の乾燥法に雪埋めがあった。雪国の天気は一定でなく、和紙を干しあげるのに苦労した。出来上ったばかりの和紙は空気に触れると糊が腐ってしまうのと、また、寒気に触れると和紙が氷結してしまうので処置に困っていた。そこで編み出されたのが一時的に雪中保存する方法であった。雪中は温度が一定であるのを利用して、雪原に穴を掘って、そこに和紙を保存した。さらに、その上から雪を掛けておいたという。一か月ほどおいてもそのままで大丈夫だった。天気を見てから取り出して乾かした。これは雪国独特の知恵であった。

雪えくぼ　ユキエクボ

積雪した雪は平面に見えるが、実は凸凹になっている。そして気温の上昇と日射によって積雪面が溶けて窪みができる。この雪面に形成される無数の窪み模様を雪えくぼという。暖気、日射、雨などによって積雪が融ける時に、雪面は表面に窪み模様を出す。雪が降った後に、強い日射により急な気温上昇があった場合にはきれいな雪えくぼが見られる。波紋雪、波状雪と呼んでいた雪えくぼという名称は、昭和三十年代に、元雪氷技術センター顧問の大沼匡之（一九一五―二〇一〇）がつけた。雪の造形美の一種。

雪王　ユキオウ

ベンチャー企業のA社が雪国向けに開発した着雪防止剤塗料のブランド名である。雪王は除雪車用、陸王は屋根に塗るものである。パラフィンワックスが主成分で、潑水性、滑り性に特徴がある。

雪覆い　ユキオオイ

鉄道線路や道路などを雪崩《なだれ》から守るために設ける木造や鉄骨鉄筋コンクリート造の覆いのこと。

雪送り　ユキオクリ

↓ユキムカエ

雪おこし　ユキオコシ

東北地方から北陸地方にかけての日本海沿岸では、雪が降ろうとする時に、冬に鳴る雷のことをいう。雪国の風土が生んだものである。鰤《ぶり》おこし、雪下雷《ゆきおろしかんなり》、寒雷《かんらい》、雪雷《ゆきかみなり》、雪ごろし、雪のろしなどといった。↓ブリ

オコシ

雪起こし　ユキオコシ

積雪地方にて春の雪解け時期に幼樹を起こして、支柱や引綱などで木を支えること。

雪押　ユキオシ

長野県において雪崩《なだれ》のことを雪押といった。

雪押し　ユキオシ

→ユキウマ[2]、ユキミ、スノーダンプ

雪男　ユキオトコ

ヒマラヤ山中に住んでいると伝えられる正体不明の動物のこと。

雪落とし　ユキオトシ[1]

新潟県十日町《とおかまち》市・津南《つなん》町・佐渡《さど》市などにおいて屋根に積もった雪を落とすこと。雪堀《ゆきほり》よりも丁寧ないい方。

雪落とし　ユキオトシ[2]

新潟県津南《つなん》町で山から強く吹き付ける雪混じりの風のこと。

雪落とし　ユキオトシ[3]

新潟県では初冬の初雪が降る前触れとしての雷鳴のことをいう。松尾芭蕉《まつおばしょう》は「雪をまつ上戸《じょうこ》の貌《かお》やいなびかり」という冬の稲妻《いなづま》の句を詠んでいた。

雪落　ユキオトシ

香川県において田畑仕事の時に女性が被る笠をいった。静岡県では雪流《ゆきながし》という。

雪折る　ユキオル

雪の重みで木や枝が折れること。

雪折れ　ユキオレ

雪の重みのために木や竹が折れてしまうこと、また、折れたものを指す。

雪折れ竹　ユキオレダケ

雪の重みのために折れた竹のこと。

雪下ろし　ユキオロシ[1)]

積雪地帯では屋根に積もった雪の重みで建物は倒壊する恐れがある。そこで屋根に上がって雪下ろしをする。屋根の下に下ろした雪もさらに除かなければならない。全国的に関心が高いのが、雪下ろしの相場である。しかし、平成三十年（二〇一八）の現在までに相場は公表されていない。その理由としては、値段や賃金が個々別々で判然としない労働となっていること。作業員数と時間制限があること、それに面積と高さの基準がまちまちであるからという。インターネットの情報や公開サイトを使って紹介するものもあるが、正確さを担保できないことが多いといわれている。そこで自治体の総務部広報課、防災対策課、市民相談室、図書館、自治体から雪下ろしに補助金が出ていれば福祉政策課や地元社会福祉協議会支援助成係、過去の社会面記事に掲載があれば地元新聞などからの情報を調査したものを以下にあげる。北海道札幌市では、作業員一人一時間五千円なので、二人で四時間として四万円、それに排雪運搬費用の一万円弱で合計五万円となる。青森県青森市ではおよそ一日三万円から五万円はかかるという。弘前市は一日二万円弱から五万円弱は必要であるという。岩手県盛岡市近辺は三万円から五万円は見積もっておいたほうがよいという。秋田県秋田市は一日一万五千円が二人なので三万円に、排雪運搬料金はダンプカーを投入して二万二千円の合計で五万二千円必要となる。横手市では、作業員日当が一日一万五千円の二人で三万円に、排雪運搬料金一万七千二百八十円の合計四万七千二百八十円かかる。山形県山形市では作業員一人一時間五千円なので、二人で四時間として四万円、これに基本料金五千円を加えると四万五千円である。新潟県新潟市では空き屋の雪下ろしの作業員一人一万二千六百円とすれば住居していれば倍になり、これに排雪運搬料金がかかる。十日町《とおかまち》市や小千谷《おぢや》市では、作業員の日給は国土交通省基準のとび工の労務単価二万一千九百円が相場に近いとする。富山県富山市では、屋根の雪下ろし等支援事業があり、平屋で一日二万三千五百円、二階建て二万五千六百円、三階建て二万七千五百円とある。作業員一人一日一万八千二百円で、二人依頼となると三万六千四百円、排雪運搬ダンプカー九千四百円で、計四万五千八百円となる。石川県白山《はくさん》市では作業員一人一日一万八千円で、重機使用料は八万円から十万円になる。助成制度を使用すれば一回当たり三万円まで補助されるという。福井県勝山市ではとび工日給を準用して雪下ろしの作業員一時間三千三百円と決めている。一日かかると二万六千四百円になり、二人で五万二千八百円になる。雪下ろし料金は全国各地様々である。依頼する場合は見積書を取ってから頼むことが肝要である。

雪下ろし　ユキオロシ[2)]

新潟県新潟市の除雪用具としての雪下ろしは木製で大きな竹トンボ形をしていた。柄の長い竹を結び付けて、地上から屋根の雪を下ろし、庇《ひさし》のあたりの雪を落とした。同じものを同県中蒲原郡《なかかんばらぐん》（現五泉《ごせん》市）では雪掻《ゆきかき》といった。

雪下ろし／雪卸し　ユキオロシ[3)]

新潟県において、十二月中旬頃に雷と風とを伴って降る雨を雪下ろし（雪卸し）といった。雪下ろしの雨に導かれるようにして雪が降り出すのである。

雪下雷　ユキオロシカンナリ

↓ユキオコシ

雪香　ユキカ

新潟県津南《つなん》町においては雪の香りを雪香といった。松尾芭蕉《まつおばしょう》も『おくのほそ道』で次のように詠んでいた。

「有難《ありがた》や雪をかほらす南谷《みなみだに》」と。

雪掻き　ユキカキ[1)]

積雪地帯に分布する除雪用具に雪掻きがある。篦《へら》の部分と柄の部分から成り、篦で除雪する。特に北海道で普及した雪掻きは柄が長く、篦の部分も幅が広い形態のものが多い。さらに、篦の部分は左右後方に横木を取り付け、篦に残った雪が落ちにくいように工夫されている。北海道の雪質はサラサラした水分の少ない性質のため雪をすくうのではなく跳ね除ける機能としていた。

雪掻き　ユキカキ[2)]

一般的な除雪作業で、降り積もった雪を取り除くこと。また雪を掻き分ける道具のことをいった。都市部では雪箒《ぼうき》や雪掻きベラで取り除いた。現在では住宅以外の線路、道路、施設、建物は、除雪機器で行なわれるようになった。

雪垣　ユキガキ

富山県の積雪地帯では屋根雪や風雪から家を守るために雪垣を作った。雪垣とは軒下に丸太を一間ごとに立てて横木を三段に固定、そこに茅簾《かやすだれ》を当てたものである。茅簾の代わりに板垣にした場合もあったという。この簾を大だれと呼んでいた。家の裏手には藁《わら》を編んで藁がいというものを使った。

雪掻き車　ユキカキシャ

除雪車に同じ。→ジョセツシャ

雪掻き板　ユキカキバン

石川県白山《はくさん》市白山麓では、一定量以上の降雪や基準以上の積雪量に達した場合の集落内の木橋の除雪当番のことを雪掻き板といった。集落内戸数の世帯主名を当番板に墨書して、家並び順に一軒ずつ担当した。早朝とか雪の晴れ間に雪掻きをして次の当番へ回した。当番板が回ってきても、新たな降雪がない時、あっても少量の場合は雪掻き板を次へ回すことはできなかった。

雪風　ユキカゼ
雪と風のこと、または雪混じりの風のことをいう。鹿児島県においては吹雪のことをいった。

雪囲い　ユキガクイ
↓ユキガコイ

雪がけ　ユキガケ
↓ユキヤケ[1)]

雪籠　ユキカゴ
劇場の演出道具の一つ。細かく刻んだ紙を入れて日覆《ひおお》いに吊るした竹製の籠で、紐で揺り動かして中の紙を落として降る雪のように摸して演出するもの。

雪囲い　ユキガゴイ
青森県東 通《ひがしどおり》村では冬になると、家屋の外側を藁束《わらたば》で囲い、ハセを組みナガラで押さえて雪囲いとした。同県深浦《ふかうら》町では山から茅《かや》を刈って来て雪囲いの準備をした。垂木《たるき》の長いのを立ててそれに横木を結わえて、茅を縄

雪囲い

で縛った。茅を簾《すだれ》状に編み、横木に結わえつけて垂れ下げさせた。十三湊《とさみなと》の海岸ではカッチョといって丸太や厚い板などを漁家の周囲に立てて吹雪や風除けの囲いにした。弘前《ひろさき》藩士比良野貞彦（生年不明―一七九八）はその著書『奥民図彙《おくみんずい》』に、「ヨキトコロハ如図。杉ノ柾板ニテ造ル。（中略）マツシキ家ニテハヨシヅ、或ハコモニテ造」（裕福な家では杉の柾目《まさめ》の板で造り、貧しい家では葦簀囲《よしずがこ》いやあらく織ったむしろの菰《こも》で囲った）と解説していた。岩手県沢内《さわうち》村（現西和賀《にしわが》町）での雪囲いは、秋の稲掛用材木を冬の雪囲いに利用する方法であった。家の周囲に、一間ごとにタテボクという立木を家の柱に固定し、それに横木を結び付けて骨組みを建てた。この骨組の横木に茅《かや》を一束ずつ逆さにからげていき、その上を押さえて、木で締めた。福島県会津《あいづ》地方でも雪囲いをした。丁寧に家の周囲を茅や藁で囲った。窓のあるところは明かりをとるために空けておいた。雪囲いに使った茅は翌春に屋根葺《ふき》用に使った。栃木県でもかつての茅葺民家は隙間風が多く、冬は暖かく保温するために雪囲いをした。家屋全体に北側と西側を中心に構《かまえ》を立てて横木を渡して茅や藁で囲った。長野県でも十一月終わりから雪囲いをした。吹雪や屋根から落ちる雪によって壁が傷むので、家の周囲を菰《こも》、葦《あし》簾、藁束、板で囲んだ。石川県白山《はくさん》市でも雪囲い（いきがき、ゆきがき）といって茅で家の周囲を囲った。新潟県では家や植木を雪から守るために北西に柱を立て横木を渡してそれに藁、茅、竹、木などで霜除けや雪除けをした。広島県芸北《げいほく》の積雪寒冷地帯では雪囲いをかめたて、ふゆがき、ふゆかべ、かべといった。そして家の外周を完全に囲った。雪囲《ゆきがこ》え、ゆきがくい、いきがこい、いきかこい、ふゆがこいなどともいった。

雪囲え　ユキガコエ
↓ユキガコイ

雪形　ユキガタ
長野県松本市の和菓子である雪形は春の雪山に出る残雪の造形を表現している。大納言小豆、つくね芋、栗で表わした竿物菓子である。

雪片　ユキカタシ
埼玉県においては雪掻きのこと。↓ユキカキ

雪片づけ　ユキカタズケ
新潟県十日町《とおかまち》市においては除雪作業全般を雪片づけといった。

雪かたり　ユキカタリ
岩手県において霙《みぞれ》のこと。

雪合戦　ユキガッセン
積雪地帯に伝わる伝統的な雪中遊戯である。人数を二組に分けて、雪を丸めて雪玉の礫《つぶて》を作り、相手めがけて投げ合い、ぶつけ合う遊びである。陣を取ったり、旗を取ったりして勝敗を決する。日本海側においては雪《ゆき》戦《いくさ》といわれた。近年はスポーツにまで発展し、昭和新山国際雪合戦大会が北海道壮瞥《そうべつ》町において毎年開かれ

るようになった。平成三十年（二〇一八）までに三十回目を迎えた。

雪合羽　ユキガッパ
雪や雨の降る日に着用する外出用の外套である。木綿製と羅紗《らしゃ》製があった。桐油《とうゆ》で作った桐油合羽もあった。雨具でもあった蓑《みの》は雪の日にも着た。ただし、藁《わら》、茅《かや》、菅《すげ》、笹などの茎と葉を編んで作った蓑は保温の効果は合羽より低かった。

雪糅て　ユキガテ
雨に雪が混じることで、雪まじりともいった。

雪雷　ユキカミナリ
↓ユキオコシ

雪がわら　ユキガワラ
雪がわらは福井市の昆布《こんぶ》菓子である。北海道産の日高昆布に砂糖をまぶして乾燥させて作った。雪が瓦《かわら》にうっすらと降り積もったような形状をしている。

雪消え　ユキギエ
↓ユキゲ

雪消月　ユキギエヅキ
陰暦二月の異称。

雪茸　ユキキノコ
兵庫県において椎茸《しいたけ》のこと。鹿児島県においては、雪茸《ゆっぎのこ》といった。

雪切　ユキキリ
積雪地帯は三月になって雪が融けはじめると、道路に踏み固まった雪を切った。そして、砕いて道の端に積み上げた。同様のことをどこの集落でも総出で行なった。これを雪切といった。現在は道路もアスファルトやコンクリートで舗装されているので、除雪が行なわれるようになり、春の雪切の風景は見られなくなった。青森県ではゆきぎりともいい、山形県ではゆすぎ、ゆきのけ、ゆきかし、ゆきはし、ゆきはぎともいった。新潟県では雪割《ゆきわり》、いきわりといった。↓ユキワリ

雪切り板　ユキキリイタ
↓ユキワリ

雪腐　ユキグサリ
奈良県においては雪の融けている場所をいった。

雪崩　ユキクズレ

山形県での雪崩《なだれ》のことをいった。鹿児島県においても雪崩のこと。長野県においては雪垂《ゆきだれ》といった。

雪沓　ユキグツ

雪上や雪中を歩く時に履く藁《わら》製の沓のこと。自家製の藁沓や既製品もあった。積雪地帯においては雪沓とはいわずに、藁沓か沓といった。↓ワラグツ

雪国　ユキグニ[1]

降雪量の多い地方、雪の多い地域を「国」と称した。詩人・三好達治（一九〇〇―一九六四）の「雪」は雪国の情景がありありと目に浮かんでくる。「太郎を眠らせ、太郎の屋根に雪ふりつむ。次郎を眠らせ、次郎の屋根に雪ふりつむ。」たった二行の詩は心の琴線に触れる不思議な力を持っている。小説家・川端康成《かわばたやすなり》（一八九七―一九七二）の小説『雪國』の題名のモデルは新潟県湯沢《ゆざわ》町である。

雪国　ユキグニ[2]

新潟市中央区の求肥《ぎゅうひ》菓子である。コンセプトは新潟らしさを醸し出すものとされ、川端康成の小説『雪國』から命名されている。

雪窪　ユキクボ

山の斜面で遅くまで積雪が残る浅い窪みのこと。

雪雲　ユキグモ
新潟県津南《つなん》町では雪を降らす雲、雪を含む雲、雪模様の雲のこと。気温が下がるとできる雪を降らす雲をいった。

雪曇り　ユキグモリ
雪雲のために空が曇ること。空が曇って雪模様になることをいった。

雪暗れ／雪暮れ　ユキグレ
雪模様で空が暗くなること、また雪が降りながら日が暮れることをいった。

雪気　ユキゲ[1)]
天気が雪になりそうな気配、雪催《もよ》いのこと。

雪消／雪解　ユキゲ[2)]
冬に降り積もった雪が春になって消えること。雪解け、雪消え。

雪解雨　ユキゲアメ
雪を融かす春の雨のこと。雪消しの雨ともいった。降雪期間の雨であるが、冬の間の根雪を消して植物の芽吹きを促進する春の雨である。春の訪れでもある。

ゆきげ杏　ユキゲアン
ゆきげ杏は長野市の和菓子である。干し杏を練りあげて、それに砂糖をまぶしたものである。砂糖は名残雪・

雪消を表現している。口に入れると砂糖が溶けて甘味がするなかに杏の酸味が広がるおいしさがある。

雪消し　ユキケシ[1)]
新潟県津南町《つなん》、十日町市《とおかまち》、刈羽村《かりわ》において、雪を早くとかすための融雪作業全般を雪消しといった。雪上に灰や土を撒いて消すことをゆきけし、いきけしともいった。

雪消し　ユキケシ[2)]
積雪地帯において、お互いに菓子や果実を贈り合って寒さに耐えることと無事を念ずることを雪消しといった。

雪消雨　ユキケシアメ
山形県西置賜《にしおきたま》地方では、冬が終わり春になると雪を融かす雨が降る。この雨を雪消雨といった。↓ユキケシノアメ

雪景色　ユキゲシキ
雪の降っている景色、雪が降り積もった景色をいった。

雪消しの雨　ユキケシノアメ
雪解雨《ゆきげあめ》と同じ意味で雪を融かす春の雨、春が近いイメージを受ける。同じ意味で雪消雨《ゆきけしあめ》は山形県西置賜《にしおきたま》地方でいうことばである。

雪化粧　ユキゲショウ
降り積もった雪で風景が真っ白く美しくなること。

雪消月　ユキゲツキ
陰暦二月の異称。

雪消の沢　ユキゲノサワ
奈良県奈良市の春日神社飛火野《とびひの》北側にある小さい池のこと。雪が消える早春の摘草の名所として有名である。

雪消水　ユキゲミズ
雪解け水のこと。

雪煙　ユキケムリ
新潟県小千谷《おぢや》市などでは雪解けの頃に雪原にたなびく靄《もや》を、雪煙、いきけむりといった。また、雪が強い風のために舞いあがって煙のように見えること。

雪喧嘩　ユキゲンカ
降雪地帯においては、集落や市街地では冬場になると、雪のやり場がないことを巡り、隣近所同士の諍いが起こる。これを雪喧嘩、雪争いと呼んだ。地域社会の中で共同体意識の希薄化は、自発的な意識改革の機運を考えさせられた。

雪乞い　ユキゴイ

雪乞いは雪が降るようにと神や仏に祈願すること。新潟県湯沢町《ゆざわ》などにおいて、スキー場経営者などが降雪を待ち望み、雪が少ない年は雪乞いをして降雪を強く待ち望むようになった。

雪ごおり　ユキゴオリ

雪が水に浸かって凍った、気泡が多く白い不透明な氷のこと。空気の泡が多数含まれているために白く見える。

雪転し　ユキコカシ

↓ユキコロガシ

雪漕ぎ　ユキコギ

福島県や長野県では雪漕ぎといって雪をかき分けて漕ぐように歩くことを意味した。その雪中作業用の袴のこと。山袴、雪袴ともいう。↓ユキバカマ

雪こごり　ユキココリ

秋田県では雪が凍ることを雪こごりといった。

雪垢離　ユキゴリ

秋田県檜木内村《ひのきない》（現仙北市）のマタギの刑罰であった。悪いことをしたマタギを全裸にして、カクラサマ（山の神様）への呪文を唱えさせながら雪の上を転がされた。これは雪を利用した刑罰で、桟俵垢離《さんだわらごり》と同種類の

ものであった。桟俵垢離は雪垢離よりも軽い刑で自分で呪文を唱えながら水垢離をさせた。

雪ころ　ユキコロ

長野県では雪下駄の間に挟まった雪塊を雪ころといった。雪玉、ゆきこ、ゆきころばし、ゆきっころばし、ゆきごろ、雪丸、ゆきぼこともいった。

雪転し　ユキコロガシ

雪を固めて積雪の上を転がして大きな丸い固まりとすること。雪転《ゆきころ》ばし、雪転《ゆきころ》ばかし、雪転《ゆきこか》しともいう。

雪ごろし　ユキゴロシ

→ユキオコシ

雪転ばかし　ユキコロバカシ

→ユキコロガシ

雪転　ユキコロビ

兵庫県において転がり落ちる雪の玉のこと。

ゆきごろも　ユキゴロモ

山口県下関市の和菓子・阿わ雪を芯にしてカステラで巻いて砂糖をかけた半生菓子である。

雪竿　ユキザオ

積雪の深さを測定するための目盛を付けた白い竿をいった。雪尺《ゆきじゃく》ともいい、雪の中に立てて目印にする竿のこと。積雪地方では道路幅を知らせるために路肩《ろかた》に沿って赤色と白色のスノーポールという道路標識柱（視線誘導標）を立てている。素材は、昔は竹製だったが、現在はアルミ製からグラスファイバー製となっている。

雪桜　ユキザクラ
和歌山県において雪柳《ゆきやなぎ》のこと。

雪裂け　ユキサケ
降り積もった雪の重みのために木や木の枝などが裂けて折れてしまうこと。

雪笹　ユキザサ
深い湿った山地に自生するユリ科ユキザサ属の多年草植物のこと。葉は笹に似ている。

雪支　ユキササエ
群馬県において大雪のために学校に登校できないこと。

雪晒　ユキサラシ
小国《おぐに》和紙は原料である楮《こうぞ》の皮を白くするために雪の上に干した。雪晒は、三百年の伝統を持つ雪国の技法として伝えられている。技法は布の雪晒《ゆきざらし》と同様に紫外線による漂白方法である。楮を秋に収穫し、蒸して皮を剝く。それを雪の上に二週間ほど寝かせ、天日に晒して自然漂白する。作業は二月頃から始まる。現在は長岡《ながおか》市に合併して小国和紙（小国和紙生産組合）、雪布和紙（竹之高地和紙工房）にて生産されている。岐阜県飛《ひ》騨《だ》市の中山和紙、富山県南砺《なんと》市の五箇山和紙にも雪晒の工程が施されている。

雪晒　ユキザラシ

豪雪地域では麻布《あさぬの》、縮《ちぢみ》、和紙、食物などを雪の上で晒す作業工程があった。雪晒は、ものを再生・漂泊・消毒・洗浄する効果がある。生活用具の蓑《みの》、笠、荷縄《になわ》なども雪の上に出して晒しておいた。これは耐久性、柔軟性を向上させる目的もあった。新潟県南部の南魚沼《みなみうおぬま》市塩沢《しおざわ》町では塩沢御召《おめし》の織物が特産である。豪雪地帯であるこの辺りでは塩沢上布《じょうふ》の雪晒が盛んである。細い麻糸で織った上質の夏向き着尺地《きじゃくじ》は真っ白な雪の上で日に当てられると、雪が紫外線を反射することを漂白に利用して趣のある麻織物となる。雪晒は小千谷《おぢや》縮や越後上布に用いられる漂白方法である。毎年雪融けが進む二月から三月にかけての晴れの日に、雪面にいくつもの麻布や糸が並べられた光景を目にすることがある。日射しによって雪が融け、水蒸気が放出され、これに紫外線が当たるとオゾンが発生し、布目を通過する際に麻の色素と反応して漂白されるのである。雪は紫外線をよく反射するために漂白作用があり、麻の染めていない部分の色素が抜けて雪のように真っ白になる。オゾンが安定して存在するためには、日射しがあっても低温でなくてはならない。そのために真冬ではない二月から三月が雪晒には適した時期なのである。越後縮、越後上布の仕上げ作業工程の一つが雪晒である。江戸時代初期に播州明石《ばんしゅうあかし》の縮が白く、軽く、薄く仕上がらないので越後麻布を改良して小千谷縮を完成させた。江戸後期の文人・鈴木牧之は、『北越雪譜』に次のように書いていた。「雪ありて縮みあり、されば越後縮は雪と人と気力相半して名産の名あり。魚沼郡の雪は縮の親といふべし。蓋し薄雪の地に布の名産あるよしは糸の作りによる事也」と。昭和三十年（一九五五）五月に国指定の重要文化財となった。平成二十一年（二〇〇九）にユネスコ無形文化遺産となった。

雪晒し　ユキザラシ

狩猟において捕ってきたウサギを食べるために短期間保存しておいた。その時に保存する方法を雪晒しといった。雪の中の竹垣に杭を立てて、そのてっぺんにウサギの後足を縛って、四、五日晒した。これは寒風に雪晒しすることで食べるためのウサギを長持ちさせたという。天野武「雪と生活―兎猟を中心として」（『津南学』5号・津南町教育委員会・二〇一六）によると、山形県大江《おおえ》町、福島県西会津《にしあいづ》町、群馬県片品《かたしな》村、新潟県津南《つなん》町、富山県大山《おおやま》町（現富山市）、石川県河内《かわち》村（現白山市）、福井県大野《おおの》市・和泉《いずみ》村（現大野市）、島根県津和《つわ》野《の》町に分布している。

雪さんざい　ユキサンザイ

兵庫県や鳥取県においてスズメ目ミソサザイ科の鳥のこと。

雪じ　ユキジ

山形県において山の斜面の窪みや谷に夏になっても大きく残った雪のこと。すなわち雪渓《せっけい》のこと。

雪路　ユキジ[1)]

雪の降り積もる道、雪の道のこと。

雪路　ユキジ2)
高知市に雪路という干菓子がある。

雪しか　ユキシカ
新潟県では人工的に雪を貯蔵した施設を雪しかと呼んだ。山の斜面に直径二十メートル、深さ三メートルから四メートルほどの穴を掘って春先に雪を積み上げて置き、上を厚く藁《わら》で覆った。そして、上部に円錐形の屋根を設け、穴の底には雪が融けるための排水口を開けて置いた。雪は水枕に入れたり、魚を冷やしたり、そのまま食べたりもした。冷蔵庫が普及することによりその姿を消した。天然の雪室《ゆきむろ》であった。雪穴ともいった。

雪時雨／雪しぐれ　ユキシグレ
時雨がいつの間にか雪混じりとなり、降ったり止んだりすること。雪時雨は霙《みぞれ》とよく似ているが、降ったり降らなかったりする模様が時雨にそっくりなところから生まれた。雪しとれ、雪しぶち、雪しぶて、雪しぶれともいった。

雪ししょ　ユキシショ
山形県において雪解け水のこと。↓ユキシロミズ

雪ししょ水　ユキシショミズ
岩手県における雪解け水のこと。↓ユキシロミズ

雪垂　ユキシズレ

降り積もった雪が木の枝などから崩れ落ちること。その時に落ちる雪そのもののこともいう。

雪質　ユキシツ

雪質とは雪の性質のこと。

雪しとれ　ユキシトレ

↓ユキシグレ

雪しぶち　ユキシブチ

↓ユキシグレ

雪しぶて　ユキシブテ

↓ユキシグレ

雪しぶれ　ユキシブレ

↓ユキシグレ

雪風巻／雪しまき　ユキシマキ

しまきは「風巻」の字を当てて、風が激しく吹く意味や旋風のことをいった。雪を伴う場合に雪風巻という。雪風巻は風と雪が同時に吹き荒れる状態をいった。山形県では雪混じり雨と強風の吹雪のことをいった。愛知県では、しまけ、宮崎県・熊本県では、しまきといった。

雪尺　ユキシャク

↓ユキザオ

雪尺　ユキジャク

↓ユキザオ

雪条例　ユキジョウレイ

雪害防除や無雪克雪の恵沢を担保して快適な雪国を目指すものとして、独自の雪条例を制定している自治体がある。

一九六三年の新潟県長岡《ながおか》市の無雪都市宣言
一九六八年の山形県新庄《しんじょう》市の無雪都市宣言
一九七九年の新潟県小千谷《おぢや》市の克雪都市宣言
一九八一年の新潟県十日町《とおかまち》市の克雪都市宣言
一九八五年の富山県総合雪対策条例
二〇〇二年の北海道倶知安《くっちゃん》町みんなで親しむ雪条例
二〇〇四年の新潟県魚沼《うおぬま》市雪対策条例
二〇〇五年の青森県青森市雪対策のための条例

二〇〇五年の秋田県横手《よこて》市雪となかよく暮らす条例
二〇〇六年の新潟県五泉《ごせん》市克雪条例
二〇一一年の新潟県柏崎《かしわざき》市雪に強いまちづくり条例

雪女郎　ユキジョロウ
↓ユキオンナ（コラム）

雪汁　ユキシル
雪汁とは山形県や石川県では雪崩《なだれ》による流雪のことをいった。

雪汁　ユキジル
石川県では雪融け水のこと。雪汁水。↓ユキシロミズ

雪しろ　ユキシロ
山の雪が春の暖気にあって融け出して流れるものを雪しろといった。雪しろ水ともいう。上流から雪が流れ下って川や海が濁ることを雪濁りといった。日本海側の川では雪しろは出水《でみず》（春出水）を伴った。雪しろは雪代とも書いた。

雪白　ユキジロ[1)]
雪のように白い色のこと。雪白の鷹は嘴《くちばし》・背・腹・爪まで白いものである。

雪白　ユキジロ[2)]

群馬県や新潟県において白砂糖のことをいう。

雪白体菜　ユキシロタイナ

福岡県や長崎県においていうアブラナ科の植物の体菜《たいさい》のこと。

雪しろ水　ユキシロミズ

岩手県、秋田県、宮城県、山形県、福島県、新潟県において雪を含んでいる水のこと。雪解け水。融雪期の出《で》水《みず》で、これが出て来る頃には全体に気温が下がる。雪水、いきみず、はるみずともいった。

雪しわ　ユキシワ

斜面に積もった積雪が盛り上がって、波状に曲がって現われたすがたである。斜面に積もった雪が地面との境界で滑ることによってしわができる。また、積雪が重力により変形したり移動したりすることによってもしわができる。雪ひだともいう。

雪梅雨入　ユキズイリ

雪梅雨入《ゆきずいり》とは、静岡県においては雪が長く降る気候のことをいった。「ついり」とは「つゆいり」のことであり、「ついり」が転じて「ずいり」となった。

雪鋤　ユキスキ

積雪地帯に分布する除雪用具として雪鋤があった。除雪用具は木製であり、木鋤《こすき》である。形態は一枚板状のもので、四角いシャベル状の箆《へら》に柄のついたものである。除雪以外にも用途があり、伝言板、歩行補助具、羽根突き遊具などに多目的に利用された。金属製のシャベルが普及するまでは頻繁に使われた。呼び方もこしき、こすき、ばんば、てんづきともいった。

雪捨て　ユキステ

↓ユキダシ

雪滑　ユキスベリ

雪崩《なだれ》のこと。山形県・京都府・鳥取県・島根県・岡山県では雪滑《ゆきずり》、京都府では雪ずれ、岐阜県では雪ぞれ、長野県では雪っすべりといった。

雪すべり笠／雪滑笠　ユキスベリガサ

菅笠《すげかさ》の上部の傾斜がやや急なものをいった。

雪滑　ユキズリ

山形県・京都府・鳥取県・島根県・岡山県での雪崩《なだれ》のことを雪滑といった。↓ユキスベリ

雪擦り　ユキズリ

鷹の尾羽《おばね》などを雪で擦り切らしたもの。白い羽や尾のことを雪擦りという。

雪ずれ　ユキズレ
京都府における雪崩《なだれ》のこと。↓ユキスベリ

雪攻め　ユキゼメ
新潟県十日町《とおかまち》市において、川端の雪を川に踏み落として、その雪でもって川の中をいっぱいにして魚を捕る漁法のことをいう。

雪戯　ユキソバエ
「戯《そばえ》」は通り雨の意味であり、雪戯とは、香川県直島《なおしま》町では霙《みぞれ》のことで、同県多度津町の高見島《たかみじま》では吹雪のことをいう。

雪空　ユキゾラ
新潟県津南《つなん》町では雪降り前の空模様をいった。雪が降り出しそうな空の状態をいった。

雪ぞれ　ユキゾレ
岐阜県において雪崩《なだれ》のことを雪ぞれといった。↓ユキスベリ

雪だいもち　ユキダイモチ
新潟県において雪下駄の歯と歯の間に挟まった雪塊をいった。ゆきどんごろともいった。

雪倒れ　ユキダオレ

新潟県上越市《じょうえつ》、小千谷市《おぢや》、新発田市《しばた》、津南町《つなん》、湯沢町《ゆざわ》、刈羽村《かりわ》では吹雪のために方向や道に迷って体力が尽き果てて凍死をすることをいった。吹雪の時の行き倒れのこと。ふきだおれ、ふきだれ、ふきどり、ふくだおれなどといった。↓フキダオレ

雪出し　ユキダシ

新潟県十日町市《とおかまち》において軒下や屋根の雪を除去して捨てることをいった。

雪叩き　ユキタタキ

物に降り積もった雪や、物に付着した雪を叩いて落とすことをいった。

雪棚　ユキダナ[1)]

秋田県では雪で架かった橋のこと。

雪棚　ユキダナ[2)]

新潟県十日町市《とおかまち》や津南町《つなん》では雪の吹き込みを防ぐために出入りの玄関を延長してそこに屋根囲いをした。それを雪棚という。湯沢町《ゆざわ》や十日町市においては家の戸口に二本の丸太を立かけて横木を渡して柴木《しばき》を格子状に括り付けた雪囲いをした。

雪棚割　ユキダナワレ

福島県では雪の斜面の割れ目のこと。

雪玉合戦　ユキタマカッセン

山形県米沢に伝わる江戸時代の記録によれば、正月、若者たちが米沢藩上杉家に門松を届けた後に、川原において二手に分かれて雪玉を投げ合ったという。この雪玉合戦は合戦を模倣したものであり、雪玉を使って、その勝敗により、その年の吉凶を占った。正月の予祝《よしゅく》でもあった。

雪溜り　ユキダマリ

雪の吹き溜りのこと。

雪玉割り　ユキダマワリ

青森県下北《しもきた》地方や山形県尾花沢《おばなざわ》市周辺では、積雪地帯の子どもたちの雪中遊戯として雪玉割りがあった。雪玉割りの雪玉は、中心になるものを固めて作り、それを足で転ばしながら雪を付けて大きくした。堅くて大きな玉ができたなら、お互いにそれをぶっつけ合いをして、早く壊れた方を負けとした。雪玉は堅い方が相手の雪玉を割ることができた。子どもたちにとってこの雪玉の作り方の技術が重要なものになってきた。堅さと弾力性を併せ持つ雪玉が要求された。雪玉をぶっつけ合って、自分の玉が真っ二つに割れ、その断面がのぞかれる無念さに醍醐味があった。そして、より強い雪玉を作る工夫をしたり、ミカンの皮を入れたり、塩を入れたりのルール違反もした。新潟県津南《つなん》町などでは雪玉を作って潰し合う雪玉割りの遊びをゆきだんごといった。他にもゆきだんま、かっち、ゆきがちなどともいわれていた。↓テンガ

雪だらけ　ユキダラケ

↓ユキマミレ

雪達磨　ユキダルマ

積雪地帯に伝わる伝統的な雪中遊戯の一つである。雪を転がして大きくして作った雪玉を大小二つ重ねて達磨型の雪像に見立てた。目や鼻や口は木炭や炭団《たどん》で付けて用いた。帽子にはバケツを用いた。青森県では雪が少し積もってくると雪を集めて家の前や戸口の側に雪掻き用篦《へら》やかい鋤《しき》で雪を積み上げて作ったという。昔は炉の消炭《けしずみ》を拾って来て目鼻口に使った。日本海側ではいきだるまと呼んだ。それが発展して雪仏《ゆきぼとけ》、雪獅子《ゆきしし》、雪《ゆき》布袋《ほてい》にもなった。

雪だる満　ユキダルマ

岐阜市にはメレンゲ菓子雪だる満がある。卵白と砂糖だけで作った干菓子である。明治天皇（一八五一―一九一二）と昭憲皇太后（一八四九―一九一四）が好んで食したことで有名になったという。

雪垂　ユキダレ

長野県において雪崩《なだれ》のこと。鹿児島県では雪崩《ゆきくずれ》といった。↓ユキクズレ

雪垂れ　ユキダレ

新潟県においては冬囲いの際に、雪が吹き込むのを防ぐために出入口、部屋、廊下などに掛ける茅《かや》で編んだ簾《すだれ》のことを雪垂れといった。

雪太郎　ユキタロウ
札幌市中央区に、雪太郎という和菓子がある。漉《こ》し飴《あめ》を求肥《ぎゅうひ》で包み甜菜糖《てんさいとう》でまぶしたものであり、白い雪をイメージしたものである。

雪団子　ユキダンゴ
新潟県十日町《とおかまち》市、津南《つなん》町、湯沢《ゆざわ》町では木から落ちた小さな雪の固まりが転がって大きくなり、さらに山の斜面をまた転がり落ちたものを雪団子といった。雪団子《ゆきだんごろ》ともいう。

雪団子　ユキダンゴロ
↓ユキダンゴ

雪ちろ　ユキチロ
山形県における雪解け水のこと。↓ユキシロミズ

雪月　ユキヅキ
陰暦十二月の異称。

雪月夜　ユキヅキヨ
雪のある時に月が出た夜のこと。

雪っしょ水　ユキッショミズ

山形県における雪解け水のこと。↓ユキシロミズ

雪っすべり　ユキッスベリ

長野県において雪崩《なだれ》のこと。↓ユキスベリ

雪つつき　ユキツツキ

新潟県津南《つなん》町や十日町《とおかまち》市で河川に雪を流す作業のこと。川や池に雪を突き落として雪が早く消えるようにスコップや棒で叩いたり、突いたりして雪を砕いた。

雪椿　ユキツバキ

東北地方、北陸地方の日本海側の多雪地帯に適応したツバキ科ツバキ属の常緑低木の植物のこと。オクツバキ、サルイワツバキともいう。星野哲郎作詞・遠藤実作曲の小林幸子の歌謡曲「雪椿」が有名である。

雪っぱら　ユキッパラ

山形県において、まだ誰も踏み入れていない、足跡の付いていない雪原のことを雪っぱらといった。青森県では、ゆきやんぶといった。

雪礫　ユキツブテ

降り積もった雪を手の拳で握り固めて礫のようにしたものを雪礫といった。

雪つぶり　ユキツブリ
↓ユキフリ

雪つぼ　ユキツボ
山形県での新雪のことをいった。

雪坪　ユキツボ
青森県において雪が降り積もって道のないところをいった。

雪釣り　ユキツリ
新潟県湯沢町《ゆざわ》においては、竿《さお》に木炭を一つ紐で括って結び付けた。これを新雪の上において、曳いたりして雪を付着させた。雪の塊を大きくした子どもの遊びであった。

雪吊　ユキヅリ
木を雪から守るために一本の柱を立てて、枝を縄で吊り上げる方法をいった。庭園の樹木は耐寒性の赤松、つげ、紅葉、藤、姫五葉《ひめごよう》、つつじ、椿《つばき》が選ばれたが、雪の重みによって枝が折れるのを防ぐために、縄や紐や針金などを使って枝を支柱から縄で吊り上げて置いた。木の幹には藁《わら》を張っておいた。

雪つり水　ユキツリミズ
青森県における雪解け水のこと。↓ユキシロミズ

雪つろ水　ユキツロミズ

山形県における雪解け水のこと。↓ユキシロミズ

雪樋　ユキトイ

↓ユキドヨ

雪訪い　ユキドイ

降雪地帯において、雪の降った時に人の安否を訪ねて見舞うこと。↓ユキミマイ

雪灯籠　ユキドウロウ

灯籠は仏教伝来とともに寺院に置かれていたが、神社、邸宅などに拡大された。雪祭の祭典にも、屋外の台座の上に置灯籠・台灯籠として供えられた。本来は石、金属、陶器で作った。祭典の際に、一時的、臨時的にと雪や氷で作られた。雪灯籠の歴史は、昭和五十二年（一九七七）に北国の冬に明かりを演出しようと青森県の弘前《ひろさき》公園ではじまった。さらに、山形県米沢《よねざわ》市の上杉神社でも昭和五十三年（一九七八）に戦没者の鎮魂の塔を造った際の献灯からはじまった。青森県弘前市の弘前城公園の雪燈籠まつりや山形県米沢市の上杉雪灯籠まつりが有名である。

雪解け　ユキドケ

積雪地方で冬期間に積もった雪が春暖《しゅんだん》より融けはじめること。

雪解け道　ユキドケミチ
降り積もった雪が融けてぬかるんだ道のこと。

雪所掃　ユキトコハワキ
熊本県において降雪の前に吹く強風のこと。

雪年　ユキドシ
雪の多く降る年のことをいった。吉兆として豊年であるとする。

雪止め　ユキドメ
屋根に降り積もった雪が急に滑り落ちないようにするために、屋根や軒に取り付けた丸太棒や板や金具の滑り止め用の器具をいう。新潟県津南《つなん》町や十日町《とおかまち》市においては雪下ろしの際の安定した足場にもなった。屋根に滑り止め瓦を葺《ふ》くこともある。なぜ止めともいった。

雪止め瓦　ユキドメカワラ
屋根から大量の雪の落下を防ぐため、また、屋根の雪が軒先に溜まって重みで軒が垂れるのを防ぐために雪止め瓦を使用した。現在は雪止め金具を用いているが、雪止め瓦は屋根瓦の美観としても用いられた。雪止め瓦には二種類ある。輪型と駒型である。輪型雪止め瓦は瓦の谷の凹型の部分に半円孤の取手状の輪型が付いているものである。駒型雪止め瓦は瓦の桟の上に上面に凸型の突起が付いているものである。設置方法は横一列配置と上下互い違いの千鳥配置がある。雪止め瓦は明治以降の瓦様式である。

雪樋　ユキドヨ
豪雪地帯の新潟県では、板、木棒、竹材などを組み合わせて雪を滑らせる雪樋を作り、流雪溝や集雪場まで雪を運搬した。屋根の雪を下ろすのにも使った。雪樋の長さは三メートルから六メートルくらいのものまであり、幅が六十センチメートル、深さが十五センチメートルぐらいで両側に縁があった。新潟県では昭和初期に蠟を塗った板の上に雪塊を滑らせて流す人力除雪用具の雪樋が普及した。初めは木製用具だったが素板張から割竹張になり、そしてトタン張になった。運んできた雪をその上に載せて滑らせた。使用しない時は屋根裏や軒下を置き場とした。雪樋は転訛して雪とい、滑り板、雪流し樋、などとも呼んでいた。

雪鳥　ユキドリ
奈良県吉野《よしの》地方では朝に鳴く鳥は降雪を知らせるといった。

雪どんごろ　ユキドンゴロ
→ユキダイモチ

雪菜　ユキナ
積雪地方において雪中に栽培して雪によって柔らかく育成する葉菜類《ようさい》のこと。小松菜の一栽培品種として山形県米沢《よねざわ》市周辺の名産品となっている。雪の少ない宮城県仙台市では雪の中での栽培はしない。葉が縮れているのが特徴である。

雪中　ユキナカ
雪の降っているうち、雪のある中をいった。

雪流　ユキナガシ
静岡県において田畑仕事の際に女性が被った笠のこと。香川県においては雪落《ゆきおとし》といった。

雪流し　ユキナガシ
新潟県津南《つなん》町における川に雪を流す除雪作業のこと。

雪投げ　ユキナゲ
雪を丸めて拳の大きさにしてお互いにぶっつけ合うこと。雪遊びの一つである。↓ユキガッセン

雪薺　ユキナズナ
雪を被った薺を図案化した紋所のこと。↓ユキ

雪なせ　ユキナセ
雪下ろしの道具の雪なせは、広島県西部の芸北地域の名称であった。県北東部の備北地域では雪鋤といった。
大正時代にスコップが入ってくるまで屋根や道の雪を掘った。

雪撫囲　ユキナゼガコイ
新潟県津南《つなん》町において、江戸時代より伝わる雪崩《なだれ》防止のために伐採を禁じている自然林のこと。

雪雪崩　ユキナダレ

山形県での雪崩《なだれ》のことをいう。

雪納豆　ユキナットウ

青森県、岩手県、秋田県、福島県会津《あいづ》地方では、雪の降る季節になると雪納豆を作った。フワフワした藁《わら》で大きな藁苞《わらづと》を作っておく。多い時には五升、少なくても二升五合の大豆を前日より手桶で水にひたしておき、一日をかけて大鍋でゆっくりと柔らかくなるまで煮ておく。藁苞の中に煮た大豆を入れて、それを藁稭《わらしべ》で両端をぐるぐる巻きにする。藁苞の中には水分や熱や香が逃げないように朴《ほお》の葉を敷いておいた。朴の葉は食べ物を加工したり、包んだりするのに便利なので秋のうちに準備しておいた。岩手県西和賀《にしわが》町沢内《さわうち》においては、この朴の葉は雑菌除去や醗酵に効果があるといわれている。このようにしてできあがった納豆の入った藁苞を全部新しい筵《むしろ》で包み、それを縄で縛っておく。そして、一～一・五メートルぐらいの深さに雪穴を掘って藁や菰《こも》で囲い、そこに筵で覆っておいた納豆を入れて、上から雪をかけ、足で固めた。目印に棒を立てておいた。二、三日経過すると雪穴の中の温度が上がり、その熱で雪の表面に穴が空いてくる。これが納豆のできた印である。五日間ぐらいで雪を除いて中から筵で包んだまま取り出した。こうしてできあがったものを雪納豆といった。もしも不出来な場合は納豆汁にしたという。

納豆五日…新潟県魚沼《うおぬま》地方では正月用の納豆を暮れの十二月二十五日に寝かせた。この日を納豆五日といった。十二月十三日の夜から大鍋に大豆を柔らかく煮て、二十五日の朝に藁苞に詰めて、それを纏めて藁屑に包み、さらに筵に入れて大藁苞とした。冷やさないようにと囲炉裏の真上、こたつの側において、それから雪の穴の中に掘って埋めて納豆を作った。

藁床納豆…新潟県での雪納豆は雪穴を掘り、藁床を作り、重石の代わりに雪でしっかり押さえるのできれいに仕上がった。炬燵《こたつ》納豆、雪納豆ともいった。

雪雪崩　ユキナデ

新潟県十日町《とおかまち》市において雪崩《なだれ》のことを雪雪崩といった。雪雪崩《いきなで》ともいう。

雪膾　ユキナマス

魚を細かく切った生の肉に雪のように白い大根おろしをかけたもの。

雪浪　ユキナミ

雪が降り積もった積雪面に波のような紋状の起伏ができることをいった。

雪滑　ユキナメ

山梨県や東京都においては雪崩《なだれ》のこと。新潟県ではゆきなで、長野県と静岡県ではゆきなぎ、石川県ではゆきのたという。

雪にお　ユキニオ

積雪地域では降り積もった雪を保存するために、藁《わら》を積み上げて円錐形に囲ったものの中に雪を貯めておいた。

これを雪にといった。雪室《ゆきむろ》の一種である。

雪濁り　ユキニゴリ
雪解けの際に川や海の水が白く濁ることをいった。

雪に千鳥　ユキニチドリ
豆腐のおからを雪になぞらえて、貝の剥き身を千鳥に見立ててつくった煮汁のことを雪に千鳥といった。

雪布　ユキヌノ
歌舞伎の大道具の一つで、舞台や花道に敷き、雪が降り積もったように見せる白布のこと。

雪涅槃　ユキネハン
→ナゴリユキ

雪舐　ユキネブリ1)
新潟県や長野県においては雪解けの頃に雪が蒸発して霞《かすみ》のようにたなびいているものを雪舐といった。新潟県ではよきねぶりともいった。

雪ねぶり　ユキネブリ2)
新潟県十日町《とおかまち》市や上越《じょうえつ》市などでは、長い冬の間に降り積もった雪が終わり、春の日差しに照らされる。この時に暖かい気流が雪に接触して靄《もや》を生じさせる。この靄を雪ねぶりといった。ねぶりは「ねぶる」「眠る」ことである。

雪ねんぼ　ユキネンボ
→ユキマミレ

雪の家　ユキノウチ
石川県能美《のみ》郡新丸《しんまる》村（現小松《こまつ》市）では子どもたちが雪を積み上げて、固めてから横穴を掘って雪室《ゆきむろ》のような雪の家を作って雪中遊戯をした。さらに雪の家と雪の家を直結するトンネルも作った。これを雪のマンポといった。日本海側では雪を「いき」と呼ぶところが多く、石川県白山《はくさん》市では雪斜面や屋根雪が積もった場所に横穴を掘っていきのうるとした。そこに菰《こも》を敷いてママゴト遊びをしたという。雪の家は石川県ではいきのうる、しろ、新潟県ではゆきむろ、あなぐら、秋田県ではかまくら、とりごやなどといった。

雪の梅　ユキノウメ
京都市上京区の雪の梅は、白い求肥《ぎゅうひ》皮で紅餡を包み、細かい落雁《らくがん》粉《こ》を使って雪の中に紅梅を浮かばせたようにした和菓子である。

雪の会　ユキノエ
客をもてなすために風流を装って雪の日に茶会を開くこと。鈴木牧之は『北越雪譜』に、次のように記していた。「江戸には雪の降ざる年もあれば、初雪はことさらに美賞し、雪見の船に哥妓を携へ、雪の茶の湯に賓客を招き、青楼は雪を居続の媒となし、酒亭は雪を来客の嘉瑞となす」（江戸では雪が降らない年もあった。そこで初雪が降るとよろこばしいかぎりであった。芸妓といっしょに雪見の船を繰り出したり、茶会を催して客を招いたりした。遊里では雪を口実に居続けたりした。料亭では雪は来客のめでたいしるしといった）と。

雪の終わり　ユキノオワリ

↓ナゴリユキ

雪の賀　ユキノガ

亥《い》・子《ね》・丑《うし》の年の陰暦十月、十一月、十二月の冬の雪が降る頃に催す長寿の祝いのこと。

雪の観音　ユキノカンノン

山形県村山《むらやま》市出身の代議士・松岡俊三《としぞう》（一八八〇―一九五五）が雪害対策の先駆者として祀った観音菩薩像である。村山市楯岡笛田の父母法恩寺にある。

雪除け　ユキノケ

新潟県新発田《しばた》市では雪を除けたり、道踏《みちふみ》をしたりすることを雪除けといった。

雪の下　ユキノシタ

ユキノシタ科ユキノシタ属の常緑多年草の植物で湿った岩場などに自生する。

雪の名残　ユキノナゴリ

↓ナゴリユキ

雪の庭　ユキノニワ
大阪市西区の和菓子・雪の庭は、和三盆《わさんぼん》のきれいな花の形をしている。

雪の走穂　ユキノハシリボ
山形県での初雪のことを雪の走穂といった。

雪の肌／雪の膚　ユキノハダエ
↓ユキハダ

雪の果て　ユキノハテ
その冬の最後に降る雪のことをいった。雪の名残、雪の別れ、忘れ雪などといった。↓ナゴリユキ

雪の花／雪の華　ユキノハナ
雪が降るのを花の散ることになぞらえて、木の枝に積もった雪を花にたとえたことばである。松尾芭蕉《まつおばしょう》も雪の美称として花に擬して詠んでいた。「波の花と雪もや水にかえり花」と。

雪野原　ユキノハラ
新潟県においては雪原のことをいった。

雪の隙　ユキノヒマ
春になり、雪が消えかかり地面の肌を見せている箇所を雪の隙といった。松尾芭蕉《まつおばしょう》は「山は猫ねぶりていく

や雪のひま」と詠んでいる。

雪の枕　ユキノマクラ

雪の吹き込んでくる枕元のこと。

雪の山　ユキノヤマ

一つは雪を高く山のように積み重ねたもののことをいう。もう一つは雪の降り積もった山のこと。

雪のやり場　ユキノヤリバ

新潟県十日町《とおかまち》市において雪のやり場とは雪を捨てる場所である。

雪海苔　ユキノリ

宮下章『海苔』（法政大学出版局・二〇〇三）、全国海苔問屋協同組合連合会『海苔の歴史』（海路書院・二〇〇四）によると、若狭《わかさ》産の岩に付着する黒海苔のことである。色は黒いが味がよいという。雪の降る季節に採れるので雪海苔といった。加賀《かが》、能登《のと》、若狭、丹波《たんば》、但馬《たじま》などの北陸地方における岩海苔の通称である。

雪のろし　ユキノロシ

↓ユキオコシ

雪別れ　ユキノワカレ

雪の終わりのこと。↓ナゴリユキ

雪墓　ユキハカ

暑さ寒さは彼岸までといわれてきたが、雪国においては三月でも四月でもまだ雪が残っており、そのため先祖の墓参りをすることはできなかった。新潟県、山形県、秋田県において、春彼岸は中日《ちゅうにち》の春分の日を中心として一週間あっても、積雪地帯でもあるところは墓地の所在が雪に埋もれてわからなかった。各家々では雪原に墓地を模倣した洞《どう》と呼ぶ雪墓を作って、そこで墓参りをした。雪墓は雪を山のように盛って作り、真中をくり抜く形にしたものであった。そして雪墓の上や両側に供花《きょうか》として椿や杉などの常緑の小枝を立てた。これは祖霊の依代《よりしろ》である。彼岸は入日、中日、送り日としてお参りした。新潟県十日町市《とおかまち》では家の門先で、爺と婆二つの藁人形《わら》を焚いて迎え火と送り火とした。この行事を仏《ほっけ》たちといい、入日の迎え火をきなれ、中日をなかんだち、送り日の送り火をいきなれと呼んだ。これは素朴な庶民の祖霊信仰からくるものである。新潟県魚《うお》沼《ぬま》地方においては春彼岸の頃はまだ厚い残雪に覆われている。墓も雪の下で出ていないところが多かった。そこで雪で蒲鉾《かまぼこ》型の雪洞を作り、ここに杉の枝や椿を供花としてお参りをした。

雪袴　ユキバカマ

信越地方や中国地方の雪深い山間部で用いられていた山袴である。雪国で用いられていた裾を締めた括り袴《くくりばかま》風の下衣であり、膝下を紐で括った。雪深い日の外出着として、その下に脛巾《はばき》か脚絆《きゃはん》を付けた。仕事着としても夏冬の区別なしに常用として下半身に履くものであった。腰板のない軽衫《かるさん》、裁《た》っ着《つけ》もんぺなどといった。東北地方でも雪袴は見られ、菅江真澄《すがえますみ》が秋田県の阿仁《あに》マタギのものを記録していた。麻製の袴であり、膝下を紐で縛るようにしていたという。

雪掻板　ユキハキイタ

埼玉県秩父地方における除雪用具を雪掻板、または雪掻と呼んだ。雪掻板は長方形の板に長い柄を付けたものであった。これらは自家製であった。

雪橋　ユキバシ

スノーブリッジのこと。新潟県津南《つなん》町、湯沢《ゆざわ》町、刈羽《かりわ》村、十日町《とおかまち》市では春先に小川に覆い被さった積雪が裏側から融けてえぐられて橋のような状態になっているものをいう。橋状とはいっても本物の橋ではない雪の造形なので踏み渡ると川へ落ちる危険がある。雪棚ともいう。

雪柱　ユキバシラ

栃木県において霜柱《しも》のこと。

雪走　ユキパシリ

長野県において雪の上の堅い道を歩くこと。

雪肌　ユキハダ[1)]

雪のように白い肌の女性のことをいう。美人の肌ともいう。

雪肌／雪膚　ユキハダ[2)]

降り積もった雪の表面のこと。

雪花／雪ばな　ユキバナ

天気がよいのに雪がちらつく状態を富山県上市町《かみいち》では雪花が降るといった。雪を花にたとえたものである。新潟県でも風に乗って少し降る雪のことをいった。

雪撥ね　ユキハネ

北海道では除雪のことを雪撥ねといった。↓ユキカキ[2)]

雪腹　ユキハラ

新潟県では雪が降る前や降っている時に悪寒を感じて腹部が痛くなることをいった。

雪払い　ユキハライ[1)]

冬季防寒服。秋田県では紺がすりの木綿に浅葱《あさぎ》の裏を付けた桐油《とうゆ》ガッパと同様の外套をいう。降雪時に着た。

雪払い　ユキハライ[2)]

積雪地方では雪が降った日や吹雪のあった日には雪払いをした。雪払いは男の朝の仕事であった。岩手県和賀《わが》郡では一月から三月までの真冬時は毎日のように出入口や窓に降り積もった雪を払った。雪が降った日や吹雪の日には雪払いが仕事になった。山形県では雪掻きの際の除雪用具をいった。岩手県では雪払《ゆきはり》という。

雪払　ユキハリ

岩手県における除雪用具の名前である。↓ユキハライ[2)]

雪晴　ユキバレ

雪が降り止んだ翌朝は、天気がよく風も少なく快晴の日に恵まれることが多い。雪晴の日は、「鬼の洗濯」「裸坊《はだかんぼう》の洗濯」「乞食《こじき》の洗濯」といわれるようにのんびりとくつろいで気晴らしをした。溌剌とした晴天の下、白一色に輝く積雪風景において、いっせいに雪下ろしが始まるところもある。松尾芭蕉《まつおばしょう》も雪晴の朝を詠んでいた。「馬をさへながむる雪の朝哉《あしたかな》」と。

雪庇　ユキビサシ

↓セッピ

雪ひだ　ユキヒダ

↓ユキシワ

雪紐　ユキヒモ

木の枝、電線、塀、窓枠などに降り積もった雪が垂れ下がって、まるで紐のように見える着雪現象の一つである。気温が零度に近い時に、雪はゆっくりと引っ張ると切れずに伸びる粘弾性を持っている。このために電線や塀の上の雪は落ちかかっても下部に回り込むようになり、両側の雪に引っ張られながら紐を垂らしたようにぶら下がっている状態となる。この状態の雪を雪紐と呼んでいる。日本の雪国ではよく見られるおなじみの着雪現象である。ドイツの気象学者グスター・ヘルマン（Gustar Hellmann 一八五四―一九三九）がベルリンの公園において木の枝に紐状にぶら下がっている雪を発見した。そして、それをシュネーギルランデ（Schneegirlande 雪飾り）と名づけた。その日本語訳が雪紐である。雪の造形美である。

雪日和　ユキビヨリ
空模様が雪の天候のこと。

雪片　ユキヒラ
大分県では魚のうろこのこと。

雪吹き　ユキフキ
山形県での吹雪のことをいった。

雪襖　ユキブスマ
降雪の多いことを雪の襖のようだというたとえのこと。

雪筆　ユキフデ
植物の春虎尾《はるとらのお》のこと。

雪吹雪　ユキフブキ
激しい風に雪が乱れ飛んで降る天気のこと。

雪踏　ユキフミ

積雪地帯では踏俵《ふみだわら》といっている。俵を二つに切ったような藁沓《わらぐつ》である。足に履いて紐で吊り上げ、朝夕に道路の雪を踏み固め、その上を何度も往来した。

雪降り　ユキフリ

新潟県において雪が降っている状態のこと。雪降《いきふ》り、雪《いき》っ降《ぶ》り、雪《ゆき》つぶりともいった。

雪降り髪　ユキフリガミ

馬のたてがみの白いものを、雪が降っているようにたとえていった。

雪降り虫　ユキフリムシ

→ユキムシ

雪のふるまち　ユキフルマチ

秋田県湯沢《ゆざわ》市には雪のふるまちという和菓子がある。生クリームに大納言小豆の錦玉で、降り積もった雪の風情を表現したものである。

雪箆　ユキベラ

新潟県新発田《しばた》市聖籠《せいろう》町においては柄の長い一枚板作りの箆の除雪用具を使用した。金属製シャベルは古式の茅葺《かやぶき》屋根を痛めるので、このような木製の除雪用具が用いられた。青森県東《ひがし》津軽《つがる》郡などで使用した雪箆は一本のイタヤ材を削って作った。スコップが普及すると雪篦は廃れた。宮城県刈田《かった》郡七ケ宿《しちがしゅく》町でも雪篦といった。秋田県雄勝《おがち》郡などの積雪地帯では単に篦といった。栃木県に伝わる雪掻き用の道具として、ほう篦があった。岩手県和賀《わが》郡の雪篦はブナの丸太を四つ割にしたものから割板を採った。この雪篦は雪を切り取って落とすためのものであった。近年は雪用として軽いプラスチック製のものが主流となっている。

雪帽子　ユキボウシ1)
山形県において降雪の際に被った子ども用の頭巾のこと。

雪帽子　ユキボウシ2)
降り積もった雪が郵便ポストや電信柱などにベレー帽のように冠雪した状態をいう。↓カンセツ1)

雪木　ユキボク
愛知県において竹馬のこと。↓ユキアシ

雪星　ユキボシ
埼玉県において降雪の近いことを知らせる大犬座のアルファ星、シリウスをいう。

雪帽子　ユキボシ
青森県において降雪の際に被った子ども用の頭巾のこと。

雪仏　ユキボトケ

雪を固めて作った仏像のこと。

雪掘　ユキホリ

雪国では雪が降ると家族全員が一日の大半を住居で過ごすことになった。家の周囲の除雪作業と、生活空間の家屋の屋根の雪を下ろすことが重要であった。雪掘とは雪下ろしのことである。豪雪地帯では屋根よりも積雪の方が高い場合があり、家を掘り起こすような形になってしまうからそう呼ばれた。新潟県魚沼《うおぬま》市の積雪地帯では屋根の雪の掘り落としをいきほりといった。ここでも雪下ろしとも呼ぶが、いきほりの方がより実感があった。家の入口まで雪の階段を作ったり、道路の積雪が軒より高い場合はそれを掘り下げたりした。落とした雪がうず高くなってくるとこれを片付けて、その雪を運んで棄てた。これをいきちゃぶりと呼び、こうした除雪作業全体をいきいじりと称した。新潟県では雪のことを、いきと発音した。人によってはえき、よき、りきとも発音した。

雪掘り頼人　ユキホリトード

新潟県十日町《とおかまち》市では屋根の雪下ろし作業員のこと。雪掘り頼人とは、雪下ろしの依頼人に対して手伝い人、助け人のことである。屋根の雪下ろしの経費、相場、値段は、危険度が大きくて、リスクが高いので賃金の判断がしがたく、公表されていない。その理由は、①屋根の高さと形状、②隣接建物の保護、③依頼時期、④機材の手配、⑤排雪運搬、⑥雪すて場の確保などで金額が変動するからであるという。[1)] ↓ユキオロシ

雪間　ユキマ1)

雪の降り止んだ間《あいだ》、いわば雪の晴れ間のこと。

雪間　ユキマ2)

春になって雪が融けて山や野原が地肌を見せはじめた箇所のこと。松尾芭蕉《まつおばしょう》は、「雪間より薄紫の芽独活《めうど》哉《かな》」と、春の句を詠んだ。

雪間　ユキマ3)

雪が降り積もっている最中のこと。

雪幕　ユキマク

歌舞伎で使う雪景色を描いた道具幕のこと。

雪まくり　ユキマクリ

樹上に積もった雪塊が落下して、急斜面の積雪上を転落して少しずつ大きくなり、山の下方に達する頃には大きな円形、俵、バウムクーヘンのような雪まくりになる。雪塊は傾斜角度、積雪量、比重、雪の堅さによって大きさは変化する。転落の途中で止まるもの、谷や沢まで転げ落ちるもの、ある程度の大きさになって自壊するものなどがある。平地でも古い雪の上に乾燥した新雪が降り積もり、それに強風が襲いかかり新雪が少しずつ転がり、雪まくりができることがある。大きさは様々であるが、直径一メートルになるものもあり、これを天狗の雪投げと称する。英語ではジャイアンツ・フットボール、スノーローラーと呼ばれている。山陰地方で雪まくりと呼んでいたのが、のちにこれが一般的な名前になった。山形県の日本海側では雪俵《ゆきだわら》や俵雪と呼び、秋田県では、ごろ、だんごろ、でんごと呼んでいる。新潟県十日町《とおかまち》市や湯沢《ゆざわ》町では雪団子ともいった。雪の造形美である。

雪団子　ユキマゴ
新潟県津南《つなん》町において雪団子とは雪玉を割る雪中遊戯のことであった。団子《まご》は雪を手で固めるだけでなく、足で転がしたりして固めたものもあった。単に団子《まご》、かち玉ともいった。↓ユキダマワリ、テンガ、ガッチ

雪雑り／雪交り　ユキマジリ
雪混じり雨のこと。雪雑《ま》ぜともいった。風に雪が雑じる場合にも用いられる。

雪雑ぜ　ユキマゼ
↓ユキマジリ

雪間草　ユキマソウ
京都市上京区の上生《じょうなま》菓子・雪間草は、草を緑色のきんとんで仕上げて残雪の白を山芋のきんとんで表現している。中に粒餡が入っている。

雪またじ　ユキマタジ
岐阜県において雪をかたずけることをいった。

雪待月　ユキマチヅキ
陰暦十一月の異称。

雪松　ユキマツ
正月に床の間に立てる飾り松で葉先を小麦粉や真綿で雪のように白くしてあった。

雪祭　ユキマツリ[1)]
雪祭という、長野県阿南町《あなん》の伊豆神社において、毎年正月十四日に行なわれる新野《にいの》雪祭の民俗行事が有名であるといわれている。↓ニイノノユキマツリ（コラム）

雪祭　ユキマツリ[2)]
北海道札幌《さっぽろ》市や新潟県十日町《とおかまち》市で行なわれる観光行事の雪の祭典のこと、平成三十年で六十九回を数えた。国際的なものとして中国北東部黒竜江省ハルビンでは「氷城」と呼ばれ、一九八五年から始まったハルビン氷雪祭がある。また、カナダ東部のケベック州ケベックシティのケベックウィンターカーニバルは一九五五年から続く祭典として有名である。

雪招　ユキマネキ

雪まぶれ　ユキマブレ
島根県において曇り空から時々日光が差して、その直後に荒れて雪になることをいった。

↓ユキマミレ

雪まみれ　ユキマミレ

吹雪によって全身に雪が凍り付いた状態をいった。雪《いき》ねんぼ、雪《ゆき》ねんぼ、雪《ゆき》だらけ、雪《ゆき》まぶれともいった。

雪まりも　ユキマリモ

雪面に形成された針状の霜の結晶が風でまくられて雪上を移動する。それが直径一センチメートル弱から三センチメートルほどの霜の塊《かたまり》になる。この雪の造形美を雪まりもといった。

雪丸火鉢　ユキマルヒバチ

陶製の丸火鉢のこと。多くは白色が多かったことから雪丸火鉢といった。

雪丸め　ユキマルメ

↓ユキマロゲ[2)]

雪まろげ　ユキマロゲ[1)]

京都市上京区の干菓子・雪まろげは、和三盆《わさんぼん》から作られている。

雪丸げ／雪まろげ　ユキマロゲ[2)]

雪を丸めて雪塊にして、転がして丸めて大塊にした雪中遊戯の遊びのこと。ゆきころがし、雪丸《ゆきまる》め、ゆきまるげともいった。新潟県十日町《とおかまち》市の和菓子の名称でもある。また、京都に紅白饅頭「雪まろげ」や愛知県岡崎《おかざき》市にあわ雪最中「雪まろげ」がある。

雪転ばし　ユキマロバシ
↓ユキコロガシ

雪箕　ユキミ1)
↓ユキウマ、ユキオシ、スノーダンプ

雪見　ユキミ2)
雪の降った景色を鑑賞すること。古来より日本人は風雅の最たるものとして雪・月・花を愛でてきたものである。

雪見形石灯籠　ユキミガタイシドウロウ
井筒紘一編『新版茶道大辞典』（淡交社・二〇一〇）によると、背丈が低くて丸型から八角形までの多様な大きな笠があって、外に広がった支え足が三本から四本脚の石灯籠のことである。

雪見草　ユキミグサ
空木《うつぎ》／卯木の異称のこと。各地の山野に自生するユキノシタ科の落葉低木である。

雪見御幸　ユキミゴコウ
小野御幸《おのごこう》のこと。白河院《しらかわいん》（一〇五三―一一二九）が雪の朝に洛北の小野に住む皇太后歓子《かんし》（一〇二一―

一一〇二）を訪れた時、随身が急ぎこれを皇太后に知らせた。小野皇太后は、雪を見るのに屋敷内にはお入りになるまいと、庭上の飾り付けを美しく整えて迎えた。特に叡感《えいかん》があったという風流話である。

雪見酒　ユキミザケ
遠くの山々や庭の雪景色の風流さを鑑賞しながら酒を酌み交わすことやその酒のこと。

雪見障子　ユキミショウジ
住居の居室に屋外の自然光を明かり取りに使用する建具である。明《あかり》障子の下半分に上げ下げできる小障子を嵌め込んで、外側に透明なガラスが入っていた。部屋からでも雪景色を眺めることができるようになっている。

雪水　ユキミズ
新潟県においては雪解け水、雪消水《ゆきげみず》のことを雪水といった。兵庫県や鹿児島県でも同様にいう。↓ユキシロミズ

雪道　ユキミチ
新潟県では冬の降雪時、朝早くからかんじきで雪を踏み固める方法で歩行道路を造った。

雪見月　ユキミヅキ
陰暦十一月の異称。

雪霙　ユキミドレ
大分県において霙《みぞれ》のこと。雪霙《ゆきみぞれ》ともいう。

雪蓑　ユキミノ
雪の日に着用した蓑のことで、雨蓑と同様であった。

雪見舟　ユキミフネ
山形県の最上川《もがみがわ》舟下りには雪見舟がある。自然を利用して雪を観賞した観光である。最上郡戸沢《とざわ》村古口《ふるくち》にあった戸沢藩舟番所を復元した。乗船場から下流の草薙《くさなぎ》温泉までの十六キロメートルを約一時間で定期船が就航している。

雪見舞　ユキミマイ
積雪地帯において、雪のためやその重みによって家が壊れたり、雪崩《なだれ》や吹雪などの雪害に遭った場合に親戚や知人の安否を尋ねて見舞うことを雪見舞といった。

雪迎え　ユキムカエ
錦三郎『飛行蜘蛛』(丸の内出版・一九七二)によると、山形県米沢《よねざわ》盆地で晩秋の快晴無風の日に、多くの蜘蛛が空中に糸を流し、糸が上昇気流の風に乗り、風船のように蜘蛛が空を高く飛ぶ現象をいった。雪が降る前触れとなるところから雪迎えといった。春の雪解けの季節になると同じ蜘蛛が飛んだ。これを雪送りといった。

雪虫　ユキムシ

雪虫には二つある。一つは東北地方と北海道に生息するカメムシ目ワタアブラムシ類のこと。数多の雪虫が風に乗って飛ぶ模様が降り始まる雪を連想させたのでこの名前が付ついた。倉嶋厚『おもしろ気象学 秋・冬編』(朝日新聞社・一九八六)によれば、晩秋から初冬にかけて有翅《ゆうし》成虫となって白蠟を綿状に分泌して、椴松《トドマツ》の根本からアオダモに移って行く越冬準備の移動である。もう一つの雪虫は新潟などで雪の上に現われるハエ目タカダ・ユスリカの雌などの昆虫の総称である。鈴木牧之の『北越雪譜』にも「此虫夜中は雪中に凍死するがごとく、日光を得ればたちまち自在をなす」とあり、雪の中を灰色に蠢《うごめ》く姿は虫とは思われない妖しさを感じられるという。

雪娘　ユキムスメ

↓ユキオンナ(コラム)

雪目　ユキメ

冬の積雪地帯の雪上において、強い紫外線を眼に受けて起こす眼炎のこと。結膜《けつまく》に炎症が起こると目が充血して赤くなって涙が流れる。角膜《かくまく》がやられると眩しくて目を開けていられなくなり、そして痛みが加わる。古い治療方法としては塩湿布、目に母乳をさす、鶯《うぐいす》の卵を目にさす、ほおずきの汁をつける、ウサギの目玉を水に浸けてその水を目につけるなどがある。また焼いたヤツメウナギ・栗の実・渋川の着いた栗の木・鯨汁《くじらじる》を食べるとよいとされた。↓セツモウ

雪目うつし　ユキメウツシ

新潟県南魚沼《みなみうおぬま》市や十日町《とおかまち》市においては、人を癒す呪いとしての雪目うつしがあった。大橋勝男・岡和男『新潟県雪ことば辞典』（おうふう・二〇〇七）によると、「奥山に檜（ひのき）・椹（さわら）の厚板を買い手があらば値段限らん」という呪文を書いた紙に一つまみの米を載せて、雪道に置いて呪文を唱えた。呪文を懸けた人は雪目が治るが、逆に、その紙を見た他の人は雪目になってしまうという。

雪目覆い　ユキメオオイ

新潟県、秋田県、山形県、岩手県の積雪地帯では農作業中は薄い布で目を覆った。これを雪目覆いといった。雪目予防のためのものであった。この後継が目簾《めすだれ》であった。↓メスダレ

雪眼鏡　ユキメガネ

眼炎対策用の予防眼鏡のこと。日光の強い雪の上、特に雪山や雪原では紫外線が強く、長時間いると眼を痛めることがある。栃木県栗山《くりやま》村（現日光《にっこう》市）野門《のかど》では紫外線から眼を保護するために雪眼鏡を用いた。顔幅ぐらいの細長い板に細長い穴を空けて、耳掛け用の紐を付けたものであった。視界は狭くなるが紫外線の量を少なくして眼を保護したという。

雪飯　ユキメシ

鹿児島県では年忌に死者の近親者が作って贈り、客に出す菓子のこと。米粉に砂糖を入れてこね、蒸籠《せいろ》で蒸した。

雪目と雪焼け　ユキメトユキヤケ

昔の民間医療とは応急処置であり、雪目と雪焼けに対処する方法は現代医学とは桁外れに異なっていた。雪上での長時間の作業や仕事をすると顔は日焼けして、目は炎症を起こし真っ赤になる。この症状を雪目（ゆきめ、いきめ、えきめ）といった。雪目を防ぐために使われたのが新潟県や秋田県では目簾《めすだれ》であった。麻や木綿の蚊帳《かや》地《じ》の端布などを顔幅にして、それに紐を付けた。石川県では雪目覆いといって薄い布で目を覆った。またには馬の毛で編んだ目隠しをした。それらを額から垂らして眼を覆った。これで強い日差しと雪の反射光を防ぎ、風雪も防いだ。目簾はその後継とされた雪眼鏡よりも用途の幅が広かったといわれている。雪眼鏡は淡い色ガラスの眼鏡だった。昔は雪国では眼疾患者がひじょうに多かったとされ、治療法としては鶯《うぐいす》の卵を目にさす、ホオズキの汁をさす、ウサギの目玉を水につけておいてその水をさすなどした。冬期間は激しい寒さのため子どもたちは雪焼け、いわゆる霜焼けになった。これは軽度の凍傷である。雪焼けとは寒さにより手足の皮膚血管が赤紫になり、腫れてかゆみが出たり、崩れたりする症状である。針で突いて悪い血を出して治した。雪を煮た湯にひたしたりもした。雪焼けを防ぐ方法としては手ほい、手甲《てっこう》という手袋を着用した。

雪持ち　ユキモチ1)

木の枝や葉などが、降り積もった雪を載せている状態のことをいう。

雪持　ユキモチ2)

鳥取県において屋根に降り積もった雪が落ちるのを防ぐために瓦屋根に木材や竹などを渡したものをいった。

雪餅　ユキモチ[3]

福島県では冬になると雪餅を作って食べた。正月も十五日頃になると、前年の暮れについた餅にはカビが生えたり、堅くなったりした。そこで雪餅を作った。瓶を用意して、それに雪を入れ、その上に切餅を入れた。そして、また雪を入れ、さらに、餅を入れるというように交互に雪と餅を入れて保存した。岩手県中央部と、県南一関《いちのせき》市、奥州《おうしゅう》市などにおいては旧暦六月朔日には凍《し》み餅を食べる習慣があった。携帯食、保存食として用いられた、おやつや主食の代用食でもあった。凍み餅のほかに、凍餅《すんもち》、寒餅《かんもち》、氷餅《こおりもち》ともいった。山形県でも凍餅《しみもち》といった。新潟県十日町《とおかまち》市や村上《むらかみ》市でも凍餅《しみもち》といった。凍餅は氷点下の寒気を利用してどこの家庭でも作られた。元来は正月餅が残ったのを利用した。凍らせる工程が大事であった。東北地方や上信越地方の寒冷地で作られたという氷餅は、糯米《もちごめ》を一昼夜水に浸し、それを石臼にかけて糊状にした。絹で漉《こ》してから再び石臼にかけて釜に入れて煮た。六、七時間煮終わってから箱に流し込んで寒気に晒した。そして、凍ったところを拍木形に切断して紙に包んで一か月、寒気と日照とによって純白の結晶物にする。凍らせたものを寒風に晒して乾燥させた保存食であった。田中磐の『しなの植物誌』（信濃毎日新聞・一九八〇）には次のようにあった。「諏訪の氷餅に関して記録に載る最も古いものは、将軍家光の代、正保・慶安ごろ（一六四四—一六五一）と推定される年代不明のものながら『五月七日、氷餅一箱進上』とある」。また、江戸時代の信濃高島《しなのたかしま》藩の非常食・御糧菓《ごりょうか》となっていたと伝えられていたが、これも定かでない。信州では小諸《こもろ》藩、飯田《いいだ》藩、高島藩が記録に残っており、氷餅は幕府や諸藩への献上品や贈答品とされた。廃藩置県後の明治初年に小川津右衛門（一八一八—一九〇〇）が製法を変えて氷餅を復活させた。今でも長野県安曇野《あずみの》市に氷餅、諏訪《すわ》市に初霜（氷餅）

がある。

雪餅　ユキモチ[4]

三重県伊勢《いせ》市には雪餅がある。もろこし粉入りの餅で包んで糯粉《もちこ》をまぶしたものが、うっすらと雪化粧した大地のような餅である。

雪餅　ユキモチ[5]

京都市上京区の雪餅のつくねきんとんの中は黄味餡である。

ゆき餅　ユキモチ[6]

京都市左京区のゆき餅は、道明寺糒《どうみょうじほしい》の上に水餅を散らしたものである。

雪持草　ユキモチソウ

サトイモ科の多年草の植物のこと。

雪持林　ユキモチバヤシ

富山県の豪雪地帯の山村では、民家は屋敷木《やしきぎ》や屋敷林に囲まれて、冬の季節風から守る工夫をしていた。集落全体では雪崩《なだれ》の危険を防ぐために雪持林を供えていた。雪持林は雪崩防止のみではなく、保水力や暑さ寒さの環境形成にも役に立っていた。

雪もみじ　ユキモミジ
山形県西川町の県立自然博物園のブナ林では、初夏の芽吹きの際に、冬芽《とうが》を包んでいた赤茶色の芽鱗《がりん》が剝がれ、それが残雪の上に落下する。ブナの芽鱗は雪の上で赤茶色のカーペットを敷き詰めたようになる。この風景を秋の赤い紅葉に因んで雪もみじと呼んでいる。

雪靄　ユキモヤ
↓ユキネブリ

雪もよ　ユキモヨ
雪の降っている最中のこと。

雪催い　ユキモヨイ
空がどんよりと曇っていて、今にも雪が降ってきそうな空模様をいった。

雪模様　ユキモヨウ
今にも雪が降り出してきそうな空合いのこと。

雪催し　ユキモヨオシ
↓ユキモヨイ

雪木綿　ユキモンメン
鹿児島県肝属郡《きもつきぐん》において白木綿をいった。

雪焼け　ユキヤケ1)
新潟県などにおいては凍傷の一種で皮膚が凍えて爛《ただ》れること。霜焼けのことを雪焼けといった。上越ではゆきやけというが、下越では雪がけといった。

雪焼け　ユキヤケ2)
積雪に反射した日光の強い紫外線により皮膚がやけること。いきやけともいった。

雪やこんこん　ユキヤコンコン
雪がもっと降るようにと、子どもがはやし立てる時のことばである。こんこんは「来い来い」という誘いで、「降れ降れ」の意味である。

雪柳　ユキヤナギ
バラ科の落葉低木の植物である。四月頃に柳のようにしなった枝に五弁の白い小花が雪のように咲く。こごめばな、こごめやなぎ、こごめざくらという。

雪山　ユキヤマ
雪の降り積もっている山。雪を高く山のように積み重ねたもの。

雪やら　ユキヤラ
山形県での雪原のことをいった。雪っぱら、ゆぎやら、ゆぎわらともいった。

雪夜　ユキヨ
雪の降る夜のこと。雪の降り積もった夜のこと。

雪除け　ユキヨケ[1)]
降り積もった雪を取り除くこと。

雪避け　ユキヨケ[2)]
雪の害を事前に防ぐための物体や施設のこと。代表的なものはトンネルやシェルター（避難所）がある。

雪避け七五三　ユキヨケシチゴサン
男子三歳と五歳、女子三歳と七歳に当たる年の十一月十五日に氏神様《うじがみさま》に子どもの成長を祝って参詣する行事のこと。北海道では冬の気配が少ないうちに祝うというので、十月十五日に行なう風習という。それでも初雪は十月早々には降ってくるという。

雪除草鞋　ユキヨケワラジ
山口県において降雪時に履く爪籠《つまご》付きの草鞋《わらじ》のこと。

雪よせ　ユキヨセ

冬の雪掻きを競技とした「スポーツYUKIYOSE世界大会」がある。秋田県横手市で開催された。第五回目は平成三十年二月に山内中学校グラウンドにて行なわれた。一チーム三〜五名を選手として登録し、その中から三名が出場する。幅三メートルのスタートゾーンから、前方奥行十二・五メートルの雪山を、スノーダンプ一台とスコップ二本を使って、スタートゾーン後方まで雪を運んで積みあげる。この雪よせをした距離を競いあう。すべて雪よせを完了した場合には時間を競いあう。競技時間としては前半四十五分、後半四十五分の計九十分間である。間に休憩のハーフタイム三十分がある。選手交代の制限はなく、前半と後半ともに競技中の三十分経過後はチーム全員で雪よせができる。雪よせの競技部門は四つある。一般、高校生以下未成年者を含む家族構成のファミリー、中学生以下、年齢無制限女性限定がある。

雪輪　ユキワ[1)]

雪が積もって積雪状態において輪のような形状ができるものが雪輪である。その他にも丸太に巻き付いてできるもの、木の幹の下の根元や水面、氷面などに輪状に分離してできるものなどがあり、できる原因はいろいろあるが、輪状に形作られたものをそう呼んでいる。

雪輪　ユキワ[2)]

紋章の一種で雪片の六角形を丸くかたどったもの。↓ユキ

雪輪　ユキワ[3)]

中国地方の山間部は日本列島の豪雪地帯の南限である。ここでは戦前はかんじき（樏）という言葉はなく、雪

輪、輪、越輪《こしわ》の三種類であった。勝部正郊「中国地方における雪輪」（『雪と生活』３・一九八二）によると、輪は東部の春米《つくよね》豪雪地帯（兵庫県・鳥取県・岡山県が接する地帯）に多く、雪輪と越輪は中央部の都加賀《つがか》豪雪地帯（岡山県・鳥取県・島根県・広島県が接する地帯）での呼称である。西部の匹見《ひきみ》豪雪地帯（広島県・島根県の山口県寄りの地帯）では雪輪であった。雪輪の外枠の形に特徴があり、①足形、②楕円形、③長方形、④円形、⑤繭型の五種類があった。これも地域差があった。中国地方の東部は②楕円形、中央部は①足形と④円形、西部は①足形と②楕円形が代表的な型であった。東日本のカンジキは二本の輪材から作る複輪型であるのに対して山陰地方の雪輪は、一般的に一本の輪材から成る単輪型であった。輪材の全長は様々であるが、普通は一メートルぐらいで片輪ができるとしていた。↓カンジキ、ワカンジキ

雪輪　ユキワ[4]
高知市の雪輪は、雪の六角形をした干菓子である。

雪分け衣　ユキワケコロモ
雪を分けて行く時の衣服のこと。

雪綿　ユキワタ
大分県において綿をちぎったような雪片をなして降る雪を雪綿といった。

雪草鞋　ユキワラジ
冬期間の外履《そとば》き用として福井県では雪草鞋があった。台の作りが厚く、鼻緒の部分に爪先が入る仕掛けがある。

鼻緒は前の乳《ち》から甲の上で横掛けとし、後の乳から踵の二つの仕掛けに掛けた。後部の乳から踵を回って反対の乳に掛けて、踵が引っ掛かる一本の縄紐が付いて足が雪草鞋に固定されるようになっていた。富山県や広島県においても雪道用に爪籠《つまご》を付けた草鞋があった。

雪割　ユキワリ[1)]

新潟県などでは春先になると、雪割といって雪融けを促進させることをした。一日も早く黒い土を見たいという雪国の人々の小さな願いであった。最初に冬期間に家の周囲に堅く凍りついた根雪をツルハシやスコップなどで割ったり、掘ったりした。それを部落ぐるみ、町ぐるみ総出でした。掘り越こした雪塊や氷は集めて川や海へ運んで捨てた。雪割は早春の風物詩であった。青森県ではゆきぎり、山形県ではゆきのけといった。

雪割　ユキワリ[2)]

新潟県十日町《とおかまち》市、上越《じょうえつ》市、津南《つなん》町の建築では、自然に落下するように屋根の中央に付いているとんがり帽子の部材を雪割といった。屋根の頂点に雪が当たって落ちるようになっている。雪割《いきわり》、でっぱり、雪切《ゆきき》り板《いた》ともいう。

雪割板　ユキワリイタ

雪切り板《ばん》ともいった。克雪住宅として、屋根の雪を落としやすくするための落雪方式の付いた住宅で、屋根の頂部に鋭角の三角形の雪割板を設置した。

雪割草　ユキワリソウ
中部以北の高山帯に生えるサクラソウ科の多年草の植物のこと。

雪割花　ユキワリバナ
長野県においてラン科の多年草である春蘭のことをいう。

雪割普請　ユキワリブシン
新潟県湯沢町《ゆざわ》では雪解けを待たずに雪を掘り出して建築の仕事を始めることを雪割普請といった。

雪割豆　ユキワリマメ
マメ科二年生作物、空豆《そらまめ》の異称。

雪わるさ　ユキワルサ
新潟県湯沢町《ゆざわ》において雪を丸めたりして遊ぶこと、雪いじり遊び。

雪ん堂　ユキンド
雪で造った櫓《やぐら》のことを雪ん堂といった。歳《とし》の神《かみ》の行事の際に、雪で櫓を造り、その上や側で子どもらが集めてきた正月飾りや注連縄《しめなわ》を燃やす風習があった。長野県内ではこの風習のことを、どんど焼き、道陸神《どーろくじん》、どんどん焼き、道祖神《どーそじん》、松焼《まつや》き、門松焼き、おしめ焼き、おにいぶし、三九郎《さんくろー》、歳の神、塞《さい》の神、障の神などという。その中で野沢温泉村の道祖神祭は国の重要無形文化財に指定されていて全国的にも有名である。新潟県の津南《つなん》町、湯沢《ゆざわ》町、十日町《とおかまち》市に隣接する飯山《いいやま》市北隣の下水内《しもみのち》郡栄村極野《にざの》、森、箕作《みつくり》の三集落では、正月十四日に大人の作るどんど焼きの祭場の側に、簡素な雪を積んだ約一・三メートルの広さの雪室の祠《ほこら》を掘って祭壇を作った。御神体としては栗の木で作った三十センチメートルぐらいの男女の道祖神像を祀り、その前に御神酒《おみき》やロウソクを供えた。祭主は子どもであったが、今は大人が行なっている。十五日になると一般の人が来て賽《さい》銭《せん》をあげて御神酒を飲んだ。これは集落の人々の原始的呪法であり、その信仰心に結び付けられた行事であった。雪ん堂はどんど焼き行事の一部で、無縁仏《むえんぼとけ》を祭るものだといわれていた。

雪洞／雪堂　ユキンドー

新潟県南魚沼《みなみうおぬま》市や十日町《とおかまち》市において雪で造った櫓《やぐら》のこと。子どもらが行なう塞《さい》の神《かみ》行事で、その上で注連縄《しめなわ》などの正月飾りを燃やす風習がある。雪洞《いきんどー》ともいう。

湯之谷木鋤　ユノタニグシキ

新潟県魚沼《うおぬま》市の旧湯之谷村産の木製鋤《すき》型の伝統除雪用具に湯之谷木鋤があった。ブナ林のある山間地で炭薪材として伐った中から選んで湯之谷木鋤を作った。木工の盛んな土地では量産して販売もしていた。その著名な木鋤の一つが湯之谷木鋤であった。↓コスキ

八日吹雪　ヨウカッブキ

新潟県魚沼《うおぬま》市では正月から二月の節分までの間にかけて、吹雪が一週間近くも続くことがあった。これを八日吹雪といった。

雪袴　ヨキバカマ
新潟県において雪袴《ゆきばかま》のことをいった。猟師らが履いた、膝の箇所を括った袴である。↓ユキバカマ

雪目　ヨキメ
新潟県刈羽《かりわ》村において雪目《ゆきめ》のことをいった。雪に陽光が反射して一時的に目が見えなくなることがある。↓ユキメ

避場　ヨケバ
新潟県魚沼《うおぬま》地方では降雪した道路の道つけは一本道だった。そこで人と人が行き交わるために、道の右か左かに一方を避ける場所を用意した。これを避場、あるいは避け道といった。

よされよされ　ヨサレヨサレ
北島三郎が歌う、星野哲郎作詞・船村徹作曲の「風雪流れ旅」には、「よされよされと雪が降る」とある。このよされよされの部分は降雪の音でも雪の降る様子でもない。金沢明子が歌う歌謡曲にも「雪よされ」がある。雪と「よされ」とは関係はないが、意味としては世去れ、余去れ、寄去れ、夜去れなどという誘い文句や囃し文句である。

四乳橇　ヨチゾリ
二本橇である。一本の橇台に枕（ち・ちち・乳）が二つあるのを二本並べて、それに横木を付けて二本の橇を並行に固定したものである。ツノガラにツノギを左右に動かしながら梶を執った。いわゆる四つ枕があるので

四乳橇、四つ、四じ、四乳山といわれ、安定度もあり、荷物の重力のかけ方、雪への接面のしかたが効果的で積載量も多かった。橇の中で最も多い種類で、橇の基本形でもある。材木などの重量用や木材曳《ひ》きに使用した。用途によって木橇、山橇、荷橇、大橇などともいった。↓ユキゾリ（コラム）

呼ぼり合い　ヨボリアイ
石川県白山市《はくさんし》では積雪時期の慣行として家族の安否を問いかける呼ぼり合いをした。雪掻きなどの除雪作業において、大声で怒鳴って安否を交換するのは冬の声掛けの一つでもあった。特に除雪の合間の休憩時間などに呼ぼり合いをした。

【ら行】

雷雪　ライセツ
発達した積乱雲から降る雪で雷を伴う。

落雪　ラクセツ
山などで降り積もった雪が崩れ落ちること。雪崩《なだれ》よりは規模が小さい。

六花　リクカ
↓ロッカ

利雪　リセツ[1)]
雪を利用しようとする概念。代表的なものは昔からある氷室《ひむろ》である。これが雪を利用する雪中貯蔵に発展し、穀物・酒・蕎麦・野菜・果物などを保管する。その他に、各種施設内の夏期間の雪冷房に利用したり、雪を水源とする水力発電などがある。

梨雪　リセツ[2)]
梨の花のこと。

流雪溝　リュウセツコウ
道路や線路の側溝に除雪した雪を投入し、流水の力を利用して雪を運搬させるための水路である。古くは江戸時代よりこのような地域計画があった。『とやま雪語り』（北日本新聞社・一九八四）によれば、南砺《なんと》市福光《ふくみつ》町では江戸時代から防火水利の用水路が網の目のようにあり、寛政三年（一七九一）の大火の際に消防用水と排水路を兼ねていた。そして冬には流雪溝として効果を発揮した。富山市八尾《やつお》町の先祖伝来の流雪機能は明治時代に完成した。常水路が流雪溝に早変わりできるように水路に関板《せきいた》がある。

蘆雪　ロセツ
蘆《あし》の花のこと。

六花　ロッカ
雪の異名である。六出花《りくしゅつか》ともいう。

【わ行】

輪　ワ
かんじき（樏）のことを輪樏、そして簡単に「輪」といった。↓カンジキ、ワカンジキ

わかさ雪崩　ワカサナダレ
新潟県での表層雪崩のことをいう。

わかし　ワカシ
新潟県関川村《せきかわ》において、風のように音もしないで迫りくる危険な表層雪崩《なだれ》をいった。

わかせ　ワカセ
秋田県での寒中の雪崩《なだれ》のことをいった。↓ワシ

若返った　ワガッタ
秋田県では春近くになってから吹雪くことを若返ったといった。

わかば　ワカバ
山形県では新雪のことをわかばといった。新潟県でも古い雪の上に降り積もった新雪のことをそういった。

若雪　ワカユキ

秋田県では十二月から正月頃まで降る雪のことを若雪といった。新潟県津南町《つなん》や上越市《じょうえつ》において春先になってから降る新雪を特に若雪といった。

輪樏　ワカンジキ

輪樏の構造は骨組みの枠となる框《かまち》としての前輪と後輪、そして足を乗せる台となる乗緒《のりお》・踏緒《ふみお》から構成される。さらに、凍結する氷雪上を歩行する際の滑り止め爪があり、さらに前輪最先端部の反りから成る。乗緒は左右中央部の輪を横に跨ぐ二本の藁縄《わらなわ》や牛皮である。また輪の内側を形づくるいわゆるネットワークがある。このネットワークも様々ある。横一文字、横二文字、横三文字、十文字、井桁《いげた》、三十井桁、籠編《かごあみ》、亀甲《きっこう》、麻の葉、八角八隈取り、鱗《うろこ》、桟俵《さんだわら》、六連星、星などがある。爪も二本が普通であるが、特殊な例は岩手県気仙《けせん》地方のがむしわっかは爪が四本あった。輪樏は、積雪地帯の歩行用具として、北海道から青森県、岩手県、秋田県、山形県の東北地方から北関東、北信越、北陸地方の日本海を通って山陰地方まで分布していた。寛政の三奇人の一人であった林子平《はやししへい》（一七三八―一七九三）の『海国兵談』には次のようにあった。「輪カンジキ也。木ヲ以テ図ノ如ク曲テ真中ニ縄ヲ懸ルコト、図ノ如シ。是ヲ足ニ着ル也」と。鈴木牧之の『北越雪譜』には、「かんじきは古訓なり、里俗かんじきといふ」とある。そして、その代表は輪樏であった。輪樏はその構造から高橋文太郎の『輪樏』では三つに分類した。それを発展させて氏家等の「カンジキ」（『北海道開拓記念館調査報告』9・一九七五）では四つに類型化している。

第一に単輪型である。これは一本の材料を曲げて輪を作るタイプである。主として木の枝や竹材を用いる。一本の根曲がり竹を曲げて輪を作り、先端部や側面を結び合わせるものが多い。乗緒は針金や藁縄を用いた。形は円形、楕円形があった。山陰地方の雪輪も単輪型であった。単輪型の分布は中部地方から鳥取県、島根県、広島県、徳島県をとおって熊本県にまであった。道踏《みちふみ》用で名高いのは福島県の鶴《つる》樏であった。小型の亀《かめ》樏を履いてから鶴樏を装着した。近隣県の栃木県と群馬県にまで普及していた。歩行用の鼻繰り縄で足輪を持ち上げて進むようにした。

第二に複輪型である。二本の輪材で構成していた。前部と後部の二本輪材を前後に合わせて中央の両側面で接合していた。前の輪材が後の輪材の外側で結ばれることが多い。乗緒は針金、藁縄、皮紐などを用いた。先端部分は歩行しやすく、形状が反っており、それがうまく機能している。反っているのを、新潟県では鼻樏といっていた。複輪型では最も多く見られる樏であり、伐採作業や薪出しの仕事にも適していた。というのは凍結した雪上を歩行する際には滑るのを防止するために中央の両側に爪を取り付けているからである。爪は複輪型の特色である。この複輪型の分布は北海道から秋田県、宮城県、富山県、岐阜県、福井県、石川県、長野県までである。分布上単輪型と複輪型とが複雑に錯綜しているところは青森県、岩手県、山形県、福島県、新潟県である。最も樏が多彩なところは新潟県である。次に岩手県と青森県である。積雪地帯の新潟県十日町《とおかまち》市や魚沼《うおぬま》地方では道踏用の大型樏のすかりとごかりがあった。歩行用の鼻繰り縄で足輪を持ち上げて進むように本体は丈夫な複輪型となっていた。

第三に瓢箪《ひょうたん》型である。樏の両中央部が細くなってくびれている瓢箪型をしていた。北海道のアイヌのチンルがそうであった。岩手県久慈《くじ》市においても蝦夷《えぞ》樏が瓢箪型であった。蝦夷樏は青森県にもあった。第四に簾編《すだれあみ》型である。割竹、丸太、木の枝を何本も並べて縄や皮紐で編んで作った樏である。労働作業には適さずに軽作業や歩行などに用いた。

わし　ワシ

秋田県においては、冬の厳しい寒さの時期に起きる表層雪崩《なだれ》をわしといった。

わす　ワス

山形県では、わす、わうす、わおす、わやと呼んで雪崩《なだれ》のことをいった。新潟県においてもわす、わやは新雪の表層雪崩をいった。古い雪の上に若雪が降り積もり新雪が滑り出すのである。

忘れ雪　ワスレユキ

その年の冬の最後に降る雪のこと。↓ナゴリユキ、ユキノハテ

綿子　ワタコ

子ども用の袖無し綿入れ胴着のことを綿子といった。新潟県十日町《とおかまち》市、津南《つなん》町、湯沢《ゆざわ》町では丸型の保温用の背中当てを綿子といった。真綿を数十枚張り合わせて円形か楕円形にして作った。

綿帽子雪　ワタボシイキ

石川県白山《はくさん》市で牡丹《ぼたん》雪のこと。橘礼吉「白山麓の雪氷語彙・俚諺」（『雪と生活』5・雪と生活研究会・

一九八六）によれば、綿帽子雪の綿帽子とは屑繭《くずまゆ》から造った防寒用の被り物であり、降雪が真綿をちぎった様に似ているからである。

わた雪　ワタユキ[1)]

富山県上市町《かみいちまち》では三月から三月二十日頃まで、表面が堅くなって雨が降っても浸透しない雪をわた雪といった。これが多いと雪が消えにくい。山形県では湿雪《しっせつ》のこと。

わた雪　ワタユキ[2)]

山形県での新雪のことをいった。

綿雪　ワタユキ[3)]

新潟県津南町《つなんまち》では気温の高い時に降る大きな雪片で積もらない雪のこと。十日町市《とおかまちし》や刈羽村《かりわむら》でも初冬と春先に降るふわふわして乾いて積もらない雪のことをいった。松尾芭蕉《まつおばしょう》もぼたぼたと降る綿雪を次のように詠んでいた。「餅雪をしら糸となす柳哉」と。餅雪とは綿雪のこと。

わや　ワヤ

新潟県妙高市《みょうこうし》、十日町市《とおかまちし》、津南町《つなんまち》において表層雪崩《なだれ》のことをいった。わやがつく、わやがはしる、わやにあう、わやにつかれるなどと表層雪崩が発生したことを表現した。

藁沓　ワラグツ

雪上の履物は大きくは雪沓《ゆきぐつ》と雪下駄《ゆきげた》に分かれる。雪下駄は別項目において説明をするので、そこを参照願いたい。藁沓とは東北地方や上信越地方では長く積雪期の履物として使用された。藁を編んで作った沓である。藁沓の呼び方はわらうず、わらうづ、わらんず、わろうずなどがあった。雪沓は雪道を履いて歩く際の意味の沓であり、多雪積雪地帯では藁沓や沓と呼んでいた。ゆえに、雪国においては雪沓とは呼んでいない。藁沓か沓かであった。潮田鉄雄（一九三七—二〇〇四）の『はきもの—ものと人間の文化史8』（法政大学出版局・一九七三）の中では、藁沓を言語と形態から五系統に分類した。それは、①シベ系、②ツマゴ系、③ワラジ系、④クツ系、⑤フカグツ系である。

①シベ系は、秋田県のもので、草履《ぞうり》に爪掛《つまがけ》を編んで作った。スリッパ様の雪沓をしべ、すべといい、草履に爪掛を付けてしべぞーり、しべ、しんべ、すんべと呼んだ。スリッパ様の藁沓のしべに、踵《あくと》を付けてあくとしべ、あくとづきのしべといった。また、それに箱のように足を藁で囲んだことから箱稭《はこしべ》ともいった。筒状の俵編みを付けた長い藁沓をたわらしべ、たらしべ、たらこしべ、たろくすべと呼んだ。

②ツマゴ系は、草鞋《わらじ》に爪掛を付けてスリッパ様にしたものを岩手県ではつまご、新潟県ではすっぺといった。短い藁沓も同様に呼ばれた。岩手県では長い藁沓になってもつまごと呼んだのに対して、新潟県では長い藁沓の場合はふみこみ、ふみこみすっぺと呼んだ。

③ワラジ系は、草鞋に爪掛を付けて、福島県、宮城県ではおそふきわらじ、長野県ではうそわらじ、秋田県、山形県ではつまごわらじといった。長い藁沓になると富山県ではふかぐつ、福井県ではわらじふかぐつといっ

藁沓の系統と進化（潮田鉄雄『はきもの』P167より作成）

系統	1. シベ系	2. ツマゴ系	3. ワラジ系	4. クツ系	5. フカグツ系
地域	秋田県	新潟県 岩手県	東北地方 北陸地方	長野県 新潟県	東北地方 北陸地方
原初形態	草履	草鞋	草鞋	ヘドロ クツ ワラグツ	草鞋 草履 ↓
スリッパ様	シベ シベゾーリ	スッペ ツマゴ	ツマカケワラジ ツマゴワラジ オソフキワラジ ウソワラジ ↓	ヘドロ クツ ワラグツ ↓	↓
短藁沓類	ハコシベ アクトシベ	スッペ ツマゴ	↓	↓	↓
長藁沓類	タラシベ タワラシベ サンペイ	スッペスッポン フミコミスッペ ツマゴ	フカグツ ワラジフカグツ	ゴンゾ ユキグツ スッペグツ	フカグツ

ていた。

④クツ系は、スリッパ様の藁沓を、新潟県、秋田県ではわらぐつといい、青森県、秋田県、新潟県、長野県では沓と呼んでいた。特に、秋田県においては、へどろともいった。これが長い藁沓になった場合には、新潟県では、すっぺぐつ、長野県では、ゆきぐつ、ごんぞうといった。

⑤フカグツ系は、東北地方と北陸地方の雪国に広く分布していた。これは最初から長い藁沓として作られたものが多かった。

藁沓には人の名前のようなものが多くあった。秋田県には特に多く、長い藁沓の代表が三平《さんぺ》である。そして、爪掛草履の権兵衛《ごんべい》、それが伝播して源兵衛《げんべ》となり、甚兵衛《じんべ》、新兵衛《しんべ》にもなった。もちろん藁沓の名前は全部当て字である。人名の履物があるからといって、考案者の個人名ではない。秋田方言学者・北条忠雄（一九一一―二〇〇六）の「雪にちなむ秋田方言」（『雪國民俗』２集・秋田経済大学雪国民俗研究所・一九六四）によれば、藁の外側の柔らかいところをしべ、しびと呼んでおり、藁自体がしべである。それが転訛してそっぺ、すっぺ、じんべ、ずんべとなった。藁のしべ、しんべは、数字の四を「しべ」と解釈したという。わらしべの「しべ」から一つ引いてマイナスの「三」にして、さんぺとしたのである。さらに、「しべ」の四に一プラスすると五のごんべになり、二プラスすると七のしちべになる。爪掛草鞋を進化させた長い藁沓として円筒状の前部に足を入れやすいように裂けたものを作った。さんぺの改良品として、いきなり七兵衛《しちべえ》になった。ブーツのようにファスナーのない時代だったので履いてから長い紐で脛にグルグルと巻き付けた。

藁打　ワラダ

雪の自然環境と、それを利用した狩猟に藁打猟がある。藁打猟は多雪地帯ないしは積雪地帯に発達した狩猟法である。藁打猟は藁打という道具を用いる。藁打という道具は簡素な藁製のものである。天野武『我が国における威嚇猟とその用具』（岩田書院・二〇〇三）によれば、藁打の作り方は、①中心部を空にして輪状に編んだもの、②輪状に編んだものに木製か竹製の柄を一本取り付けたもの、③輪状に編んだものに短い藁製の尻尾を取り付けたもの、④輪状に編んだものに二本の細長い縄状のものを取り付けたもの、⑤方形状に編んだものに真ん中に一本柄を取り付けたもの、⑥藁製で先端部を苞《つと》状に編み重くしたものなどがあった。藁打を使った狩猟法は藁打猟という威嚇猟である。威嚇猟とは降雪期に動物の習性を利用し、捕食動物の天敵タカ類が襲ってきたように人が擬装をして捕獲する方法である。換言すれば、野兎や山鳥を嚇《おど》かす手段を講じて雪穴に逃げ込ませるとか、竦《すく》ませるなどをして、それらを生け捕りにするものである。藁打の代用品としては、①木や竹の棒きれ、②木の蔓、③天敵タカ類に模したもの、④うすい板切れ、⑤矢、⑥転用品としての桟俵、古草鞋、輪樏、木鋤、背負い袋、編み笠、帽子、腰皮、鉈《なた》、手拭、首巻、⑦振り用としての長目の棒、短目の棒、⑧雪玉や礫《つぶて》なども利用した。

藁打の威嚇猟具分類
（天野武『わが国における威嚇猟とその用具』より作成）

投げ飛ばし用威嚇猟具	1．竹・木の棒切れ	①真竹の地下茎 ②木の棒切れ ③股状の棒切れ ④表面を凸凹にした棒切れ ⑤表面を浮き立たせた棒切れ ⑥先端部にシバ束・木の葉などを取付けた棒切れ ⑦ボロヌノ（襤褸布切れ）を結び付けた棒切れ
	2．木の蔓	①輪状に曲げたのみの蔓 ②輪状に曲げた蔓に柄を取り付けたもの ③輪状に曲げた蔓に藁編みを取り付けたもの ④輪状に曲げた蔓に縦横数条の細い縄を張ったもの ⑤輪状に曲げた蔓に縦横紐をまわして羽根を取り付けたもの
	3．藁で編みあげたもの	①中心部を空にして輪状に編んだもの ②輪状に編んだものに柄を取り付けたもの ③輪状に編んだものに尾を取り付けたもの ④輪状に編んだものに柄やその他を付したもの ⑤方形状に編んだものに柄を取り付けたもの ⑥藁で先端部を苞状に編み重くしたもの
	4．捕食者（天敵・タカ）を模したもの	
	5．うすい板切れ	①股状のもの ②板切れ一枚のもの ③板二枚を連結したもの
	6．矢	
	7．転用・不定型の威嚇猟具（カンジキ、コスキ）	
振り用威嚇猟具	1．専用	①長目の棒 ②短目の棒 ③竿に音立てを取り付けたもの
	2．転用	①藁で編みあげた先端にふくらみがあるもの ②スキー用のストック
その他	雪玉、石礫、手拭い、首巻き、帽子、笠、袋、腰皮、他	

藁蓋　ワラブタ

材料が藁製の一枚橇である。木炭や薪を運搬するのに用いた。簡単な作りであれば一回限りの使い捨てであるが、先端を強く頑丈にして作ると四、五回ぐらいは使えた。使用後は燃料として燃やしてしまう。岐阜県高山《たかやま》市の飛驒民俗村や山形県鶴岡《つるおか》市の致道博物館の藁蓋は全長が二メートル弱で、幅が五十センチメートルぐらいであった。藁蓋は積載度が広く安定感はあるが、逆に、着雪面も広くなることが難点であった。↓ユキゾリ（コラム）

わんぱ　ワンパ

秋田県における小寒の初めから大寒の終わりまでの期間に起きる表層雪崩《なだれ》のことをわんぱといった。↓ワシ

【ん】

んばゆき　ンバユキ

牡丹の花弁のような大きな雪片となって降る雪を青森県八戸市では、んばゆきといった。

んまの馬の背みたいな道　ンマノドショミタイナミチ

降り積もった雪道を人々が通行して両端だけが踏み込まれてしまうと、真ん中だけが馬の背（どしょ）のように高くなって歩きにくくなった。富山県砺波《となみ》市ではこのような道を、んまの馬の背みたいな道といった。

■コラム■

雪氷漁労　セッピョウギョロウ

冬期間は雪国での漁師は漁を休んでいた。冬期間のタンパク質の補給をするために川、湖、潟の淡水魚を捕ることを考えた。長野県諏訪湖《すわこ》における氷下曳網漁法《こおりしたひきあみぎょほう》を習得してできたのが秋田県八郎潟の氷下曳網漁法になり、秋田県人がそれを青森県の小川原湖に伝播させた曳網漁法があった。氷下の曳網漁の歴史は古く室町時代初期の延文元年（一三五六）の『諏訪大明神画詞《すわだいみょうじんえことば》』（『日本庶民生活資料集成』26巻・三一書房・一九八三）の冬に記録されていた。新潟県においては雪をふんだんに使用した独特の漁法のざいぼり・雪攻《いきぜ》めというのがあった。

①あかだな…新潟県旧西蒲原《にしかんばら》郡巻《まき》町（現新潟市）の鎧潟《よろいがた》では田んぼに氷が二重に張ったのを利用して行なった。夕方に田んぼの中の氷を打ち破らないで底を残しておいた。そして、魚が出入りできる箇所を直径十センチメートルぐらいの穴を空けて置いた。翌朝に魚が入っているかどうか見てから捕まえた。

②雪攻《いきぜ》め…雪攻めは、ざいぼりの漁法の別名称である。漁法はざいぼりの項にて説明する。新潟県十日町《とおかまち》市では雪攻め、いき攻めといった。三条《さんじょう》市ではざいぐり、ざいくくりといった。長岡《ながおか》市ではざいくりだまといっていた。

③石釜漁《いしかまりょう》…石釜漁は鳥取県鳥取市三津の湖山池において、厳冬期の一月下旬から二月上旬にかけて行なわれる伝統的な漁法である。石釜あげともいった。特に雪が降って湖水面に氷が張るようになる寒い日が豊漁であった。水深・水流・土質・気象などを考慮して大小数千個の石を組んで石釜を造った。漁は男女十数人が組みを

作って総がかりで行なった。この時間は六時間から八時間くらいといわれている。少しでも休むと魚があとがえりするので食事も立ったままであったという。石釜は間口十五メートルと奥行十五メートルぐらいであった。石を積み上げて造った漁道をつつき棒で胴函《どうかん》といった捕獲部分の魚たまりまで追いあげる。越冬中の鮒《ふな》が主であり、それに鯉《こい》、鯰《なまず》、鰻《うなぎ》、公魚《わかさぎ》、海老《えび》なども混じって獲れた。構築した石が釜に似ているから石釜漁といわれた。承応四年（一六五五）以前から周辺の百姓の冬の副業として行なわれたと伝えられていた。明治十年（一八七七）には最盛期の八十六基を数えたが昭和十八年（一九四三）の鳥取大地震によって大半が使用不能になった。平成十四年（二〇〇二）から平成十五年（二〇〇三）にかけて被害の少ない石釜が修復されたが、現在でも操業可能なのは四基となっている。鳥取県無形民俗文化財に指定されている。

④追いもの…新潟県の豊栄《とよさか》市（現新潟市）の福島潟に氷が張ると追いものが行なわれた。氷のざいを割って半円形にたんから網（扇網）を七本か、八本立てて連ねた。大勢の人々が棒を持って遠くから氷の上を叩いて魚を網の方へ追う漁法であった。鮒や鯉が多く獲れた時は賑やかになった。西蒲原郡巻町（現新潟市）の鎧潟ではがちぼい、おいこみと呼んだ。

⑤氷下刺網…秋田県南秋田郡の八郎潟の氷下刺網《さしあみ》はちかあみともいった。形態は一把の長さ二メートルで、丈五十センチメートルで山頂に目標の布を付けた。漁獲物は白魚《しらうお》、鯔《ぼら》、鮒《ふな》、公魚《わかさぎ》であった。氷下漁業で獲った魚を氷魚《ひお》といった。菅江真澄《すがえますみ》遊覧記の『氷魚《ひお》の村君《むらぎみ》』という題があったのはここからきている。菅江真澄は文化七年（一八一〇）に氷下曳網を以下のように見聞していた。「一とせ（享和二年）八竜の凍の下の網曳見てむと、久保田（秋田市）より新関の浦（潟上市）をはじめ、大久保の浦（潟上市）の沖遠う雪ふみ分て、はるばると行てそ

の漁を見き。はた、こたび（文化七年）睦月十八日今戸の浦（井川町）より入て、例よりもふかくふりにふりて、いづこや田づら、いづこや湖水の氷の上とも、いさ白雪をふみしだき、こゝらの人の行しりについていたる。ところどころに雪かいわけて、氷破れ水見ゆる処あり、綱引しつる跡とか。（中略）六人して、手力とて柯（から）いとながやかなる鉏（すき）をもて氷をうち穿、大穴を掘り小穴をいくばくとなう掘て、浮を竿の末に付て通し、それを小鍵といふものしてひき上ては、又棹につけて通し通し引揚もて行て、会簸といふに両網曳出ては外に引ぬ。漁の魚は真鮒、白鮒あり、赤鮒は秋のもみぢ鮒、鴨の子は鮒の品劣れり。真鴨鮒といふあり、赤鮒につげり。鯔（ぼら）あり、此浦人は名吉（みようぎつ）とのみいへり。鷹の羽てふ王余魚（かれい）いと多し。地加てふさもの（狭物）あり、王加差者とはことなれりか、（中略）さし網あり、又延縄のありて、王余魚釣る桁縄といふ、此漁の業にたくみなる事、身もおどろきぬ」と（「比遠能牟良君《ひおのむらぎみ》」内田武志・宮本常一編『菅江真澄全集』第四巻　未來社・一九七三）。

⑥氷下曳網…秋田県南秋田郡の八郎潟は水深が浅く冬期間は全面氷結した。この冬期間を利用した曳網漁法があった。こみ漁、しこみ漁とも呼ばれ、公魚《わかさぎ》、鮒、白魚、鯔《ぼら》が獲れた。漁法は十人ほどで一組であった。漁場においては長さ三メートル、幅二メートルの網入口（どう入、しこみ穴）を手力《てぢから》と称する柄の長い潟鍬で作る。この穴から直線百メートルぐらいの所に、長さ六メートル、幅四メートルの網引穴というあわせ口を作っておく。この間に楕円形状に十二メートル間隔に小さい穴を手力で空ける。この穴は網入口からあわせ口まで網綱を持っていくための穴であった。この穴から穴を結ぶものとしては細い杉棒が用いられた。穴から網を引き上げる際に使用されたものが小《こ》かぎといわれる道具であった。寛政六年（一七九四）頃、久保田城下の上肴町の商人の高桑

屋与四郎が長野県諏訪湖を訪れて「氷下曳網漁」を習得して八郎潟地区の漁民に伝えたといわれている。江戸時代の紀行家・菅江真澄はその漁法「しがさし」の用具、方法、漁民の服装などを詳細に観察して「氷魚の村君」に記録しておいた。八郎潟の氷下曳網漁法は明治時代に建網を数える語で九十箇統《かとう》を数えるほどの盛況さを誇り、昭和三十八年（一九六三）干拓完成まで続いた。

⑦氷曳き…江戸時代の儒者で福岡藩士の貝原益軒《かいばらえきけん》（一六三〇―一七一四）は貞享二年（一六八五）に『東路記』に長野県諏訪湖の氷下曳漁法を次のように記していた。「此湖、冬春の間、氷はりて寸地も透間なく、湖一面にふさがる。（中略）春も年によりて、正月の末、二月の半まで氷の上をわたる。二月半までわたれれば、氷は二月末まであり。（中略）氷のあつさ、年により八九寸、一尺二、三寸あり。其上は何ほどの大木、大石を置ても破る〻事なし。（中略）日本国中に湖多しといへども、かくのごとく氷はる所なし。（中略）此湖、氷はりて漁人氷の下にあみを引を氷リ引と云。是又、奇異のわざなり。氷を一所長くうがちて、其所よりあみを入、又、其先をうがち、竹の竿を持て、まへのうがちたる所より次のうがちたる所まで、あみを送りやりて、幾所もかくのごとくにうがちて、あみをひろくはりて魚をとる。昔はかくの如くするすべをしらずして、冬春は漁人すなどりをせずといへり」（『新日本古典文学大系98』岩波書店・一九九一）と。氷の下を曳く地曳き網の漁法の歴史は定かではない。諏訪湖のことは室町時代初期の延文元年（一三五六）に諏訪円忠《すわえんちゅう》（一二九五―一三六四）の『諏訪大明神画詞』に次のようにあった。「漁人網をおろすとて、仮令五六尺切ひらく時、十人計斧鉞を持て、切て魚をとる」と（『日本庶民生活史料集成』26巻・三一書房・一九八三）。

⑧氷下曳…新潟県西蒲原郡巻町（現新潟市）の鎧潟では氷のざいが風と波とに砕かれて川下に集合していた。

その下には魚が多く潜んでいた。これに網を回して獲ることを氷下曳《ざいしたびき》といった。

⑨氷掘り…雪国独特の珍しい漁法が氷掘《ざいぼ》りであった。新潟県蒲原地方、福島潟、鎧潟、南魚沼《みなみうおぬま》地方の低湿地帯の淡水田や小川において行なった漁法であった。雪が水を吸ってそれが固まったものを蒲原地方ではざいと呼んだ。田んぼ、小川、潟に堅いざいが張り巡らすと、その上を人が歩けるようになった。そして、そのざいの下にいる魚を獲る漁法をざいぼり、ざいぐりといった。ざいに穴を空けて穴の中に雪を入れた。ざいの穴の中を雪と水とのどろどろの大根卸《だいこんおろし》状態にした。これはざいの中をシャーベット状態にして魚の動きを封じ込める漁法である。そして、ざいの中にでんごつやざいくくりという竹の棒を差し込んだ槌で穴の中を掻き回した。そうすると穴の中の雪に紛れて水と一緒に魚がざいの上に出てきたという。規模の大きいざいぼりは追いもん（追物）と呼ばれ、潟や川にざいの穴を空けて流し網を張り、遠くからざいを叩いたり、でんごづつで掻き回しながら魚を流し網の方へ追ってきた。追手が網の所にくると網を揚げて獲った。大がかりなものとなると二十人から三十人ぐらいで行った十日町市ではいきぜめ、ゆきぜめ、長岡市ではざいくりだま、三条市ではざいぐり、ざいくくりといった。その他はざいぶりともいっていた。

⑩氷割り…新潟県南魚沼郡の漁法の一つであった。雪で囲っておいて魚が囲いの中から出られないようにして水面の氷を割って獲る漁法であった。

⑪氷じゃっこ…青森県の内水面漁業のあった三戸《さんのへ》郡名川《ながわ》町（現南部町）斗賀《とが》では、氷の周囲を網で囲み、氷を鶴嘴《つるはし》か鉞《まさかり》で割り、魚を獲る漁があった。また、三戸郡南部《なんぶ》町沖田面では魚が氷の下にいるので氷を割り、手摑みする漁であった。これで獲れたのはぎんぎょといわれる魚が主だった。これをしがじゃっこといった。

⑫氷曳網《しがびきあみ》…青森県上北《かみきた》郡東北町の小川原湖の沼が凍結した時に、一月下旬から二月中旬にかけて氷曳網《しがびきあみ》を行なっていた。氷曳網とは氷に穴を空けてその穴を連ねて網を送り、氷の下を曳く地曳網の漁法のことをいう。氷曳網を行なっていた集落は、小川原湖沿岸の鶴ケ崎、舟ケ沢、田ノ沢であり、最盛で十五箇統《かとう》も操業していた。多くの人手と時間がかかったという。氷曳網は三十三メートルの袋網、片側長さ百八十メートルの両翼の袖網、長さ五百四十メートルの曳網から成り、曳網の先を長さ二十メートルのしが竿《さお》の端に結んだ。氷曳網は湖水の流れに沿って上流から下流に曳いた。まず、網を入れる氷穴のいれ穴を鉞で切った。これは三・六メートルと五・四メートルの長方形であった。いれ穴からしが竿をひらき穴に向けて流し入れた。開き穴は二十メートル間隔に四十センチメートルの三角形の開き穴を七個開けて三角形の氷を立てて置いた。かぎで次々に網を送るつなとおしをした。袖網がいれ穴から七つ目の大きな開き穴で、つなとおしの穴の向きを水の流れにそって下流方向にかえる。この先二十メートルごとに五百メートルまで左右平行に開き穴を切った。しが竿を開き穴七つ目で一度曳き抜き、ひき穴にそって方向転換をした。ここで曳網を一回曳いて袖網を広げた。腰にこしびきを付けた曳き子は六、七人が二メートル間隔で左右に立った。曳穴を五百メートルほど進んだところで内側のあげ穴に向けてよせ穴を切った。ここでしが竿を氷上に曳き揚げてあげ穴方向に転換した。曳網を曳き、魚を囲むようにして袖網をあげ穴に誘導した。あげ穴からしが竿を曳き揚げると袖網が揚がってきて水揚げとなった。最後に袋網を揚げた。氷の下は水温が低く、魚の動きも鈍かった。網に入ったのは公魚《わかさぎ》、白魚、鯉《こい》、鮒《ふな》、鯔《ぼら》、石斑魚《うぐい》、沙魚《はぜ》などであった。小川原湖漁業協同組合編による『小川原湖漁業協同組合四十周年記念誌　小川原湖と漁業協同組合の歩み』（一九九〇）によれば次のようにあった。「野口和三郎の記憶によれば、明治末年だと思われるが、秋田県の

伊藤某氏が甲地村舟ケ沢の浜田万之助宅を宿にして、七戸川沿いの開墾に従事していた。その伊藤氏が、結氷後の漁業がケドのツカかけを除いて皆無であることを知り、秋田から氷下曳網と漁師とを連れてきて、この漁法を試みた。それから一、二年を経て、舟ケ沢の沼辺市松氏が本格的に氷下曳網漁法に着手している。その頃、秋田から招かれた漁師の指導者は、橇に乗ったまま漁場に運ばれ『先生』と呼ばれていた。野口氏は、この珍しい漁法を見物するために、三沢、早稲田から対岸の漁場まで出かけた」と、報告されている。小川原湖の氷曳網は秋田県八郎潟から移入された氷下曳網漁法であることが理解できる。

⑬じえ盛…じえ盛とは氷山のことである。秋田県南秋田郡の八郎潟は冬期間氷結して春先の強風で氷が割れて岸に高く積まれる。これをじえ盛と呼んだ。この下に小魚が集合してくるので、これを狭提網《さであみ》という魚を掬い取るたも状網で獲った。この手網はたも（攩）とも呼ばれていた。これも氷下漁業の一つである。

⑭氷潜網…秋田県南秋田郡の八郎潟ではしがとは氷のことである。しがきりは氷をきることを指した。しがくぐり網は氷下漁法の際に氷の下を潜水させる網のことを指した。

⑮突つき網…新潟県岩船郡朝日村（現村上市）では冬になると、岸近くの水面に薄く氷が張った。そこに石斑魚《うぐい》が集まったという。その周囲の氷を割り、雪を投げ込むと石斑魚が浮き上がった。これを簎《やす》で突いて獲った。

⑯突つき追い…新潟県西蒲原郡巻町（現新潟市）鎧潟では田の掘あげに氷が張った。その時に行なわれた漁法であった。氷に穴を空けて突く棒で突きながら追い込み網の中に入れた。

⑰じゃりがち…新潟県西蒲原郡巻町（現新潟市）鎧潟に人が渡れるぐらいの氷が張った時期に四人～五人で行なわれた漁法であった。氷に丸く傷を付けておき、氷を割り落とすと水中から魚が跳ね上がった。そこを摑まえ

るのであった。

つぶし打ちと縄張り　ツブシウチトナワバリ

雪が人生儀礼に深く関与する事例としては、結婚の際のつぶし打ち、つぶし、縄張り、嫁垣《よめがき》などが挙げられる。現在はなくなってしまったが、嫁入りの際に花嫁行列に対して行なう形の変わった祝福であった。その中で冬場の雪玉が代表的なものである。花嫁道中の際、花嫁の文金高島田《ぶんきんたかしまだ》の髪を狙って礫《つぶて》を投げつけたことからこのつぶし打ちが始まったのである。それが雪のある地域では雪玉となった。結婚式は農閑期の冬が多かったので、とくに日本海側ではこの雪玉の事例が多く見られた。北海道、青森県、山形県、福島県、新潟県、富山県、石川県、福井県、長野県、埼玉県、千葉県、東京都、静岡県、岐阜県、滋賀県、三重県、和歌山県、奈良県、大阪府、兵庫県、岡山県、鳥取県、島根県、そして愛媛県、高知県、徳島県、佐賀県、長崎県、熊本県、大分県、宮崎県、鹿児島県においてこの事例が見られた。花嫁道中をじゃますることはつぶし打ちの他に、道路そのものを通行不可能にした。道路の真中に雪の山を出現させたりしたように、雪のある地域では当然のように雪を使用した。その他に、石、竹、材木で通行の行く手を嫁垣という垣根を作って阻んだ。これも祝福の作法であったという。降雪地域である岩手県ではこのような風習は見られなかったが、秋田県由利本荘市ではマドワカゼという嫁見の風習も祝福の一つであった。能代市の日吉《ひよし》神社の嫁見まつりは今も続けられている。花嫁道中の祝い唄を所望されて歌い、祝い酒を出すぐらいであった。花嫁ばかりでなく婿が祝福を受ける場合があった。現在でもそれが続いている所がある。それが新潟県十日町《とおかまち》市松之山《まつのやま》町の婿投げである。今では地域の婿投げから全国公募のそれに変化している。これも民俗の変容といえるものである。これは婿である男性を遠くに投げ飛ばすのであるが、雪の大地がクッションの代わりをしてくれて暖かい祝福の手を差し伸べてくれるというものである。結婚式の際にも新郎新婦に対する水、炭、豆、米、花によるシャワーもあった。これはフラワーシャワー、ライスシャワーと同様なものである。

①石打…静岡県の伊豆《いず》地方では結婚式の祝言の夜に、若者が大勢で押しかけて来て新郎新婦の席に小石を投げつけた。これを石打といった。同県安倍郡《あべ》（現静岡市）にもあり、この時に若者に飲ませた酒を口塞ぎ酒といった。浜松市積志町《はままつせきし》では娘を嫁がせるには集落の若者達に酒披露をしたという。東京都品川区東品川では、昔、花嫁に石を投げる風習があった。投げ入れる人数が多いほど喜んだという。

②祝いかけ…山形県朝日村《あさひ》宮宿では花嫁行列の際には祝いかけと称して祝い唄を所望されることがあった。希望されると酒を出して歌った。これを祝いかけといった。酒田市《さかた》宮野浦では花嫁道中は歩いていった。見物人たちは花嫁を足止めするために縄や竹を張ったという。村山地方から庄内地方では縄の代わりにほうきを道に倒しておいて、花嫁行列では妨害されると見物人に酒肴を振る舞った。道中の妨害は多ければ多いほどよく、花嫁姿の美しさが見物人に褒められるので縁起がよいとされるという。

③祝い水…佐賀県東松浦郡《ひがしまつうら》鎮西町《ちんぜい》塩鶴（現唐津市《からつ》）では嫁入り行列の途中で水を掛けられた。時には泥水を浴びせられることもあった。そこで花嫁には必ず蛇の目傘を差して防いだという。婿も水を掛けられる風習もあり、これをささ祝と称した。長崎県でも婚礼の行列に対しては見物人がいたずらをした。道に石や藪《やぶ》を出したり、水や土を掛けたりした。壱岐《いき》ではわんざんといい、五島《ごとう》ではささ水掛けといった。熊本県や宮崎県では婿に水を

つぶし打ちと縄張（○＝名称不明）

	ツブシウチ系	ナワバリ系
青森県	マグチキリ	
山形県		イワイカケ
福島県	ミズシュウギ	
新潟県	バイブチ、バイブツ	ヨメドメ
富山県	ツブシ、ツブシウチ	トオセンボ
石川県	ツブシウチ、ツブシ	ナワバリ、ヨメカチ
福井県		ヨメガキ、ヨメイリノカキ、ミチイワイ
長野県	ヨメイジメ	ヨメイジメ
東京都	○	
埼玉県		○
千葉県		シリタタキ
静岡県	イシウチ	
岐阜県	○	○
滋賀県	○	
三重県	ツブテウチ、ミズイワイ	
和歌山県	ゴショモ	
奈良県	○	○
大阪府		ミチアケ
兵庫県		ヨメノカキ
岡山県		ヨメガキ、ミチイワイ
鳥取県	ショモウ	ダシモノ、ダシ
島根県	○	○
愛媛県	ツブシウチ、ツブテ	ミチツクリ、ヨメサンノカキ、ワヤク
高知県		○
徳島県	ミズアビセ	
香川県		ミチツクリ
佐賀県	ササイワイ、イワイミズ	
長崎県	ササミズカケ、ワンザン	
熊本県	イワイミズ	
大分県	ハシリシュウゲン	
宮崎県	イワイミズ	ヨメオシミ、ヨメサンミ
鹿児島県		○

掛けたという。この水を祝い水といった。

④御所望…和歌山県では嫁入りの花嫁行列が通ると、「御所望《ごしょも》、御所望」と見物人から掛け声がかかった。これは行列の中ののど自慢の者が歌うのを期待してのことであった。鳥取県でも花嫁道中に出会うと集落の見物人から長持唄の催促が、「所望《しょもう》、所望」とかかったという。もし、ここで歌わなければ、花嫁行列は道を塞がれて通れなくなったという。

⑤尻叩き…千葉県銚子《ちょうし》市名洗《なあらい》町では結婚の際の嫁いじめ・婿いじめがあった。嫁が婚家に入る時に子どもが嫁の尻を叩いたという。同様なことは香取《かとり》郡神崎《こうざき》町、同郡干潟《ひかた》町（現旭市）、市原《いちはら》市姉崎《あねさき》・加茂《かも》、袖ケ浦《そでがうら》市長浦《ながうら》地区・昭和《しょうわ》地区にもあったという。

⑥出し…出しとは出し物のことであり、神の依《よ》り代《しろ》として突き出した飾りに由来するといわれている。祭礼の際には飾り物を引き出す車や屋台をさしている。鳥取県では集落の若者が花嫁道中の通り道に松竹とか、鶴亀などの出し物を出して祝ってやった。見物人も多く出て、花嫁行列がそこに来た時は、「所望《しょもう》、所望」と叫ばれ、長持唄の催促がかかった。

⑦つぶし…富山県高岡《たかおか》市手洗野においては縄を張ったり、雪玉や石を投げたりして嫁入りの邪魔をすることをつぶしといった。大正時代の初めまで続いていた。立山《たてやま》町でも昭和十年代まで嫁入りの際に若衆や子どもたちが雪玉や泥を投げる悪習があった。花嫁の差した傘が破れてしまうこともあった。富山県東砺波《ひがしとなみ》郡平《たいら》村・上平《かみたいら》村・利賀《とが》村（現南砺《なんと》市）においては花嫁道中には雪玉や水を掛けたり、道に雪の山を作ったり、材木を置いたりする風習があり、昔は特に酷《ひど》かったという。

⑧つぶし打ち…石川県の能登半島や加賀地方では嫁取りは冬に多く行なわれていた。雪中の嫁入り道中につぶし打ちと称して雪玉や小石を投げたり、縄張といって嫁入り行列を縄、木、石で妨害することが広く行なわれていた。七尾《ななお》市では嫁取りの時は縄を張って初嫁のかつらを目掛けて雪玉や礫を投げた。門前《もんぜん》町（現輪島《わじま》市）でも嫁に雪玉を投げる行為はつぶし打ち、つぶしと呼んだ。加賀《かが》市でも雪玉の他に石、土、酒樽を投げた。そして酒をせびったり、銭を撒かせたりすることもあった。珠洲《すず》市では冬は落とし穴を作って悪さをしたという。石川県の嫁取りではこれがないと愛想がないといわれた。こういう場合は酒や銭など出してとりなしをしたという。これは結婚を妨害しながらも承認して祝意を表わす意味といえた。集落の若い者が酒肴をねだるために、祝宴の樽引（石川県白山市白峰《しらみね》）や入れ酒（石川県志賀《しか》町福浦）という酒樽を投げ込んだり、くもすけ（金沢市二俣《ふたまた》町）という臼を入れたりするのは祝意と愛嬌であった。滋賀県今津《いまづ》町（現高島市）では若者が花嫁行列を待ち構えて雪玉や草鞋《わらじ》を投げつけた。

⑨通せん坊…富山県五箇山《ごかやま》の利賀《とが》村（南砺《なんと》市）では嫁入り道中の際に通せん坊といって路上に雪山を作ったり、材木を置いたりした。大山《おおやま》町（現富山市）、大沢野《おおさわの》町（現富山市）、八尾《やつお》町（現富山市）でも縄を張ったり、竹を置いて通せん坊をして花嫁行列を妨害した。そのために行列はぐるぐると回り道をさせられたりもした。富山市富岡・月岡《つきおか》、大山町（現富山市）でも玄関に大きな石を置いた。砺波《となみ》市ではつぶしを打つといった。西砺波郡福《ふく》岡《おか》町（現高岡市）五位山では嫁が母とともに婚家へ行く途中に若者がつぶし打ちといって雪玉、水、石などを投げてきた。嫁は黙って行くしかなかった。岐阜県大野《おおの》郡荘川《しょうかわ》村（現高山市）、同郡清見《きよみ》村（現高山市）においても嫁入り行列に対して冬は雪だるまで道を塞いだり、それ以外は丸太を横たえたりして妨害した。同県同郡白川《しらかわ》

村木谷では嫁入り行列を大勢の見物人が見に来て、「祝ってやる」といって雪や水を掛けられたという。

⑩なごや…鳥取県東伯《とうはく》郡三朝《みささ》町吉原では花嫁行列が通る時になごやという婚礼唄を歌わせた。これを歌わないと通させなかったという。日野《ひの》郡日南《にちなん》町においても嫁入り道中の際に「花嫁を見せろ」などといって行列を妨害した。その場合には御祝儀酒を注いで通させてもらった。八頭《やず》郡用瀬《もちがせ》町（現鳥取市）においても若者が花嫁行列の進行や荷物に妨害をしたという。

⑪縄張り…石川県能登半島・加賀地方では縄張といって花嫁行列の通路に縄、石、竹などを置いて妨害した。この場合は御祝儀を出してそれらを取り除いてもらった。

⑫ばい打ち…結婚の祝言は秋の収穫後か野良仕事が始まる三月か四月が多かった。しかし、この時期はまだ雪が残っていた。新潟県の嫁祝いでは嫁に雪玉を投げたりすることを西頸城《にしくびき》郡名立《なだち》町（現上越《じょうえつ》市）ではばい打ち、東蒲原《ひがしかんばら》郡上川《かみかわ》村西川地区（現阿賀《あが》町）ではばい打つといった。雪道に、どんぶり、どっぷりと称する落とし穴を作ったりもした。東頸城郡安塚《やすづか》町朴の木（現上越市）や岩船《いわふね》郡山北《さんぽく》町（現村上《むらかみ》市）では花嫁道中の道に縄を張った。新井《あらい》市長沢（現妙高《みょうこう》市）や岩船郡朝日村塩野町（現村上市）では道に雪山を作って花嫁一行の足を止めて、荷担ぎに長持唄や祝い唄を歌わせたりもした。過剰に激しく雪玉を投げつけたり、雪が少ない時には泥や石を投げられて泣き出す花嫁もいたという。嫁に雪をぶつける行為は西蒲原郡巻町（現新潟市）の鎧潟でもあった。これらは祝福の意味であった。十日町市中手でも昔は雪玉を花嫁に投げることを祝いとしていた。佐渡《さど》市ではかつて嫁入り行列に対して嫁止めという垣を作って妨害した。そして、雪玉も投げつけた。

⑬走り祝言…大分県臼杵《うすき》市津留では嫁が婿の家に駆けて行くのは汚水を浴びせられるからだといった。これを

称して走り祝言といった。

⑭間口切…嫁取りは農閑期の冬場に行なわれる慣習があった。花嫁道中は近所の人々や集落総出で送られたものであった。大正時代、青森県下北郡佐井《さい》村佐井では花嫁が来ると、雪玉を投げつけて気勢を上げて祝福してやった。集落にて人気があった娘、器量よしの人ほど多くの雪玉を投げられた。時には花嫁行列が立ち往生することもあったという。同県下北郡川内村原（現むつ市）宿野部では、昔は他村へ嫁に行く人にも子どもたちが雪玉を投げた所があった。同県東津軽郡平舘《たいらだて》村（現外ヶ浜町）では嫁入りの際に花嫁一行が村に入ると、若者は雪玉を投げたり、新しい馬沓《うまぐつ》を汚して投げつけたりした。これは間口切という祝福であった。それに対して、花嫁一行は付人が汚されないようにと嫁をかばったという。これを祝い戻しといった。北津軽郡小泊《こどまり》村（現中泊《なかどまり》町）でも花嫁行列を見ると子どもたちが雪玉を投げて妨害したことがあったという。山形県の村山・最上・庄内地方では嫁入り道中を縄や箒《ほうき》で妨害したという。妨害は多ければ多いほど縁起がよいとされた。福島県喜多方《きたかた》市においても、花嫁が婿の家に入る時に、泥の草履を投げつけて妨害したという。

⑮水浴びせ…徳島県では藩政時代（一六〇三―一八六七）の庄屋文書や明治初期の触れには水浴びせを禁止する文書があった。花嫁行列を待ち受けて水を浴びせたからであろう。昭和の調査では事例は散見しなかったという。

⑯水祝…三重県津市桑名では婿いじめの風習があった。婿が娘らに待ち伏せされて水を掛けられたといわれていた。その際には、「水をお祝いします」といわれたという。禁止令も出ていたがなかなかやまなかった。つぶて打ちは子どもたちが行なったという。奈良県奥吉野では若衆が嫁に、「祝います」といって水を掛けられたという。大和高原では嫁入りの一行がやってくると集落の入口に薪などを積み上げて立ち止まらせた。仲人から御

祝儀が貰えると取除いたという。

⑰水祝儀…福島県の信夫《しのぶ》地方（現福島市）や伊達《だて》地方（伊達市）では花嫁行列が来ると、「嫁御ホーイ、嫁御ホーイ」と呼びたてた風習があった。これは素朴な祝福の声援と集落への披露であった。福島県南会津郡檜枝岐《ひのえまた》村では花嫁が道中の途中に若者から水を掛けられた風習があった。これを水祝儀といった。

⑱道開け…大阪府和泉《いずみ》市では嫁入り行列の際には集落の若者に祝儀を出して通行する道を開けてもらった。これを道開けといった。高槻《たかつき》市では嫁入りや祝言の場にも若者が嫌がらせをして酒などを催促した。これを頼み、樽入れなどといった。

⑲道つくり…香川県では道つくりといって若衆が花嫁行列の通る道に石地蔵を並べたり、水を撒いたりした。鹿児島県姶良《あいら》郡姶良町（現姶良市）では若衆が花嫁行列に対して火を焚いたり、壁を作ったり、大木を横たえたりして妨害したという。愛媛県でも嫁入り道中の妨害の事例は多かった。嫁さんの垣といって木・竹・石などで垣を作ったのを東宇和《ひがしうわ》郡野村町小滝（現伊予《いよ》市）では道つくりといい、上浮穴《かみうけな》郡柳谷《やなだに》村（現久万高原《くまこうげん》町）では通さんばあと称した。同県温泉《おんせん》郡中島町二神《ふたがみ》町（現松山市）では砂を嫁にぶっかけた。宇和島市戸島《とじま》では松葉礫といって松の葉を嫁に投げつけた。南宇和郡城辺《じょうへん》町久良（現愛南《あいなん》町）では橋を落としたり、伊予三島市富郷《とみさと》町寺野（現四国中央市）では肥桶を置いたりした。邪魔や妨害は多いほど名誉の祝福とされ、妨害した若者や子どもたちを酒肴でもてなしたという。大洲《おおず》市においてもわやくと称する悪戯をしたことがあった。これは嫁入り道中に石や材木を道いっぱいに積んで通せん坊をするのである。北宇和郡三間《みま》町（現宇和島市）や日吉村（現鬼北《きほく》町）ではつぶし打ちといって新郎新婦にトウモロコシか大豆を投げて祝福した。ライスシャワーやフラワーシャ

ワーのようなものであった。高知県土佐郡土佐山村（現高知市）、吾川《あがわ》郡池川町・吾川村（現仁淀川《によどがわ》町）では嫁入り行列を道で焚火をしたり、大木を転がしたり、橋を壊したり、人糞を撒き散らしたりした。同県長岡郡本山町では道に棘のあるカラタチを置いたり、冬には水を撒いて道路を凍らせたりもした。

⑳婿投げ…別項目を参照　↓ムコナゲ

㉑嫁いじめ…今はそのような慣習はないが、長野県飯田市大平集落では嫁入りの際に嫁いじめがあった。雪のある季節には子どもたちが雪玉を山と積んで花嫁行列を待っていた。それは雪玉を嫁に投げる悪ふざけがあり、嫁の文金高島田の髪が崩れたりした。暗くなると悪戯が激しくなり、誰が投げた雪玉か判らなくなるので、明るいうちに嫁入り道中をさせないようにした。ところが嫁入りを迎える婿の方では子どもたちにお菓子を用意して楽しい行事に変化させた。

㉒嫁おしみ…宮崎県児湯《こゆ》郡西米良《にしめら》村では嫁入り行列に水を浴びせたり、道に木を置いて妨害した。これを嫁おしみといった。

㉓嫁垣…福井県大野郡西谷村（現大野市）中島と巣原においては花嫁行列に対して集落の青年や子どもたちが嫁垣といって道路の真中に丸太などを出して行く先の邪魔をした。この障害物を取り払うまでの間、花嫁道中はそこに立ち往生した。そして花嫁姿を衆目の前にさらすのであった。これは花嫁に対する祝福の御馳走であった。多い時には五回も六回も嫁垣が作られたという。嫁垣がない時は張り合いがないと淋しがられた。婿の家では嫁垣に集まった人々に酒を振る舞い、花嫁が無事に家に入った後は饅頭を撒いたという。福井県大野郡和泉村（現大野市）大納では花嫁道中に木や石を置いて塞いだ。同県坂井郡芦原町（現あわら市）波松・北潟では冬の嫁入

り道中の行列に子どもらが雪玉を投げつけた。三方郡美浜町新庄でも嫁入りの行列に向かって雪玉が飛んだという。この習慣は戦後も続いたので、その防御として花嫁は天気がよくても蛇の目傘を差して歩いたという。鳥取県に隣接している岡山県真庭《まにわ》郡八束《やつか》村や美甘《みかも》村（現真庭市）では嫁入り道中の際に、若衆が村境で柚子の木やサルトリイバラでもって嫁垣とか嫁入りの垣を作って待っていた。道祝、辻祝、慶びという所もあった。そうした場合は若衆に御祝儀を出して取払ってもらった。垣根以外にも道の真中で焚火をされた例もあったという。島根県隠岐の島町では花嫁行列を待ち構えて道に材木を置いたり、水を掛けたりした。同県益田市匹見《ひきみ》町でも花嫁行列がやって来ると集落の青年たちは道を塞いだりしていたずらをしたという。埼玉県でも昔は他の村に嫁入りする時には若者組が道の途中に木、石、泥などを置いて行列の妨害をしたという。

㉔嫁かち…石川県石川郡白峰《しらみね》村（現白山市）では昭和二十年代後半まで嫁かちという風習が残っていた。これは嫁取りの座敷に雪玉を作って投げ入れた。「水を祝いましょう」といいながら若衆が嫁に水を掛けたり、座敷に水を掛けたりした。水は苗に水が必要なように嫁にもその家に生えつくようにと願ってするといった。江沼《えぬま》郡山代《やましろ》町（現加賀市）柱谷や荒谷では婚礼に当たっては若衆が礫《つぶて》といって雪玉や石を披露宴最中の家に向かって投げつけた。輪島市海士《あま》町（舳倉《へぐら》島）では縄張といって、嫁入りの際に道に藁縄を張って待っていた。五回ほどあって、そのつどに金銭を撒いて通行したが、自動車が普及すると、嫁入り道中はなくなり縄張は廃れてしまった。

㉕嫁さん見…宮崎県では花嫁行列の際に若者たちは嫁さん見と称して通りに出て見物をした。しかし、隠れて水を掛けたり、石や材木を並べたりして妨害することがあった。

㉖嫁の垣…兵庫県川西市国東では嫁の垣といって若衆が嫁入り道中を竹、石、材木、雪山で行く手を妨害した。その他に、宍粟《しそう》郡千種《ちくさ》町（現宍粟《しそう》市）、佐用《さよう》郡佐用町、城崎《きのさき》郡香住《かすみ》町（現香美《かみ》町）余部御埼でも嫁の垣といって竹、材木、岩石、雪などで道を塞ぎ花嫁行列を妨げた。美方《みかた》郡美方町（現香美町）では大きな大八車を倒して道に垣を作って花嫁行列が通れないようにした。宍粟郡山崎町では嫁の乗る人力車に薪を積んだり、道を稾で垣を作ったりしたという

㉗わやく…わやとは無理なことで、わやくは悪戯である。悪戯をしたのは若者たちであった。愛媛県大洲市において花嫁道中の際に道に材木や大石をおいて通せん坊をしたことであった。

㉘わんざん…長崎県壱岐《いき》市では昔の嫁入り行列では物陰から土などを投げる風習があった。これをわんざんと称した。

日本酒の雪　ニホンシュノユキ

銘柄に雪の名が入っている日本酒は数多ある。新潟県、秋田県、北海道、山形県の順に多い。

北海道は氷雪の門（名取酒造）、雪氷室一夜雫、大雪、銀河雫（高砂酒造）、雪中花（山二わたなべ）、雪しばれ（男山）、大雪乃蔵、鳳雪、絹雪（合同酒精）、風雪、雪咲（北の誉酒造）、コタンの雪（金滴酒造）。

青森県は雪中八甲田（盛庄酒造店）、六花（六花酒造）。

岩手県は雪の友（荻野酒造）、雪灯り（あさ開）、雪の鼓（わしの尾）、活性原酒雪っこ（酔仙酒造）。

宮城県は雪の松島（大和蔵酒造）。

秋田県は雪の茅舎《ぼうしゃ》（齋彌酒造）、雪月花（両関酒造）かまくら、雪の音（阿桜酒造）、雪浪漫、雪の紋（秋田清酒）、雪の詩（天寿酒造）、雪吟花（山本）、雪、雪オーロラ（北鹿）、雪中貯蔵、雪中仕込雪の十和田、秋田の雪（秋田県醗酵工業）。

山形県は雪の降る町を（富士酒造）、出羽ノ雪（渡會本店）、雪しずく、花雪草紙（亀の井酒造）、雪見酒（古口酒造）、雪むかえ（樽平酒造）、雪漫々、春の淡雪、雪女神（出羽桜酒造）、雪逍遥（千代寿虎屋酒造）、雪の音、蔵王の雪どけ（寿虎屋酒造）、雪姫（安部源太郎）、俵雪（羽根田酒造）、雪男山（男山酒造）、雪国仕込み酒（浜田）。

福島県は雪樹花、雪花（清川商店）、峰の雪（峰の雪酒造場）、雪小町（渡辺酒造本店）、雪の井（若関酒造）、雪しぼり（大七酒造）。

茨城県は笹乃雪（笹島酒造）、雪乃花（協和醗酵工業土浦工場）。

群馬県は雪造り（浅間酒造）、雪鷹、深山雪（聖酒造）、都初雪（松屋酒造）、尾瀬の雪どけ（龍神酒造）、武尊の雪（永井酒造）。

埼玉県は魁雪（佐藤酒造店）。

千葉県は雪山（馬場本店）。

東京都は吟雪、雪の舞（渡辺酒造）。

新潟県は越路吹雪、越乃冬雪花（高野酒造）、越乃寒雪、風雪乃華（伊藤酒造）、越の華吹雪、越の吟雪華（越の華酒造）、雪のしずく、越乃玉雪大黒印（高橋酒造）、雪の城下町生酒（栃倉酒造）、酒蔵の淡雪（美の川酒造）、美雪正宗（諸橋酒造）、神雪越乃豪農（小黒酒造）、雪の精純米酒（加藤酒造店）、北雪（北雪酒造）、〆張鶴雪

（宮尾酒造）、雪の中からの目ざめ、雪華寒中梅（新潟銘醸）、雪中大吟醸（高の井酒造）、雪の新潟寒仕込（君の井酒造）、雪椿（雪椿酒造）、雪鶴（田原酒造）、雪正宗（近藤酒造）、越乃雪月花（妙高酒蔵）、雪峰（福井酒蔵）、越乃白雪（弥彦酒造）、雪中梅（丸山酒造場）、雪ありて（高千代酒造）、越乃雪蔵、守門の雪（玉川酒造）、越後ゆきぐら、越後雪紅梅（長谷川酒造）、雪男、雪譜（青木酒造）。

富山県は雪路（林酒造場）、幻の瀧飛雪（皇国晴酒造）、雪見の宴（富美菊酒造）。

石川県は加賀雪梅（中村酒造）、雪月花の舞（橋本酒造）。

山梨県は菊吹雪（一古酒造店）。

長野県は雪国（黒澤酒造）、大雪渓（大雪渓酒造）、雪舟（ダイヤ菊酒造）。

岐阜県は初霜（宮脇酒造）、雪晴（所酒造）、雪中寒梅（古田酒造）。

静岡県は正雪（神沢川酒造）、初冠雪（山下本家）。

愛知県は瑞雪（相生酒造）、三陽雪月花（三陽酒造）、大平雪（大平雪酒造）、都の雪（常盤酒造）。

三重県は宮の雪（宮崎本店）、伊勢の雪月花（山下酒造部）、白雪盛（寒紅梅酒造）。

滋賀県は雪花（吉田酒造）。

京都府は豊乃雪（呉竹酒造）、古都の淡雪（斎藤酒造）、雪舟（松本酒造）。

大阪府は宝雪（北庄司酒造店）、金剛雪（西條合資会社）。

兵庫県は白雪、初雪（小西酒造）、雪之梅（友田酒造）。

奈良県は雪園（安川酒造）。

鳥取県は氷ノ山（太田酒造場）。

島根県は宗味雪舟（右田本店）。

岡山県は高雪（小出酒造）、萬年雪（森田酒造）、雪嵐（尾崎紋次郎）。

広島県は桜吹雪（金光酒蔵）。

山口県は都の雪（澄川酒造）。

徳島県は富士の雪（岩津酒造）。

愛媛県は雪雀（雪雀酒造）、初雪盃（協和酒造）、暖雪（河野酒店）、雪輪（赤松酒造）、雪娘（雪娘酒造）。

高知県は瑞鶴雪柳（西岡酒造店）。

福岡県は賀茂乃雪（賀茂乃雪酒造）、雪の里（雪の里酒造）。

佐賀県は菊雪（山口酒造）、富士の雪（川浪酒造）、薄雪（瀬頭本家）、峰の雪（氷尾酒造）。

大分県は天眞雪正宗（大地酒造）。

氷室　ヒムロ

古代よりあった氷や雪を貯蔵する設備のこと。氷室（ひょうしつ）ともいい、氷をたくわえておく倉の意味だった。松尾芭蕉《まつおばしょう》も夏の山形県新庄《しんじょう》市において「水の奥氷室尋《たずぬ》る柳哉《やなぎかな》」と詠んでいる。冬期間に多量の雪が降る豪雪地帯では雪の様々な文化的、社会的営為が目にとまった。その中で冬期間に雪を貯蔵して夏に利用するための氷室の伝統があった。最も有名なのが江戸時代の金沢藩の六月朔日の「氷室の祝い」という封建制度下の文化的、社会的儀式であった。雪貯蔵の夏利用は古来よりの伝承でもあり、文化でもあった。氷室の歴史は、『日本書紀』仁徳天皇六十二年条、『延喜式《えんぎしき》』主水司《もんどのつかさ》式条文、『枕草子《まくらのそうし》』第三十九段や昭和六十三年（一九八八）十月に長屋王《ながやおう》（六八四―七二九）邸宅跡から出土した和銅五年（七一二）の日付が入った氷室木簡《ひむろもっかん》によっても確かめられる。江戸時代の鈴木牧之『北越雪譜』にも越後湯沢《えちごゆざわ》近くの茶店で雪を出されたこと、塩沢《しおざわ》における夏の氷売りの話などがみられる。雪の貯蔵施設の名称は、氷室、雪室の他に、雪山（富山県）、雪穴、雪にお（新潟県上越市《じょうえつ》）、雪しか（長岡市《ながおか》）など地域によって様々であった。氷室では冬期間に池で凍った氷を切り出して茅《かや》や荻《おぎ》を敷いた穴の中に置いてその上を草で覆って保存した。夏はその氷を取り出して利用した。すなわち氷室は食用の氷の確保が目的であり、雪室の冷温機能を得ることとは違っていた。新潟県十日町《とおかまち》市博物館の雪室用具に関する資料には大正五年（一九一六）十月の中條貯蔵雪組合規約書等がある。雪室架設申請書には、雪の採取区域、位置、地目、面積および見取図、貯蔵場構造、仕様書などが添付されている。この雪貯蔵場の平面図を見ると、雪室の大きさは、約九メートルと約十一メートル、深さが四・五メートルだった。雪室に雪を入れて周りに支柱を立てて、雪山の表面を山型に積み上げる。それに雪覆《ゆきおお》い用のトバで覆っていく。さらに、雪山全体をサオで組んで小屋掛けの骨組みを作る。その上を藁《わら》や茅で屋根の覆いをして氷室を仕上げていく。形式としては、氷室の方は穴を掘って雪を貯蔵する雪穴《ゆきあな》式が普通である。雪室の方は雪を山のように積み上げる雪山《ゆきやま》式と雪貯蔵のために特別に施設を設ける屋内《おくない》式がある。氷室の雪穴式と雪室の雪山式は屋外の適地を選び排水用の水路を確保している。雪室の屋内式は建物の中に雪貯蔵施設を確保してしまう方法である。これは最近の方法であり、伝統的な氷室・雪室の応用編であり、屋外の自然環境を屋内で実現したものである。

雪室よりも氷室の方が歴史的には古いものなので地名にもそれが残っている。以下、それを列記する。

宮城県大崎《おおさき》市古川南沢字氷室
宮城県大崎市松山長尾字氷室
栃木県宇都宮《うつのみや》市氷室町
栃木県佐野《さの》市水木《みずき》町氷室郵便局
栃木県佐野市秋山《あきやま》町氷室山、氷室神社
山梨県南巨摩《みなみこま》郡富士川《ふじかわ》町氷室神社
長野県東筑摩《ひがしちくま》郡筑北《ちくほく》村坂井氷室
長野県松本《まつもと》市梓川倭氷室
愛知県名古屋《なごや》市南区氷室町
愛知県大山《おおやま》市大字継鹿尾字氷室
愛知県稲沢《いなざわ》市氷室町
京都府京都市北区衣笠《きぬがさ》氷室町
京都府京都市北区西賀茂《にしかも》西氷室町
京都府京都市北区西賀茂氷室町氷室神社
京都府京都市北区氷室分《わか》れ交差点
京都府京都市左京区上高野《かみたかの》西氷室町

京都府京都市左京区上高野東氷室町
京都府京都市左京区上高野氷室山
京都府南丹《なんたん》市八木《やぎ》町農村環境公園氷室の郷
大阪府高槻《たかつき》市氷室町
大阪府枚方《ひらかた》市氷室台
大阪府枚方市尊延寺氷室小学校
兵庫県神戸《こうべ》市兵庫区氷室町
奈良県奈良市春日野《かすがの》町氷室神社（氷室権現）
奈良県天理《てんり》市福住《ふくすみ》町浄土氷室神社
島根県簸川《ひかわ》郡斐川《ひかわ》町神氷氷室
山口県岩国《いわくに》市周東《しゅうとお》町祖生《そお》と柳井《やない》市伊陸《いかち》の境に位置する氷室岳
山口県柳井市氷室亀山神社
高知県吾川《あがわ》郡いの町氷室の大滝

ほんやら洞　ホンヤラドウ

東日本では小正月の予祝《よしゅく》行事として、年頭に子どもたちが仮想の害鳥を追い払って農作物の安全と豊穣とを祈願した。これを鳥追行事というが、新潟県十日町《とおかまち》市周辺地域では正月十四日夜から十五日早朝にかけて行なわれた。各集落内に子どもたちが雪室《ゆきむろ》を造った。夕方から子どもたちが集まり、火を焚いたり、雪室に火鉢を持ち込んで、餅を焼いて食べて遊んだ。その後に集落内の各戸を回って歩いたというのが一連の行事の共通した内容であった。この十日町市を中心とした鳥追行事は、豪雪地帯らしく雪を利用して鳥追小屋を造った。鳥追小屋の形態は駒形慧《さとし》によると四つの型に分かれる。

Ⅰ櫓型…鈴木牧之の『北越雪譜』に掲載されていた鳥追櫓と同様に、雪を積んで高い塔を築くもの、十日町市赤倉にあった。

Ⅱ竪穴型…雪を四角に掘下げて造った竪穴状のもので、厚い雪壁を巡らすために子どもたちはその上を回りながら鳥追をした。十日町市水沢に多い。

Ⅲ横穴型…積み重ねた雪に横穴を掘った。十日町市市街地に多く見られた。

Ⅳ小屋型…雪穴の上に木を組んで藁《わら》で小屋を作った。

この鳥追小屋の名称は様々あった。「鳥追洞」十日町市鉢・南鐙坂・猿倉・吉田山谷、旧中里村《なかざと》、塩沢町《しおざわ》石打、小千谷《おぢや》市石沢。「塔」十日町市赤倉。「雪ん堂」旧中里村。「雪穴」西川町《にしかわ》大倉。「鳥追穴」西川町赤谷。「ほんやら洞・ほうりん洞」十日町市本町・四日町。「こもり穴」小国町《おぐに》。「渡し小屋」川西町《かわにし》岩瀬。「ばいと」川西町大白倉。

『北越雪譜』には次のようにあった。「我越後には小正月のはじめ鳥追櫓とて去年より取除おきたる山なす雪の上に、雪を以て高さ八九尺あるひは一丈余にも、高さに応じて末を広く雪にて櫓を築立、これに登るべき階をも雪にて作り、頂を平坦になし松竹を四隅に立、しめを張わたす内には居るべきやうにむしろをしきならべ、小童等ここにありて物を喰ひなどして遊び、鳥追哥をうたふ。(中略)あるひはかの掘揚の上に雪を以て四方なる堂を作りたて、雪にて物をおくべき棚をもつくり、むしろをしきつらね、なべ・やくわん・ぜん・わん　抔此雪の棚におき、物を煮焼し、濁酒などのみ、小童大勢雪の堂遊び、同音に鳥追哥をうたひ、終日ここにゆききして遊びくらす。これ暖国にはなき正月あそびなり。此鳥追櫓宿内にいくつとなく作り堂をなしてあそぶ」と。これによると、鳥追櫓として高さ約二・五メートルから三メートルの櫓を造り、御参りに登るための階段を拵《こしら》えたという。そして櫓の頂には四隅に松竹を立てて注連縄《しめなわ》を巡らし神の座を表示したのであった。その他にもう一つ洞を作り、ここで子どもたちは鳥追唄を歌いながら飲み食いしたという。飲み食いは神人共食であった。ここでは子どもが鳥追行事の司祭者であり、かつ行事の主体者であった。十日町市周辺の鳥追では、特徴的なことは鳥追行事を重畳《ちょうじょう》的に行なっていたことである。一つ目は雪山を固めて櫓を築いて結界を張って神を勧請《かんじょう》し、その上で鳥を追い払う方法を取っていた。二つ目は集落内や田畑を鳥追行事の司祭者である子どもたちが練り歩いて害鳥を追い払う方法であった。現代に、大きな雪像施設を造って祭典を実施するということが伝承として残っている。このことが十日町市のゆきまつりに受け継がれてきたものである。

この行事のほんやら洞という名称は鳥追唄の掛声から名付けられたといわれている。鳥追唄に「ホーイホイ」とか「ホーヤホヤ」「ホワー」「ホー」などとある。さらに、「ホンヤラホー　ホンヤラホー」とあり、ここからほんやら洞という名前が付けられたのである。少し長くなるが、新潟県の鳥追唄を、渡辺富美雄・松沢秀介・原田滋『新潟県における鳥追い歌―その言語地理学』（野島出版・一九七四）の中からあげておくことにする。

①糸魚川市菅沼「ナワシロノ　オバンショ　トリオテ　クリャレ　ナントユーテ　ホーホイノ　ニシカラ　ヒガシエ　タツトリワ　ハネガジューロク　メガヒトツ　ムカイノヤマエ　ホンヤラホー　ホンヤラホー」。

②旧六日町中之島「オラガウラノ　ワセダノイネオ　ナンドリガマクラタッタ　スズメドリガ　マクラッタ　スズメスワドリ　タチャガレ　ホーイホイ」。

③旧中里村小出「アノトリヤ　ドコカラ　オッテキタ　シナノノクニカラ　オッテキタ　ナニオモッテ　オッテキタ　シバヌイテ　オッテキタ　カヤノトリモ　シバノトリモ　タチャガレ　ホーイホイ」。

④旧松代町犬伏「アラタガトリダ　コラタガトリダ　オラウラノ　ワセダノ　トリオイダ　ナニモッテ　オッテキタ　シバモッテ　オッテキタ　シバンドリ　ゴバンドウ　タチアガレ　ホワーイ　ホワーイ」。

⑤旧松代町小屋丸「オラワセダノイネオ　ナニドリガ　マクラッタ　スズメドリガ　マクラッタ　ナンデモッテ　オッテキタ　シバントリ　ゴバントリ　テンジュクエ　タチアガレ　ホーイホイ」。

⑥松之山町天水島「アワンドリ　コメンドリ　サドガシマエ　ホーイホイ　サドガシマ二　セキャナカ　オニガシマエ　ホーイホイ　オニガシマ二　セキャナカ　テンジョクエ　タチアガレ　ホーホーホー」。

⑦旧広神村田尻「オラガエッチ　ニクイトリワ　ドウト　サンギト　コスズメ　コスズメノ　チキショウガエネサッバ　ノスンデ　サケツクリ　モウシタ　ソノサケ　ドウシタドウト　サンギオ　ヨンデキテ　ドウガサッペ　サンギガサッペエ　スズメガシヘエノンダ　ヨッタヨッタ　コンドキダ　ホンヤラ　ホーイホイ　タチャガリャ　ホーイホイ」。

雪穴　ユキアナ

東日本の日本海側から北陸、山陰にかけて積雪を利用して雪の空洞を作る習俗が分布している。この雪の空洞を総称して雪穴と呼んでいるが、マスメディアの普及によって、最近では雪穴をかまくらと呼ぶ傾向が強く多くなっている。しかし、雪穴をすべてかまくらと呼ぶのは誤りである。秋田県横手《よこて》市の年中行事となったかまくらは、かつてはブルーノ・タウトが『日本美の再発見』（岩波書店・一九六二）において絶賛した民俗行事である。メルヘンチックなかまくら行事が雪穴の総称でもなければ、代表的な名称でもない。単に有名な行事名となったものである。雪穴の名称については、先行研究の天野武の「雪室のこと」（『雪と生活』5・雪と生活研究会・一九八六）と『日本海沿岸地域における民俗文化』（富山県・二〇〇二）に補足して、雪穴の具体的な呼び名と伝承地を北から南にかけて整理してみることにする。

1　ダイバ…青森県津軽《つがる》地方
2　ガンコ…青森県五所川原《ごしょがわら》市・弘前《ひろさき》市
3　シキアナ…青森県西目屋《にしめや》村、秋田県北秋田市森吉・東成瀬《ひがしなるせ》村
4　カマ…青森県深浦《ふかうら》町、岩手県二戸《にのへ》市・八幡平《はちまんたい》市、秋田県大館《おおだて》市・北秋田市合川、新潟県村上《むらかみ》市
5　ユキガマ…岩手県八幡平市、秋田県仙北《せんぼく》市
6　ユキノカマ…秋田県大館市
7　ユキノムロ…秋田県仙北市
8　カマッコ…秋田県鹿角《かづの》市・北秋田市鷹巣、新潟県関川《せきかわ》村
9　ホリガナ…秋田県仙北市田沢湖
10　ハルカマ…秋田県北秋田市合川

11　ユキアナ…秋田県仙北市・潟上《かたがみ》市・横手《よこて》市・秋田市、山形県鶴岡《つるおか》市・真室川《まむろがわ》町、新潟県小千谷《おぢや》市・上越《じょうえつ》市・関川村・村上市・十日町《とおかまち》市・燕《つばめ》市・長岡《ながおか》市、群馬県みなかみ町、長野県飯山《いいやま》市

12　カマクラ…秋田県横手市・仙北市・大仙《だいせん》市、新潟県村上市

13　ムロ…秋田県仙北市、山形県鶴岡市、新潟県村上市

14　トリゴヤ…秋田県美郷《みさと》町

15　ドモコ…秋田県横手市

16　アナグラ…山形県寒河江《さがえ》市・大石田《おおいしだ》町・大江《おおえ》町・最上《もがみ》町・鮭川《さけがわ》村、新潟県弥彦《やひこ》村

17　ドウモン…山形県大蔵《おおくら》村・小国《おぐに》町、福島県猪苗代《いなわしろ》町・喜多方《きたかた》市・南会津《みなみあいづ》町、新潟県村上市・新発田《しばた》市・阿賀野《あがの》町

18　カドヤ…山形県新庄《しんじょう》市

19　センドウ…山形県酒田《さかた》市

20　セド（サイド）…山形県庄内《しょうない》町

21　モロ…山形県鶴岡《つるおか》市朝日大綱

22　イエゴロモロ…山形県鶴岡市朝日

23　インゴロモロ…山形県鶴岡市朝日

24　ユキムロ…山形県鶴岡市朝日、群馬県みなかみ町、長野県小谷《おたり》村

25　サイドゴヤ…山形県鶴岡市

コラム ■ 雪穴

26 ジョンバ…山形県小国町
27 ユキドウ…山形県南陽《なんよう》市
28 オホラ…山形県南陽市
29 カマド…山形県長井《ながい》市
30 ホラアナ…福島県西会津町
31 モチコヤ…福島県昭和《しょうわ》村
32 バンド…福島県只見《ただみ》町
33 カザアナ（カザナ）…福島県三島《みしま》町、会津坂下《ばんげ》町
34 ガンゴロ…新潟県新発田市
35 ボンボリ…新潟県新発田市
36 ガマンドウ…新潟県糸魚川《いといがわ》市
37 ホーリンドウ…新潟県十日町市
38 ダルマ（ダルマサン）…新潟県村上市
39 ユキダルマ…新潟県村上市
40 ホンヤラドウ…新潟県十日町市、南魚沼《みなみうおぬま》市
41 ユキンドウ…新潟県十日町市
42 トリアナ…新潟県十日町市、津南《つなん》町

43 トリオイドウ…新潟県十日町市
44 トリオイゴヤ…新潟県十日町市
45 トリオイアナ…新潟県十日町市
46 ヤカタ…新潟県十日町市
47 ワタシゴヤ…新潟県十日町市
48 コモリアナ…新潟県十日町市
49 ドウ…富山県南砺《なんと》市
50 ユキノドウ…富山県南砺市
51 アナグロ（アナグラ）…富山県上市《かみいち》町、島根県浜田《はまだ》市
52 クリドウ…富山県南砺市
53 ウチドコ…富山県南砺市
54 シロ…石川県志賀《しか》町、新潟県十日町市
55 ユキノウチ…石川県小松《こまつ》市、岐阜県飛騨《ひだ》市
56 ボンボクリ…石川県白山《はくさん》市
57 ドウロクジンノウチ…長野県小谷村
58 ユキノアナ…兵庫県養父《やぶ》市
59 グロ…島根県大田《おおだ》市

雪穴の呼称を各県別に数えてみると、新潟県が最も多く二十三呼称をかぞえることができる。次いで、山形県が十六。三番目が十三で、カマクラがある秋田県である。四番目が福島県と富山県の五。五番目が青森県の四。六番目が石川県と長野県で三。七番目は岩手県と群馬県と島根県で二である。最後の一は岐阜県と兵庫県である。新潟県が雪穴の呼称が多いのは全国的に見て多雪地帯であるからである。さらに、山形県と秋田県もその要素が強い。雪穴を作る習慣が古くからあったのである。

雪占い　ユキウラナイ

雪占いでは、その年の積雪や降雪量の多寡を占った。いわば、天気予報であった。特に、稲作が盛んな折に、今年一年の作柄が良いのかどうかを占う必要があった。それをいち早く感知してくれるのは動物や植物であった。雪そのものや雷であった。そして、その年の大雪、小雪、初雪、雪の降り止む時期を占った。

①動物による感知

カマキリの巣が高い所にあると大雪、低い所では小雪（新潟県・秋田県・各地）

冬眠のカエルの穴が深いと大雪、浅いと小雪（新潟県）

野ネズミが巣に餌を運ぶ時期が早いと大雪、遅いと小雪（新潟県・各地）

野ウサギの毛色が早く白くなると大雪、遅いと小雪（新潟県）

イカのたくさん獲れる年は小雪（新潟県）

親子熊が出ると雪が早い（福井県）

コラム■雪占い

猿が早く里に出る年は雪が早い（新潟県）
鹿の啼《な》くのが早く止むか、啼かない年は大雪（北陸地方）
リスが餌を早く探すと大雪（新潟県）
ネズミが早く土中に隠れると大雪（新潟県）
カエルが人家で冬籠りすると大雪（各地）
カマキリが枝の下側へ巣をつくると雪が多い（長野県）
ミミズが多く地上に這い出る年は大雪（各地）
スズメなどの小鳥が冬の夕方遅く来て餌をあさるのは大雪の兆し（各地）
雪虫が早く出る年は大雪が降る（岐阜県）
ツバメの早く帰る年は大雪（各地）
鴨の大群が早く来ると早い雪（各地）
鳥が南方へ飛べば雪（長野県）
鳥が群れて乱れて鳴けば雪（長野県）
鳥が高い所に巣をつくれば大雪（中部以北）
早秋、ネズミの騒ぐ年は雪多し（新潟県）
百舌《もず》が餌を高い枝に刺しておく時は大雪（新潟県・北陸地方）
カエルの冬籠りの土が浅い年は小雪、深い年は大雪（新潟県・北陸地方）

赤蜂《あかばち》が出れば七十五日で雪が降る（新潟県）
渡り鳥が早い年は初雪も早い（新潟県）
草虫が村の家の坂や壁の隙間に多く入り込む年は大雪、少ない年は小雪（石川県）
蛆虫《うじ》を数多く見かける年は根雪が早く大雪となる（石川県）

②植物による感知
甘藷《かんしょ》の花が咲くと大雪（新潟県）
銀杏《いちょう》の色づきがよいと大雪（新潟県）
南天の実が多くつくと大雪（新潟県）
蕎麦《そば》や大豆の茎が高くなると大雪（新潟県・秋田県）
焼畑の大根葉の茎が長いと大雪、短いと小雪（石川県）
山芋が山側に向かって曲がっている年は大雪、谷側に向かって曲がる年は小雪（石川県）
椿のつぼみが葉の陰にできる年は大雪（新潟県）
蕎麦の花がよく咲くと大雪（各地）
秋に木の葉が落ち、白っぽい葉の裏側を多く見る年は大雪、見ない年は小雪（石川県）
地面に落ちた木の葉が裏の多い年は大雪、表が多い年は小雪（石川県）
山桑の新芽が平年より盛んに伸びた年は大雪となる（石川県）
山椿の花芽が下向き加減についている年は大雪、上向きの年は小雪（石川県・新潟県）

紅葉が高い尾根から低い谷へと一挙に紅葉する年は大雪、尾根から順々に紅葉が下がってくる年は小雪（北陸地方）
楢の木の早く色づく年は雪が早い（新潟県）
木の葉の落ちない年は雪が早い（新潟県）
木の葉の落ちない年は雪が少ない（新潟県）
返り花（遅くちらほら咲く花）の咲く年は雪降りが遅い（新潟県）
大根の割れる年は大雪（新潟県）
大根の曲がったのが多い年は大雪（新潟県）
返り花が多い年は大雪（秋田県）
白山《はくさん》の初雪が南の別山に多く降れば雪は多く、北の奥の院大汝峰《おおなんじみね》に多く降れば雪は少ない（石川県）
柿の葉の早落ちは早雪の兆し（各地）
カボチャの蔓の早く枯れる年は早雪の兆し（各地）
栗の葉の早く落ちる年は早雪の兆し（新潟県）
大根の茎が立つと雪が早く降る（各地）
ヤツデが早く花を開けばその年の雪が早い（新潟県）
柚子《ゆず》がうらなりをつけると雪が多い（各地）
キノコが早く出ると大雪（長野県）

ミョウガの多い年は大雪（各地）
栗の実の渋皮の厚い年は大雪（各地）
ゴマの茎が高く伸びる年は大雪（各地）
蕎麦の豊作は大雪（秋田県・各地）
麦の発芽が早ければ大雪（各地）
麦の葉幅が狭く短い年は大雪（各地）
青草に雪が積もればその年は雪が少ない（各地）
青芝に初雪がかかる年は雪が遅い（新潟県）

③降雪の時期

雪占いでは、里の初雪は山に三度目の雪と伝えられている。そして、その初雪の降り方が麓まで一面に白く覆われることを蓑雪《みのゆき》と呼び、頂上だけが白くなることを笠雪と呼んでいる。新潟県や群馬県では、蓑雪の年は雪が多く、笠雪の年は雪が少ないと伝えられている。根雪になるのは初雪から数えて二回目か三回目かである。そして、次のようにいわれていた。

かねっこおり（つらら）が下がるようになってから降る雪は根雪（新潟県）
土に粘りのあるうちは初雪が早い（新潟県）
樹木の葉が早く落ちる年は初雪が早い（新潟県）
村の大銀杏の葉が落ちると根雪になる（新潟県）

コラム■雪占い

八海山に三度雪が降ると里にも来る（新潟県）

八海山の北方に虹が出ると雪が降る（新潟県）

ミョウガが早く芽を出す年は初雪が早い（石川県）

青葉に初雪がかかると根雪は遅い（石川県）

ミソサザイの鳴き声が引っかかるようになると初雪が近い（石川県）

スズメが増えて騒ぎ出すと初雪が近い（石川県）

イタチが霜降りの時期に人目につく年は初雪が早い（石川県）

初霜が遅い年は初雪が早い（石川県）

山が滑り出すと初雪が近い（石川県）

白山の根雪が初雪から七回目の雪降りになったら、大空も七回目の雪降りで根雪となる（石川県）

白山の頂から雪が降り、八回目で赤岩に雪が降る（石川県）

僧小屋《そごや》に初雪が降った後、十日たつと桑島に初雪が降る（石川県）

平四郎《へいしろう》山に三寸雪が積もると赤谷《あかだに》筋は根雪となる（石川県）

小嵐谷《こあらしだに》の源頭《げんとう》・僧小屋《そごや》に二回雪が降ると桑島《くわじま》に初雪が降る（石川県）

中宮の初雪が長く消えない年は尾深《おぶか》の初雪・根雪も早い（石川県）

東山に三回雪が降れば里にも降る（秋田県）

ハチやハエが出て七十五日たつと雪が降る（新潟県）

雪下ろし雷が鳴ると雪が降る（新潟県）

④降雪がなくなる時期

春先になり、降雪がなくなる時期については、次のように言い伝えられている。

赤雪が降ると雪は降り止む（新潟県）

雪虫が出るようになると雪は降り止む（新潟県）

フクロウが鳴くと雪は降り止む（新潟県）

雪虫をたくさん見ると雪は終わり（石川県）

雪虫が多く出てきたので雪は雨に変わる（石川県）

清明《せいめい》になれば一夜のうちに雪が消える（秋田県）

⑤兆し

雪降りの前兆やそれに関する俗信も多数あった。

雪起こしの雷は十一月頃に鳴る（京都府）

銀杏の葉が早く色づき、早めに落ちると大雪が降る（京都府・各地）

雪がよく降ると、畑の虫が少なくなる（京都府・山口県）

雪がよく降ると、稲が豊作になる（京都府）

烏《からす》が鳴くと雪が降る、雪烏《がらす》という（京都府・山口県）

茶の木に花がよく咲くと雪が多い（京都府）

コラム■雪占い

風がなく、雨の少なかった年は大雪（新潟県）
初雪が早く降ると水が多い年となる（京都府）
粉雪の多い年は夏日照り（新潟県）
大雪は豊年の基（新潟県・青森県・岐阜県・山口県）
大雪に大水なく、小雪に水不足なし（新潟県）
春先、山に雪崩《なだれ》の多い年は豊作（新潟県）
雪が降っていても、トビが舞えば晴れる（新潟県）
烏《からす》が馬鹿さわぐと翌日は雪となる（新潟県）
秋の終わりに雨に続いて雪になる年は小雪（北陸地方）
去年大雪だと今年は小雪、小雪だと大雪（北陸地方）
小雪が一度あると、三年くらいその小雪が続く（新潟県）
立春に雪が降れば、三十日雪が続く（各地）
大きな山に雪の早い年は平地の雪が遅い（新潟県）
初雪を目につけると雪目にならない（秋田県）
初霜が遅い年は大雪（秋田県）
夏旱魃の年は冬大雪（秋田県）
雪は釈迦《しゃか》入滅日頃まで続く（秋田県）

寒の別れに雪降れば四十八日荒れる（秋田県）
赤雪が多く降った年は作りが良い（石川県）
大雪も彼岸、小雪も彼岸（石川県）
雪が北へ動くと雪が降る（山口県）
冬の北風は雪を降らす（山口県）
フクロウが鳴けば雪が降る（青森県）
冬に雷鳴れば、春田植え時に水不自由しない（青森県）

雪女　ユキオンナ

雪国の昔話の一つ。昔から雪の災いの双璧として恐れられたのは吹雪と雪崩《なだれ》であった。吹雪と雪崩の恐ろしさは実際に出会った人でなければ理解しがたいものである。雪崩は山で起きるものであるが、近年は炭焼き、鉱山、発電、林業、狩猟などの山仕事の減少がみられ、さらに冬期間の入山者は減少しているため、雪崩による人的被害は大きく減っている。しかし、登山やスキーなどの山岳レジャー中の雪崩による冬山での遭難者は減っていないのが現状である。雪崩とともに恐ろしいのが吹雪である。冬期間の激しい吹雪の中では視界は真っ白で、方角はおろか一寸先の上下左右の判断がつかなくなる。旅の途中の吹雪に巻かれて落命したことや隣町まで遊びに行った子どもが吹雪で遭難したという痛ましい事故が語られた。このような雪崩や吹雪の恐ろしさをどのように教え諭したらよいのかと考えられたのが雪女の昔話である。これは積雪地帯に多い。

雪女は地域によってそれぞれ呼び方が異なっている。雪女が一番多く、青森県、岩手県、宮城県、秋田県、山形県、福島県、新潟県、富山県、長野県、山梨県、和歌山県、京都府、広島県、福岡県に伝承されている。その他に次のようなものがある。雪女房が山形県、栃木県。雪婆が秋田県、長野県。雪娘が山形県、新潟県、埼玉県。雪女郎が福島県、埼玉県、長野県、滋賀県、徳島県。雪の子が宮城県、岐阜県、和歌山県。雪坊が京都府。雪姫が岡山県、島根県。雪ちゃんが和歌山県。雪女の伝承地は、北から青森県、岩手県、宮城県、秋田県、山形県、福島県、栃木県、埼玉県、新潟県、富山県、山梨県、長野県、岐阜県、滋賀県、京都府、和歌山県、奈良県、岡山県、広島県、島根県、徳島県、愛媛県、福岡県の二十三県である。四十七都道府県のほぼ半分である。

雪女の昔話には七つの型がある。①雪女房型、②消失型、③教訓型、④退治型、⑤報恩型、⑥援助型、⑦逃走型がそれである。①のモチーフは、雪崩の危険を知らせるための物語である。山に入った木こりの親子が雪女と出会ったが、息子だけが命を助けられる。後日、里に雪女が現われて婚姻するというものである。②の消失型は、雪の日に女を一晩泊めてやるが、翌朝には融けていなくなるというものである。③の教訓型は、雪の恐ろしさを表現して注意を喚起しているものである。④の退治型は雪女を克服して害をなすものを打って平らげるものである。⑤の報恩型と⑥の援助型は雪女が恩を返したり、援助をしてくれたりするものである。⑦の逃走型は雪女に遭遇したら、とにもかくにも、逃げろというものである。雪の恐ろしさを表現するモチーフとして雪女を用いたのである。昔は雪の降る晩に、囲炉裏端で古老が子どもたちに昔話を語って聞かせた。その実は雪害からの予防心得が核心であったのである。

七つの型から具体的な昔話をあげてみると次のようになる。①雪女房型とは次のようなものである。「猟師の親子が白馬岳の吹雪の中で雪女と出会う。父は死亡するが、息子は今日のことを誰にもいわないとの約束により命だけは助けてもらう。やがて息子は雪のような娘と出会い結婚をする。ある吹雪の晩に、妻に昔の雪の日のことを話してしまうなり、妻は消えてしまった」（富山県）。

②消失型とは次のようなものである。「子どものいない爺婆のところに女が赤ん坊を預ける。そのまま爺婆の娘に育った。年頃になり夏になったら元気がなくなった。無理に風呂に入れたら風呂桶の中に櫛が一つ浮いていた」（青森県）。「吹雪の夜に旅の女を貧乏な家が泊めてやる。翌朝に女の姿がなく、床が濡れて黄金が転がっていた」（山形県）。

③教訓型は次のようなものである。「冬の満月の夜は雪女が出て遊ぶといわれている。正月十五日の夜は早く帰れといわれていた」（岩手県）。「雪女郎は白い着物を着て雪の降る夜にやってくる。そして泣いている子どもを連れ去ってしまうから、雪の降る夜には子どもは泣いていけない」（滋賀県）。

④退治型は次のようなものである。「雪の日に旅人が雪女の家に泊まって殺されることがあった。その霊を慰めるために村人が延命地蔵を建てると雪女は出なくなった」（青森県）。「雪の日の夜に若侍が夜番に出ていると、赤ん坊を抱いた女から子どもを抱いてくれと頼まれる。しかし、その子は氷のように冷たかった。助けを求めると声が出ず気絶をしてしまう。仲間が探すと、若侍はつららを抱いて倒れていた。何日か経ち、夜回りの爺が松の根元で長い髪をとかしている女を見かけた。女の顔を見ると、のっぺら坊だったので爺は腰を抜かした。噂を聞いて家老が雪女を退治すると、一尺ばかりの小坊主になり、捕まえると大きくなるので、刀で切りつけた。叫び声をあげて粉雪になった」（宮城県）。

⑤報恩型は、「武士の奥方が雪女を助けて千人力を授かった話」（宮城県）。

⑥援助型は、「炭焼き爺の孝行息子が親孝行なので、雪女の援助で縁結びされて幸せに暮らした」（山形県）という話である。

⑦逃走型は次のようにある。「入道峠に爺婆と男の子が住んでいた。爺が留守の雪の降る晩に蓑を着た女が一晩泊めてくれと頼みに来た。家に入れて囲炉裏に当たらせると胸の乳房をはだけてとろけるように見えた。婆は雪ん坊だと思い、男の子を背中に背負って食べ物を取ってくるといい残して逃げ出した。そして庄屋さんの村に

昔話雪女の伝承地とその型
（『日本昔話通観』『定本日本の民話』より作成）

伝承地＼型	消失型	雪女房型	教訓型	退治型	報恩型	援助型	逃走型
青森県	●			●	●		
秋田県		●	●				
岩手県			●				
宮城県	●	●		●			
山形県	●	●	●			●	
福島県		●					
栃木県	●	●					
埼玉県	●				●		
新潟県	●	●				●	
富山県		●					
山梨県	●	●					
長野県	●	●	●		●		
岐阜県	●						
滋賀県		●	●				
京都府							●
和歌山県	●	●					
奈良県	●	●					
岡山県	●		●	●			
広島県			●				
島根県					●		
徳島県				●			
愛媛県			●				
福岡県	●						

住むことにした」（京都府）と。

これらの型のうち消失型、報恩型、援助型は人間に対して善意あるものであるが、教訓型、退治型、逃走型は人間に危害を加えるものとなっている。有名なのが雪女房型であり、善なのか悪なのかを考えさせられる話になっている。善意だけで完結すれば、ロマンを残すだけでよいが、危害を加えれば、それは雪というものの怖さを教えることになる。すなわち、雪崩や吹雪という自然界の力であり、雪そのものの力を認識させることになるのである。ゆえに、雪女の昔話は多雪地帯ないしは積雪地帯に強く伝承されてきたのである。

さらに、論究すると、消失型は、雪が融けて消える状態を表現する自然そのものを表わし出したものである。多くは暗い結果を残して終わる。日本昔話の特徴的な結末である。消失型をもっと面白く発展させたのが雪女房型である。これを河合準雄《かわいはやお》（一九二八―二〇〇七）は、その著作『昔話と日本の心』（岩波書店・二〇〇二）の中で、「異類女房譚」と称して概念規定をしている。それは次のようにある。「人間以外の存在が人間の女性の姿をとって現われ、男性との間に婚姻が成立する。（中略）わが国の昔話のなかで結婚が生じることの少ない点から考えると、珍しいことのように思われるが、多くの場合、（中略）結婚は破局を迎えることになる。つまり、西洋の話のように、結婚をもってハッピー・エンドとなるのとは、大いに異なる話の展開となるのである」と。

雪女が、本性を隠して結婚をするが、結婚した夫によってその正体が明らかになってしまう。その結果、雪女である異類女房との別れ話となるのであった。異類女房には二種類がある。人間より下位の蛇、蛙《かえる》、魚、鳥、猿、狐《きつね》、猫のような動物と、人間より位の高い竜宮女房、天人女房の部類に属する雪女房である。雪女が正体を伏せて婚姻したことは雪女の積極的な行動であり、それは人間界に雪を降らせる行為である。雪を積もらせる行為でもある。その本性が明らかになるのは相手男性の不注意な行為・約束破棄によってである。そして異類女房との別れ話で悲劇的なピリオドが打たれるのであった。これも結末としては暗くアンハッピーである。むしろ、めでたし、めでたしで終わる明るい結末は、退治型、報恩型、援助型、教訓型、逃走型の方である。雪女を退治するとか、雪女から逃げ出すとか、雪に近づかないなどである。雪女からの積極的な行動が見られる型としては報恩型や援助型がある。これは雪女が人に助けてもらった御礼に果報をもたらすパターンである。雪女の昔話には様々な型があるが、長く積雪地帯に伝えられてきた雪の恐ろしさに対する警鐘であった。

雪形　ユキガタ

日本全国の積雪地帯に広く分布している雪形は、北は北海道から南は四国の愛媛県まである。天気予報が発達している現代社会において、天候の長期予報も、短期予報も容易に手に入れることができる。古くからあった雪形の農事暦は現代科学の天気予報を凌ぐものではなかった。さらに、戦後の生活改善運動とともに普及した近代的農法のおかげで農民は山を見ることが少なくなってしまった。ここにおいて農事暦としての雪形の役割も、必要性も信頼も喪失してしまった。雪国で生活する人々の日常生活から遠ざかり、その伝承形態では、民俗学上でも存在は薄れてしまっている。文献上であっても実際には確認できない雪形はかなりの数にのぼっている。雪形の研究対象は自然科学的視点ではなく、民俗学の分野からである。雪解けの頃、山肌の黒い部分と、残雪の白い部分とが作り出す大小様々な形からなる白黒の模様は色々な姿形に見えてくる。この白黒模様は、地形、植生、気候の影響が大であり、それが大きく変わらないかぎり、毎年毎年ほぼ同じ形が繰返し現われる。この残雪と山

コラム■雪形

の地肌が作り出す形を「蝶《ちょう》」「跳《は》ね駒《こま》」「種蒔爺《たねまきじい》さん」などと、人・動物・文字・道具などに見立てて田植えや種蒔などの農作業を始める目安や水量を占う合図として使用し、伝承してきたのである。

雪形が発生するのは、山の地形、植生、積雪の仕方とおよびその融雪の仕方である。さらに積雪の分布が一様でないため、地形が同列でなく、凸凹であるためである。加えて吹雪や雪崩《なだれ》による雪の移動もある。雪形を表現する山の地形は、積雪する量と、山そのものが変動しないことを物語っているのである。ゆえに、雪形の出現時期と消滅時期までの雪形模様の形態変化には山の積雪、融雪、地形情報、気候の指標や情報が隠されている。それは雪崩や地滑りなどの可視的情報も秘蔵されている。雪形の将来的なものとして、防災科学技術研究所の納口恭明は次の四つをあげている。①文化遺産 ②自然科学観察素材 ③国際性 ④エンターテインメント。

雪形とは、春になると雪が融けて、山肌に、白い残雪と黒い地肌によってつくられるものであり、この残雪が浮き出させるコントラストの芸術は、馬の形、人の形、蝶の形など様々である。この残雪の形を総称して雪形といっている。雪形には白い雪形と黒い雪形とがある。白い雪形とは、山肌に白く雪が残った雪形でありポジ型とも呼んでいる。黒い雪形とは、周囲が白い雪で囲まれて、黒く浮出る雪形である。これをネガ型という。雪形の残雪形と積雪の分布との関連から、雪崩の災害防止に役立てるのである。さらに、雪形の形状の変化からは、水不足を占う豊凶占いと、雪崩の発生を予知する災害占いとが可能になる。

雪形伝承の先行研究は次のような文献が挙げられる。明治四十三年（一九一〇）に日本山岳会創設者で紀行作家の小島烏水《うすい》（一八七三―一九四八）の『日本アルプス』（前川文栄閣）の第一巻に、「種蒔《たねま》き爺《じい》さん」「農鳥」の雪形が出たのが嚆矢だった。続いて、昭和七年（一九三二）の日本民俗学開祖柳田國男（一八七五―

一九六二）の『山村語彙』（大日本山林会）には多くの言葉が記されている。「ウサギユキ、ウサギガタ、シシノマナコ、タネマキヂッサ、ナヘトリヂイ、マメマキコゾウ」とあり、総称して「ユキガタ」としている。昭和十三年（一九三八）に山村民俗の会代表の岩科小一郎（一九〇七―一九九八）は、山岳雑誌『山小屋』に発表した「残雪絵考」を元にして昭和四十三年（一九六八）に、「雪形考」（『山の民俗』岩崎美術社）を発表した。雪形が一般に認識されるようになったのは、昭和五十六年（一九八一）に山岳写真家であった田淵行雄（一九〇五―一九八九）が圧巻の著作『山の紋章・雪形』（学習研究社）を刊行してからである。雪形研究がブームとなり、斎藤義信が新潟県のものを集大成させた『図説雪形』（高志書院・一九九七）を出版した。岩科小一郎は雪形の形象を整理分類して、「雪形の本来が農事暦」であるとし、雪形から農民は、「田仕事」「畑仕事」「農事の目標」「豊凶占い」を知ろうとしたとしている。雪形には次のような条件があった。①広い人里から見えること（人里からの眺望可能）、②出現時期に連続性があること（毎年出没）、③形がハッキリしていること（形の明確さ）。

雪形を岩科小一郎の「雪形考」に従って分類してみると、次のようになる。①人物…種蒔爺、種蒔婆、粟蒔入道、豆蒔爺、豆蒔小僧、田打ち、苗採爺、島田娘、五人坊主、農男、飯盛婆、虚無僧、嫁さん。②動物…駒、馬、牛、虎、龍、犬、狐、狸、猿、兎、猫、亀、鼠、羚羊、鹿の角、蝙蝠、蛙、守宮。③鳥類…鷲、鷺、鶴、雁、鳩、鳥、鶏、豆蒔鳥。④魚類…鯉、鯛、鮒、鰯、蛤、蟹、鰊、鰈。⑤虫類…蝶、蝸牛。⑥植物…松、松茸、茗荷、大根、胡桃。⑦道具…駕籠、馬鍬、鎌、鏡、鋤、船、錠前、扇子、傘、エブリ。⑧文字…三、五、七、八、十一、山、川、夕、子、火、い、う、と、マ、タ、ハ。⑨その他…星、糸巻、御幣、鬼面、笊、布、三日月、三角粽、菱形。

雪形は、大部分が農作業と直結したものであり、農耕の適期としての自然暦すなわち農事暦を表現していた。現在、雪形は雪崩の災害防止と水不足や渇水対策の予防となると考えられている。

実際の雪形を田淵行男『山の紋章 雪形』（学習研究社・一九八一）から、いくつかの雪形を紹介してみることにする。著者出身地・長野県の雪形が多く、白馬岳のいわれとなった「代掻《しろか》き馬」。常念岳《じょうねんだけ》の「常念坊」や蝶ヶ岳《ちょうがたけ》の「蝶」が山の名称と同じものが現われる。日本一の霊峰・富士山にも雪形がある。山梨県富士吉田市から見ると「農鳥《のうとり》」が見え、静岡県富士市からは「農男《のうおとこ》」が現われる。鳥海山も秋田県にかほ市からは「三羽カラス」が見え、山形県庄内町側には「種まき爺」が登場する。飯豊山《いいでさん》は三方と多彩に見える。山形県側から「水引き入道」が見え、福島県会津地方からは「親子牛」が現われ、新潟県阿賀野市からは「駕籠《かご》」が眺望される。著名なスキー場がある蔵王山は山形県東根《ひがしね》市から「犬」が見え、宮城県白石《しろいし》市から「種まき入道」が見える。

雪形に関する文献には、新潟県の雪形を集めた斎藤義信『図説雪形』（高志書院・一九九七）、インターネットのホームページには、「地名コレクション／雪形」（http://uub.jp/nam/）がある。

雪下駄　ユキゲタ

降雪地方において、冬期間に雪道を歩くために普通の下駄の歯を約一・五倍に高くしたもの。下駄は固い道か、積雪の少ない道や近距離の出歩きにはよかった。雪や雨の際に履く雪下駄は藁沓《わらぐつ》に比べて足に湿気は感じないが、藁沓は保温になり、深い雪道や労働には適している。積雪用の下駄は雪が挟まらないように歯を反らしたり、先端に足を覆う爪皮を付けたりする。また歯に滑り止めの金具を付けスパイクの役目を果たすものがある。柳宗悦の『手仕事の日本』（『柳宗悦全集』11巻・筑摩書房・一九八一）にも雪下駄が描かれていた。「雪が求めるものの一つに雪下駄があります。歯を斜めにとるもので、これがために雪が附かないといいます。長い経験から生まれた形と思います。好んで栗の材を用います。黒沢尻あたりでも見かけましたが、形が一番立派で且つ古格があるのは胆沢郡衣川村増沢のものであります」と。これは岩手県奥州《おうしゅう》市近辺の栗の木下駄であった。下駄を履かなくなった理由としては生活様式の変化があげられる。洋服と靴の服装が主流となり、歩くと音が室内に響く下駄は敬遠されてしまった。建築物も近代的ビルやホールとなり、車社会の到来で、下駄は現代社会の空気とマッチしなくなってしまった。ただし、最近は下駄の足に与える刺激が健康的であるとのことから見直されてきている。

①秋田下駄…秋田県における雪下駄である。特徴は前歯と後歯との間がハの字型になっており、すなわち前歯と後歯とが逆三角形であった。これを歯間台形型《はかんだいけいがた》といっていた。これは歯と歯の間に雪が挟まらないように工夫したものである。

②栗の木下駄…岩手県における雪下駄に当たるものが栗の木下駄である。刳抜き下駄、猿下駄、ハッタケゲタ（蝗下駄）、万作下駄、口内下駄ともいわれている。水に強い栗の木か、サワグルミの木で作られた。形態は先細りの歯を前後ともに斜めに切り出すようにして歯と歯の間の雪や泥を落としやすいようにしている。いわば歯が逆三角形である。歯間菱形型であるので雪が取れやすくなっていた。北上市立博物館『北の下駄』（一九九九）によれば、岩手県雫石《しずくいし》町の御明神村橋場で作られた栗の木下駄は橋場下駄と呼ばれ、盛岡《もりおか》市近郊で使われた。北上《きたかみ》市口内町の丸三下駄工場で作っていたものは北上市、花巻《はなまき》市、奥州市などで広く売り出されていた。栗の木

コラム ■ 雪下駄

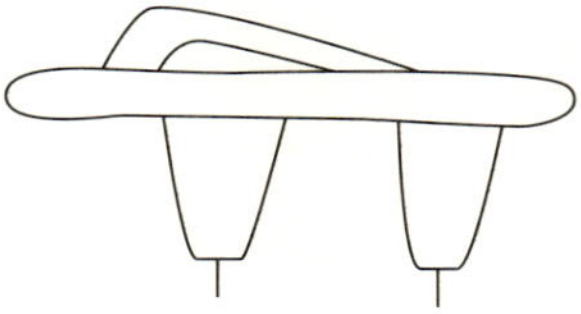

歯間台形型　北海道
北海道下駄　秋田県
秋田下駄　新潟県

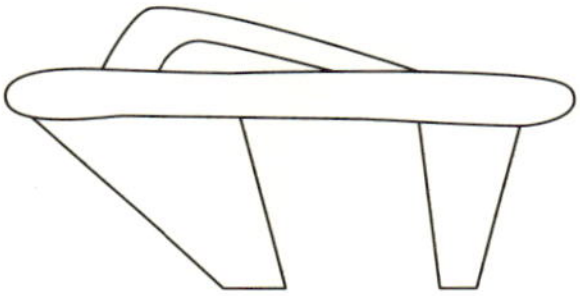

歯間菱形型　岩手県
栗の木下駄

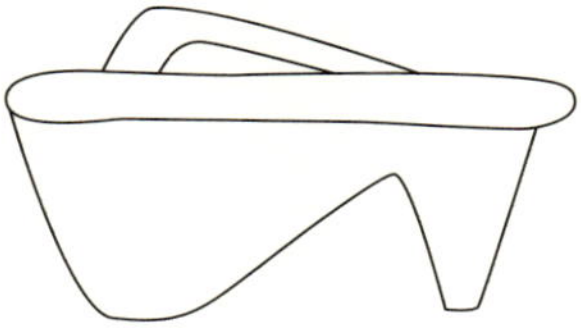

歯間三角形型　新潟県
箱下駄

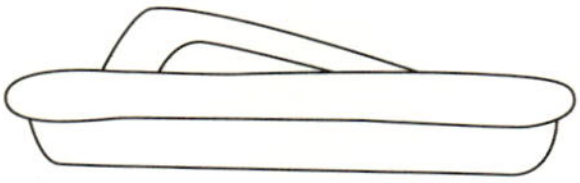

無歯草履型　北陸地方
下駄草履
板下駄

雪下駄の種類

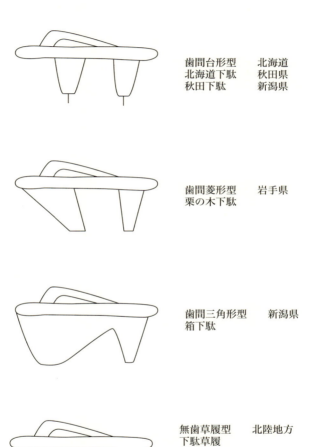

下駄という名称は生産者ではなく、消費者がつけたものであった。

③草履下駄…鼻緒のある歯のない下駄の板に藁か藁草履《ぞうり》を付けたものである。氷のある雪道でも滑らずに便利であった。福井県では鼻緒のある下駄の歯を取ったものに藁草履か藁縄を打ち付けたものを雪下駄とした。特に草履下駄と呼んだ。板下駄ともいわれた。無歯草履型であり凍っている雪道を歩くのに便利であった。普通の下駄はぼっこり、ぼくりなどと呼んだ。

④箱下駄…新潟県の雪下駄は普通の下駄と違い歯が一枚しかない。これは二枚歯の下駄では歯と歯の間に雪が挟まるからである。さらに前傾に底を削って体重が前方にかかるようにしてある。新潟県は雪に湿り気が多いので雪が下駄に挟まりやすかった。前歯が厚くて三角形をしている構造で、中をくり抜いた箱状になっていることから箱下駄と呼ばれている。鼻緒の結び目は下駄の中に入るようになっており、外から蓋をしている。歯間三角形型である。

⑤木履…ボクリ（木履）は、外見的には普通の下駄のようであるが、特徴は下駄底にあった。これは下駄底の中央を四角にくり抜いて前歯と後歯とをコの字型の枠だけにしたものであった。これは男性用の雪下駄で用材はセンノキ（針桐）であった。この下駄は雪が底の歯に挟まって歩行が困難で、履きよい下駄ではなかったが、雪融け道には効果があった。上原甲子郎の「越後の雪下駄」（『民具マンスリー』3巻10号・神奈川大学日本常民文化研究所・一九七一）によると、大正時代まで新潟県三条《さんじょう》市周辺では使用されていた。

⑥雪下駄…新潟県三条市周辺で普及した雪下駄であり、ぼくりを改良した下駄であった。下駄底の後歯は普通と変わりない。前歯はぼくりと同様に下駄底をコの字型にくり抜いており、下駄台の重心は前方より後にきてい

た。用材は杉が多いが、桐もあった。これに爪皮や滑り止めの鋲を打ったのは昭和に入ってからである。

⑦北海道下駄…中川昭次編『くつ・はきもの北海道業界のあゆみ』（北海道靴履物新聞社・一九六七）によれば次のようにある。「雪下駄に就いて全国で考えたが、雪下駄といっても今日と違い、下駄に鼻緒を付けると雪水が浸み込み、これのよいものがなく、当時は足駄の樫歯にスベリ止めを打ち付け、鼻緒のたてたあとに金具の蓋をしたのを憶えている」、「雪下駄は大正六〜七年に出現している。土肥履物店で店主三代にわたってつとめている奥野広氏の話によると土肥履物店の創始者が、お得意であつた生花の師匠に山形で今日の〝雪下駄〟に類似した下駄があると教えられ、早速とり寄せて研究し、雪下駄を考案したのだという」。この雪下駄は本来、北海道や樺太《からふと》で考案されたともいわれた。そして凍結した雪道用に、滑り止めを付けた女性用雪下駄として普及した。上原甲子郎の「越後の雪下駄」（前出）によれば、北海道から東北地方を経て越後に移入されたという。それは大正時代末期といわれている。前歯と後歯は接地面に向って狭くなる逆台形型を採用しているので雪が挟まるのを防ぐ効果がある。歯間台形型は秋田下駄と同様である。用材は杉か桐であった。

雪橇　ユキゾリ

橇は、そり、ソリなどの仮名で記される他に、「雪車」「雪舟」「雪船」「轌」「艝」などの漢字を用いた。乗用橇は「箱雪船」「箱雪舟《はこそり》」「箱雪車」「箱そり」として、左右二本の台木の上に箱を載せた箱橇、駕籠を付けた「かごそり」、藁で覆った「草雪船《くさそり》」もあった。荷橇は「そり」「ソリ」「雪車」「橇」などの他に「荷積《につみ》ソリ」としたものもあった。運材用に「嶺雪舟《たけそり》」「鶻《はやぶさ》」「修羅《しゅら》」、祭礼用の「飾雪車《かざりぞり》」は大型のヨツ橇の上に船型屋台を載せて飾っていた。子ども用橇は「小キ《ちいさ》雪車《そり》」「はきそり」「手遊《てあそび》のそり」などと記されている。「はきそり」は下駄スケートか、短いスキーのようなものであった。雪橇は交通運搬具として手橇と馬橇に分けられる。しかし、牛橇、犬橇、トラクター橇もあった。関秀志『北海道の手橇』（北海道開拓記念館・一九八七）によれば、橇の構造は、二本の橇台をズリ木、敷木《しきぎ》、盤木《ばんぎ》、親木などと呼んだ。その先端を削って反りをつけた。両端に反りをつける場合もあるが、前はハナ、鼻、先端などと呼び、後をウシロ、シリ、トビ、トッピなどと呼んだ。橇台の台木の前と後に二本の横木、寄木《よぎ》、遊木《ゆうぎ》を渡すのが基本型であった。この横木を固定するために刳貫《くりぬき》式が削り出し式のヤマを作っておいた。このヤマを枕《まくら》、乳《ち》、乳束《ちづか》、ブクリ、ト、テシロなどといった。橇台に刳貫式のものの他に別材料で作って取り付ける付乳束《つけちづか》式のものもあった。それにヤマの数も多いものになれば、表―雪橇の類型にあるように、三つ枕のヤマ六つ、四つ枕のヤマ八つもあった。橇台の上では直接に材木や荷物を積載して運ぶこともあるが、台木の上にナル、ドバ木、ニナイ木などと称する桁《けた》を付けたり、荷台《にだい》や山車《だし》を付けることもあった。材木や薪を運ぶ場合は弓状、角状のユギを取り付けた。牛木橇《べこぎぞり》は堆肥運搬用で牛の角に似ているからそのように呼ばれた。以上の説明は二本橇の二つ枕のヨツゾリ（四乳橇）を基本としたものである。このヨツゾリという二本橇が橇の基本型であるが、二本橇と峻別されるのが一本の橇台から成る一本橇である。さらに、一枚の橇台から成る一枚橇とも区別される。一枚橇は雪に接する部分が、一枚板か、竹を集めて一枚のようなものにしたものか、藁を編んで一枚のようにしたもので、一枚、二枚と数えることができる橇である。類型はⅠ一本橇、Ⅱ一枚橇、Ⅲ二本橇の三つである。

類型Ⅰ一本橇とは、一本の台木にＶ字型の積荷台と舵取腕木《かじとりうでぎ》を取り付けた橇である。立っていてもひじょうに

コラム ■ 雪橇

雪橇の類型（勝部正郊『雪の民具』・関秀志「橇」『手橇』『馬橇』より作成）

種　類	型		具体例	地域
一本橇	木製		トンボ橇	新潟
			一本橇	岐阜・石川・長野・新潟
一枚橇	木製		オオゾレ	石川・福井
			板橇	岐阜
			リュウグウ	石川
			タマ橇	北海道
			股木橇	北海道
	竹製	扁平方	タケ橇	岐阜・新潟・山形
		包み型	タケ橇	島根
		枠取り型	タケ橇	島根・広島
		ボート型	タケ橇	島根
	藁製		ワラブタ	岐阜・山形
	柴製		柴橇	岐阜
二本橇	一つ枕		バチ橇	島根・鳥取・福井・秋田 青森・福島・岐阜
			ハヤブサ	岩手
	二つ枕	平型	ヨツ橇・山橇	長野・新潟・岐阜・秋田 青森
		シモ付き	山橇	島根・岡山・広島・新潟 静岡
		両鼻曲り （両鼻反り）	双鼻反り・ヨツバチ	岐阜・福島
		山形	大橇	新潟・福島・山形
	三つ枕		三つ枕橇	岐阜・福島
	四つ枕		四つ枕橇	岐阜
	特殊型		大持橇	岐阜・新潟・山形
			修羅	大阪・新潟
	馬橇		タマ橇	北海道・東北地方
			バチ橇	北陸地方・山陰地方
			ヨツ橇	
			バチバチ橇	

不安定このうえない橇である。石川県、新潟県、長野県、岐阜県などの山間部に分布が見られ、材木を伐り出したのを運搬するのに用いられた。扱いが難しいにもかかわらず林業従事者の間に普及した。新潟県上越《じょうえつ》市総合博物館にある一本橇は蜻蛉《とんぼ》橇と呼ばれている。普通の一本橇の腕木がV字型で二本あるのに対して蜻蛉橇はL字型の一本構成である。

次は類型Ⅱ一枚橇である。一枚橇は雪との抵抗は大きいが、安定性がある。原始的な橇であり、木製の他に竹製や藁製があった。急峻な坂での使用に適しているが、長距離の積載物に限度があった。石川県立白山《はくさん》ろく民俗資料館のオイオトシゾレは白山麓一帯で使用された一枚橇である。薪や柴などを運搬した。木材の前部だけを橇に載せて木材の後部は引きずった。長材の積荷は後にずらして下し、前後は反りあがっていた。鼻には綱通しの穴がある。オトシゾレとかリュウグウ（竜宮）とも呼んでいた。岐阜県高山《たかやま》市の飛驒民俗村のイタゾリは一枚橇の典型であり、薄い板を用いて作られ、先端を曲げて削って丸みをつけた。同館には薪運搬用の一枚橇・シバゾリ（柴橇）もある。山の斜面に生えている直径三センチメートルほどの木を藤蔓《ふじづる》で編んで作った。細い枝の広がりが荷台になり、材木や薪を一時的に載せる橇である。山に上げる必要がなくなり、引き終わったら燃料の薪にした。シバボネ、シバゾレ、シバブネ、ホエゾリなどと呼び、無雪期にもよく作って使用したが、保管はしないで燃料とした。

一枚橇の一種には竹橇があった。竹は雪に沈まないといわれ、橇道を作る必要もなく、たいへん便利だった。用途は鉱石、木材、薪を山から降ろす時に使用した。ただし、竹橇は繋ぐのに針金が必要だったので明治時代以降のものであった。積雪によって曲がった熊笹を用いて針金で繋ぎ、内曲がりの簀《す》の子式にした扁平型。真竹を

コラム■雪橇

二つ割にしたものを真ん中で捻じ曲げて針金を横にして粗く編んだ橇で包んだ型。両側の縁取りをした木に貫を渡して底面が竹張にしてある枠取り型。枠と横桟の貫とは木製、底は全面孟宗竹を張り付けてあるボート型の四種類あった。

藁蓋《わらぶた》も一枚橇の一種であった。岐阜県高山市の飛騨民俗村や山形県鶴岡《つるおか》市の致道博物館にある藁蓋は材料が藁製であった。木炭や薪を運搬するのに使用したが、簡単な作りだと一回限りの使い捨てであった。先端を特に強くして頑丈に拵えると五回ぐらいは使用することができた。全長が二メートル弱で、幅が五十センチメートルぐらいであり、積載面積と着雪面積が同じことが難点だった。

玉橇も一枚橇であり、板橇の一種であった。橇板の前部は厚くして、後部を薄く削った。厚い前部に穴をあけた。そこにロープや鎖を通して引いた。後部には木材の先端を載せた。馬橇にも玉橇はあった。

集材用の手橇は自然の股木（マッカ）を利用した股木橇であり、変形一枚橇であった。マッカダマともいった。白山地方でも股木を利用する橇をマタゾリといった。関秀志『北海道の手橇』（北海道開拓記念館・一九八七）によれば、これは玉橇と撥橇の折衷型の橇であったという。後部に木材の先端を載せて前部にロープを付けて引いた。

雪橇の実用化と摩擦抵抗から考えられたのが、類型Ⅲ二本橇であった。分類は橇台に付ける枕（ブクリ）・ヤマの数で、一つ枕から四つ枕まで分けられる。橇台も板利用の平形、山形、鼻反りなどによって多くの種類があった。雪橇の類型においては六つに分けている。六つとは①一つ枕、②二つ枕、③三つ枕、④四つ枕、⑤特殊型、⑥馬橇である。

①一つ枕はばち橇である。木材運搬用として急斜面を滑降するのに適していた。手橇の代表的なもので、山子《やまご》（杣夫《そまふ》）の手製がほとんどであった。雪の坂道を背負って登るために軽い材料を使った。ズリ木に左右一個ずつヤマ（ち・ちち・乳・枕）を削り出し、その上に横木を一本渡した。材木の先端をその上に載せて引き摺った。後の端は雪の上を滑らせた。ブレーキとしては針金の輪に紐を巻いて作ったタガをずり木に嵌めてスピードを調節した。ばち橇の「ばち」の名称由来は「半乳」か「端乳」であり、橇の基本型の四乳《よち》に対して半分の二個しかないことから付いたという。角（腕木・梶棒）が付いているものを角ばち、角のないものを平ばちといった。馬橇にもばつ橇があり、前後二挺からなるばちばち橇もあった。青森県では一挺ばち、下北半島では二挺使用することを二はいばちといった。津軽・下北地方から岩手・秋田両県をはじめ北は北海道から南は北陸地方まで普及した。ばち橇と同様に一つ枕の雪橇として、岩手県雫石《しずくいし》町で使用された隼《はやぶさ》があった。これは下降する速さから名付けられたという。

②二つ枕は一本の橇台に二つ枕つきの橇である。いわゆるヨツゾリ（四乳橇）であった。安定度もあり、荷の重力のかけ方、雪への接面のしかたが効果的で、積載量も多かった。橇の中で最も多く、基本形であった。橇台が板状で原材を削って橇としたものや、加工した板に付け枕をして橇台としたものの平形である。枕の上に橇台と並行に縦に置く木で、二本の橇台に渡した横木の上にさらに渡した荷台をシモク付《つき》といった。両鼻反りといって二つ枕の橇で頭と尻の両方に反りがあり、前進と後退とを簡単にする機能がある。橇の強さと除雪の効果のために橇台の背面が山型をなしている橇がある。

③三つ枕は台木の幅が狭く、厚い傾向があり、重量の荷積みなどに耐えられるような橇である。

④四つ枕も三つ枕と同様に重量に耐える橇である。

⑤特殊型とは大持《だいもち》がある。大持とは大物《おおもの》の意味であり、橇そのものが同体の巨石や巨木であると同時に、それを運ぶことでもあった。ただし雪橇とは限定できないものである。同様に大石・大木を運搬するのに修羅や竜宮というものもあった。鈴木牧之の『北越雪譜』には修羅のことが記載されている。昭和五十三年（一九七八）大阪府藤井寺《ふじいでら》市道明寺の仲津媛古墳陪塚から発掘されている。

⑥馬橇は明治以後に北海道から使用が始まり、青森県、秋田県、岩手県へと普及し、東北、上信越、北陸、中国山地へと波及し、南限は島根県であった。木材や物資などの積荷を載せるのに用いられた。関秀志の『北海道の馬橇』によれば、形態技術によって、在来系剳貫式と外来系組立式とに大別できるという。さらに、在来系剳貫式には玉橇（後志型馬橇）、柴巻橇（札幌型馬橇）、かな橇（函館型馬橇）に分類される。在来系剳貫式は、玉橇は一枚橇であるが、ばち橇、よつ橇、ばちばち橇は二本橇である。外来系組立式はもちろん二本橇であり、目的用途が乗用、乗合、農産物一般の荷物運搬用であった。それに対して在来型剳貫式は近世以来の北海道の造材事業に活用され、集材と運材作業の役割を果たしていった。これらは昭和三十年から四十年まで続いた。その代表的橇が手橇のばち橇ではない、ばちばち橇である。単にばちばちとも呼んだ。これはばち橇を二挺組合せて一台とした複式橇である。長い木材を運ぶのに、前橇・前ばち・親ばちと、後橇・後ばち・子ばちに分けて、木材の長さに対応し自由調節ができる馬橇であった。さらに蝶番《ちょうつがい》ばちばちといって先端に梶棒を取付ける鉄製の蝶番が付いたものもある。続いて、枕ばちばちといって梶棒を差し込む梶棒鐶《かん》を前ばちの鼻の外側につけてばちの鼻に枕木を渡したものもあった。蝶番ばちばちと枕ばちばちの折衷型として改良鼻高ばちばちもあった。

雪と観光　ユキトカンコウ

雪国の観光は冬の祭典がメインイベントであり、それが雪まつりとなるところが多い。ランドマークやシンボルタワーとなるのが大きな雪像である。雪まつりの二大代表は新潟県と北海道にあった。新潟県十日町《とおかまち》市の雪まつりは昭和二十五年（一九五〇）二月四、五日に開催された。新潟県を代表する十日町市は豪雪地帯として知られたところであった。新潟県内では小正月にほんやら洞といって雪で高い櫓《やぐら》を造る行事があった。昭和三十九年（一九六四）と昭和四十年（一九六五）は少雪のために中止されもしたが、平成三十年（二〇一八）まで六十九回を数えている。北海道札幌《さっぽろ》市のさっぽろ雪まつりは、昭和二十五年二月十八日に大通公園に地元の中学生と高校生がミロのヴィーナス、熊、バルザック、セザンヌのモニュメント、蹲《うずくま》るヴィーナス、生徒の顔の六つの雪像を造って開催した。それ以降はこの祭典では雪像がシンボルとなった。毎年二月上旬から一週間開催されており、平成三十年までに六十九回まで続いている。戦後に開催された十日町市と札幌市の雪まつりは全国各地に雪像・雪堂の祭典を広める契機となり、雪と氷の祭典は大小様々な雪まつりを輩出し、地域における冬の観光の一翼を担っている。その一部を後段に紹介しておくことにする。

その他に雪の観光になる構造物は、イグルー、アイスホテル、アイスドームがある。イグルーはカナダの先住民イヌイットが狩猟や旅の移動用に雪ブロックで造る半球型の仮住居のことである。現在はイヌイットもテントや木造住宅を好むようになった。このイグルーにヒントを得て冬期間のみ営業するのがアイスホテルである。スウェーデンのユッカスヤルビとカナダのケベックが有名である。北海道占冠《しむかっぷ》村のホテルアルファリゾート・トマムでは平成九年（一九九七）十二月下旬から翌年三月まで、アイスドームビレッジを設置して観光客を楽しませている。アイスドームは雪氷製のドーム状（円屋根型）の構造物である。雪塊を造って積みあげていくスノータワーや雪灯籠を応用したスノーランタンなどもある。最近四、五年前からのものとして山形県西川町《にしかわ》月山志津温泉の雪旅籠のライトアップは江戸時代初期の街並みを再現しようとしている。これらは見物するのもいいが、参加させるところも出てきている。流氷や樹氷そのものを観光に仕立てあげた青森県五所川原《ごしょがわら》市の地吹雪体験ツアー、弘前《ひろさき》市のネイチャースノーキャンプ、青森市の八甲田スノーシューハイキング、秋田県羽後《うご》町のカンジキレース、仙北《せんぼく》市の雪像造りプログラムやスノーハイキング体験、北海道旭川《あさひかわ》市の犬ゾリレースもある。津軽鉄道では、冬期間、積雪した酷寒線路を走らせるストーブ列車が青森県五所川原市から中泊《なかどまり》町までを結んでおり名物となった。そこで餅やスルメイカを焼いて食べることが利用客の通といわれた。

旭川冬まつり（北海道旭川市）
氷彫刻世界大会（北海道旭川市）
あさひかわ冬まつり（北海道旭川市）
たきかわ冬まつり（北海道滝川《たきかわ》市）
ふかがわ氷雪まつり（北海道深川《ふかがわ》市）
知床ファンタジア（北海道斜里《しゃり》郡斜里町ウトロ温泉流水自然公園）
阿蘇雪祭（北海道石狩《いしかり》郡当別《とうべつ》町）
あばしりオホーツク流氷まつり（北海道網走《あばしり》市）
北の新大陸発見！あったか網走（北海道網走市）

紋別流氷まつり（北海道釧路市《くしろ》）

釧路氷まつり（北海道釧路市）

氷灯夜―ラブファンタジイ（北海道河西《かさい》郡芽室《めむろ》町）

ＩＷＡＭＩＺＡＷＡドカ雪まつり（北海道岩見沢《いわみざわ》市）

しべつ雪まつり（北海道士別《しべつ》市）

風連冬祭（北海道名寄《なよろ》市）

しもかわアイスキャンドルミュージアム（北海道下川《しもかわ》郡下川町）

なよろ国際雪像彫刻大会ジャパンカップ―なよろ雪質日本一フェスティバル（北海道名寄町）

ニセコ雪祭（北海道虻田《あぶた》郡ニセコ町）

雪トピアフェスティバル（北海道虻田郡倶知安《くっちゃん》町）

北見冬まつり（北海道北見《きたみ》市）

小樽雪あかりの路（北海道小樽《おたる》市）

層雲峡氷瀑まつり（北海道上川《かみかわ》郡上川町層雲峡温泉街）

アイスキャンドルフェスティバル（北海道上川郡下川町）

阿寒湖氷上まつりＩＣＥ・愛す・阿寒「冬華美」（北海道釧路市阿寒湖上）

おびひろ氷まつり（北海道帯広《おびひろ》市緑ケ丘公園）

千歳・支笏湖氷濤まつり（北海道千歳《ちとせ》市支笏湖温泉）

洞爺湖温泉冬まつり（北海道虻田郡洞爺湖《とうやこ》町）
くしろ氷まつり（北海道釧路市）
なかしべつ冬まつり（北海道標津《しべつ》郡中標津町しるべっと広場）
大沼函館雪と氷の祭典（北海道亀田《かめだ》郡七飯《ななえ》町）
はこだて冬フェスティバル光の小径（北海道函館《はこだて》市）
寒中みそぎフェスティバル木古内（北海道上磯《かみいそ》郡木古内《きこない》町）
苫小牧スケート祭（北海道苫小牧《とまこまい》市）
しばれフェスティバル（北海道足寄《あしょろ》郡陸別《りくべつ》町ウエンベツイベント広場）
昭和新山国際雪合戦（北海道有珠《うす》郡壮瞥《そうべつ》町）
ふゆとぴあＩＮ　ＢＥＴＳＵＫＡＩ（北海道野付《のつけ》郡別海《べつかい》町）
江刺たば風の祭典（北海道檜山《ひやま》郡江差《えさし》町）
ＪＡＰＡＮ　ＣＵＰ全国犬ぞり稚内大会（北海道稚内《わっかない》市）
青森県冬まつり（青森県青森市）
細野相沢冬物語（青森県青森市）
あぴねす冬まつり（青森県青森市浪岡）
雪とふれあいミニフェスティバル（青森県五所川原市金木《かなぎ》町）
十和田湖冬物語（青森県十和田《とわだ》市）

弘前城雪燈籠まつり（青森県弘前市）
岩木山南麓豪雪まつり（青森県弘前市嶽温泉郷）
温泉郷雪まつり（青森県黒石《くろいし》市）
安比・八幡平ゆきフェスティバル（岩手県八幡平《はちまんたい》市）
もりおか雪あかり（岩手県盛岡《もりおか》市）
ＳＵＧＡフェスタ岩洞湖氷上まつり（岩手県盛岡市岩洞湖）
全日本農はだてのつどい（岩手県奥州市胆沢《いさわ》区南都田）
いわて雪まつり（岩手県岩手郡雫石《しずくいし》町小岩井農場）
全国犬ぞりフェスティバル金ヶ崎町（岩手県胆沢郡金ヶ崎《かねがさき》町）
花山雪っこまつり（宮城県栗原《くりはら》市花山道の駅自然薯の館）
スノーランタンフェスタｉｎ中山平（宮城県大崎市中山平温泉中山コミュニティセンター）
青根温泉雪あかり（宮城県柴田《しばた》郡川崎《かわさき》町）
宮城かわさき雪まつり（宮城県柴田郡川崎町）
定義雪まつり（宮城県仙台《せんだい》市青葉《あおば》区大倉定義如来西芳寺）
わらすこ雪まつり（宮城県柴田郡川崎町国営みちのく杜の湖畔公園）
青根温泉雪あかり（宮城県柴田郡川崎町青根児童公園）
スノーキャンドルストリートＩＮあに（秋田県北秋田市阿仁駅前）

田沢湖高原雪まつり（秋田県仙北市）
犬っこまつり（秋田県湯沢《ゆざわ》市）
六郷のカマクラ（秋田県仙北郡美郷《みさと》町）
払田柵の冬まつり（秋田県大仙《だいせん》市）
火振りかまくら（秋田県仙北市）
横手の雪まつり（秋田県横手《よこて》市）
かだる雪まつり（秋田県湯沢市秋の宮温泉郷）
ひがしゆり雪まつりツアー雪ものがたり（秋田県由利本荘《ゆりほんじょう》市道の駅東由利）
月山雪まつり（山形県鶴岡《つるおか》市道の駅月山）
金峯山雪灯籠祭・鶴岡冬まつり（山形県鶴岡市）
湯殿山ゆきとぴあ（山形県鶴岡市）
月の沢龍神冬まつり（山形県東田川郡庄内町）
新庄市雪まつり（山形県新庄《しんじょう》市）
尾花沢雪まつり（山形県尾花沢《おばなざわ》市）
ホワイトアスロン（山形県最上郡真室川町秋山スキー場）
雪あかりまつり（山形県最上《もがみ》郡大蔵《おおくら》村肘折温泉）
山の内雪まつり（山形県村山《むらやま》市山の内）

雪まつり（山形県東置賜《ひがしおきたま》郡高畠《たかはた》町）
上杉雪灯籠まつり（山形県米沢《よねざわ》市上杉神社境内松が岬公園）
すべり下駄世界大会（山形県米沢市米沢スキー場）
ながい雪灯り回廊（山形県長井《ながい》市）
なんよう雪灯りまつり（山形県南陽《なんよう》市）
蔵王樹氷まつり（山形県山形市蔵王温泉）
雪旅籠の灯り（山形県西村山郡西川《にしかわ》町月山志津温泉）
中津川雪まつり（山形県西置賜郡飯豊《いいで》町白川ダム湖岸公園）
ひがしね雪まつり（山形県東根《ひがしね》市）
まほろば冬咲きぼたんまつり（山形県東置賜軍高畠町）
からむし織の里雪まつり（福島県大沼《おおぬま》郡昭和《しょうわ》村からむし織の里）
雪と火のまつり（福島県大沼郡三島《みしま》町）
エドモント雪まつり（福島県相馬《そうま》市）
蔵の町喜多方市冬まつり（福島県喜多方《きたかた》市）
会津絵ろうそくまつりーゆきほたる（福島県会津若松《あいづわかまつ》市）
只見ふるさとの雪まつり（福島県南会津郡只見《ただみ》町）
裏磐梯雪まつり（福島県耶麻《やま》郡北塩原《きたしおばら》村）

大内宿雪まつり（福島県南会津郡下郷《しもごう》町）
なかやま雪月火（福島県南会津郡下郷町中山なかやま花の郷公園）
奥日光湯元温泉雪まつり（栃木県日光《にっこう》市湯元温泉）
湯西川かまくら祭（栃木県日光市湯西川温泉）
浅間高原ウィンターフェスティバル（群馬県吾妻《あがつま》郡嬬恋《つまごい》村）
長岡雪しか祭（新潟県長岡市）
とちお遊雪まつり（新潟県長岡《ながおか》市栃尾《とちお》）
津南雪まつり（新潟県中魚沼《なかうおぬま》郡津南《つなん》町）
南魚沼市雪まつり（新潟県南魚沼市六日町《むいかまち》）
しおざわ雪譜まつり（新潟県南魚沼郡塩沢ふれあい広場）
百八灯雪まつり（新潟県魚沼市）
うおぬまふれあい夏の雪まつり（新潟県魚沼市銀山平キャンプ場）
湯沢温泉雪まつり（新潟県南魚沼郡湯沢《ゆざわ》町）
雪だるままつり（石川県白山《はくさん》市白峰地区と桑島地区）
たけだじょんころ雪まつり（福井県坂井《さかい》市丸岡《まるおか》町山竹田）
いいやま雪まつり（長野県飯山《いいやま》市城北グラウンド）
新野の雪まつり（長野県下伊那《しもいな》郡阿南《あなん》町新野）

おおまち雪まつり（長野県大町《おおまち》市大町温泉郷）
雪だるま祭（長野県下高井《しもたかい》郡野沢温泉《のざわおんせん》村）
雪上アートフェスティバル（長野県上水内《かみみのち》郡飯綱《いいづな》町いいづなリゾートスキー場）
さかえ雪ん子まつり（長野県下水内郡 栄《さかえ》村）
木母池雪の祭典（長野県北安曇《きたあづみ》郡小谷《おたり》村）
アイスキャンドルＩＣＥ　ＣＡＮＤＬＥ（長野県諏訪《すわ》市諏訪湖）
いわたゆきまつり（静岡県磐田《いわた》市）
たかす雪まつり（岐阜県郡上《ぐじょう》市高鷲）
美山雪まつり（京都府南丹《なんたん》市美山《みやま》町）
真夏の雪まつり（兵庫県神戸《こうべ》市灘《なだ》区六甲山《ろっこうさん》町）
智頭宿雪まつり（鳥取県八頭《やず》郡智頭《ちづ》町）
サヒメル雪祭（島根県大田《おおだ》市三瓶《さんべ》町三瓶自然館）
あとう雪まつり（山口県山口市）

雪とスポーツ　ユキトスポーツ

雪上のスポーツとして、子どもから大人まで、初心者からプロまで親しまれているものとしては、スキー、スケートが挙げられる。国際大会やオリンピックの競技種目にも入っている。スキーの競技種目は多彩になり、滑

コラム ■ 雪とスポーツ

降、回転、大回転、ジャンプ、クロスカントリー、複合、ハーフパイプ、モーグルなどがある。スキーが移動目的の道具であった時代は遥かかなたの昔の話になってしまった。

スケート靴は種目によって様々あり、ハーフスケート、スピードスケート、フィギュアスケート、ホッケー用スケートに分かれている。

アメリカやカナダで盛んなスノーボードは、横向きになって板に乗り、板に留め具で足を固定し、雪の斜面を滑るスポーツである。氷が舞台で「氷上のチェス」と称するカーリングは、スコットランドが発祥である。四人ずつ二チームで競い合うものである。

雪上での荷物運搬用であった橇が、自動車に取って代わられた名残でスポーツに特化してエスカレートしたものとして、ボブスレー、リュージュ、スケルトンがある。「氷上のF1」と称されるボブスレーはハンドルとブレーキを備えた鋼鉄製の二連橇のことである。競技は男子二人乗りと四人乗りの二種目である。リュージュは「木の橇」を意味するものであったが、現在は強化プラスチック製の一人乗りと二人乗りの橇となっている。アメリカ、カナダ、イギリスではリュージュをトボガンといった。スリル満点のエキサイティングスポーツのスケルトンはハンドルもブレーキもない滑走部と車台だけの簡易な構造の小型の一人乗りの橇である。リュージュは足を進行方向に向けて仰向けになるが、スケルトンは頭を進行方向に向けて腹這いになる。ただし、これらの橇競技は高度技術を要求されるためにポピュラーではなく、アマチュアが楽しめるものではない。競技者のためのスポーツの観を免れない。

雪上のスポーツとして最近注目されるようになったのが雪合戦である。雪合戦とは、昭和新山国際雪合戦リーフレット『雪合戦』によれば、「雪球から身を守り、雪球で敵を攻める、世界中を圧巻するウィンタースポーツ」であるという。雪国の古くからある遊びより世界のウィンタースポーツとなったエンターテインメントである。日本雪合戦連盟主催の昭和新山国際雪合戦大会（北海道壮瞥《そうべつ》町）は二〇一八年までに三十回を数える。雪合戦は、ジュニア、女子、男女混合のミックス、一般の四つの部門がある。競技者七名、補欠者二名、監督一名からなる二チームで競技をする。勝負は三分三セットマッチであり、二セット先取で勝利となる。雪球は一チームが一セットで九十個である。コートは縦十メートル、横四十メートル、センターラインで両陣営に分かれる。時間内に相手チームのフラッグ（旗）を抜いた時点、または雪球により相手チーム全員を倒した時点で勝敗が決する。フィンランドのケミヤルヴィでは国際雪合戦大会が開催されている。

雪のつく歌　ユキノツクウタ

雪のつく歌は多くある。風流な自然や花鳥風月の世界を雪月花に因むものがある。

淡い雪が溶けて（ＺＡＲＤ歌・坂井泉水作詞・寺尾広作曲）
A winter fairy is melting a snoman（木村カエラ歌・木村カエラ渡邊忍作詩・渡邊忍作曲）
海雪（ジェロ歌・秋元康作詩・宇崎竜童作曲）
王子様と雪の夜（タンポポ歌・つんく作詞作曲）
海峡吹雪（井上由美子歌・青山幸司作詩・四方章人作曲）
肩に二月の雪が舞う（北島三郎歌・阿久悠作曲・猪俣公章作曲）

コラム■雪のつく歌

悲しみは雪のように（浜田省吾歌・浜田省吾作詞作曲）
北の雪船（多岐川舞子歌・池田充男作詞・岡千秋作曲）
恋の雪別れ（小柳ルミ子歌・安井かずみ作詞・平尾昌晃作曲）
恋ひとつ雪景色（森昌子歌・阿久悠作詞・井上忠夫作曲）
粉雪（レミオロメン歌・藤巻亮太作詞作曲）
サイレントスノー（花澤香菜歌・北川勝利作詞作曲）
三月の雪（槇原敬之歌・槇原敬之作詞作曲）
残雪（北島三郎歌・西郷たけし作詩・大野一二三作曲）
白い雪（倉木麻衣歌・倉木麻衣作詩・大野愛果作曲）
白い雪（香西かおり歌・松山千春作詞作曲）
白い雪のプリンセスは（初音ミク歌・のぼる作詞作曲）
新雪（灰田勝彦歌・佐伯孝夫作詞・佐々木俊一作曲）
スノウソング（Hey Say JUMP 歌・masaya 作詞・馬飼野康二作曲）
スノウダンス（ドリームズ・カム・トゥルー歌・吉田和美作詞・中村正人作曲）
スノーフレーク（嵐歌・小川貴史作詞・HYDRANT 作曲）
スノウリバース（UNISON SQUARE GARDEN 歌・田淵智也作詞作曲）
スノーアゲイン（森高千里歌・森高千里作詩・高橋諭一作曲）

スノースノースノー（Kinki Kids 歌・秋元康作詩・伊秩弘将作曲）
スノースマイル（BUMP OF CHICKEN 歌・藤原基央作詞作曲）
スノードロップ（初音ミク歌・あわあわP作詞作曲）
スノードロップのキセキ（青山素子・浅川悠歌・有森聡美作詞・KIKU 作曲）
スノー・ブラインド（野猿歌・秋元康作詩・後藤次利作曲）
スノーブレイクの街角（杏里歌・吉元由美作詩・ANRI 作曲）
スノーブレーク（桐谷美玲歌・松尾潔作詞・吉田裕之作曲）
Snowdome（木村カエラ歌・木村カエラ作詞・BEAT CRUSADERS 作曲）
セクシーサマーに雪が降る（Sexy Zone セクシーゾーン歌・三浦徳子作詞・Janne Hyoty・Martin Grano 作曲）
雪月花（湘南乃風歌・湘南乃風作詞作曲）
雪中花（伍代夏子歌・吉岡治作詞・市川昭介作曲）
そして…雪の中（永井裕子歌・池田充男作詞・岡千秋作曲）
誰のために雪は降る（崎谷健次郎歌・秋元康作詩・崎谷健次郎作曲）
ディアスノー（嵐歌・IORI ISHU 作詞・Kohsuke Ohshima 作曲）
なごり雪（イルカ歌・伊勢正三作詞作曲）
虹と雪のバラード（トワ・エ・モワ歌・河邨文一郎作詩・村井邦彦作曲）

コラム■雪のつく歌

虹の雪（Alice Nine 歌・Shou 作詞作曲）
根雪（中島みゆき歌・中島みゆき作詞作曲）
パウダースノー永遠に終わらない冬（三代目 J Soul Brothers 歌・小竹正人作詩・Daisuke Kahara・SHIKATA 作曲）
母恋吹雪（三橋美智也歌・矢野亮作作詩・林伊佐緒作曲）
春の雪（角川博歌・里村龍一作詞・岡千秋作曲）
春の雪（徳永英明歌・徳永英明作詞作曲）
風雪流れ旅（北島三郎歌・星野哲郎作詩・船村徹作曲）
ミゾレ（Kinki Kids・井手コウジ作詞作曲）
港雪（北島三郎歌・原譲二作詞作曲）
港わかれ雪（花咲ゆき美歌・鈴木紀代作詞・岡千秋作曲）
もしも雪なら（ドリームズ・カム・トゥルー歌・吉田美和作詩・中村正人作曲）
雪（明治四十五年の文部省唱歌・作詞作曲不詳）
雪（中島みゆき歌・中島みゆき作詞作曲）
雪（天明期上方地唄・流石庵羽積作詞・峰崎勾当作曲）
雪（猫歌・吉田拓郎作詞作曲）
雪明かり（藤原浩歌・久仁京介作詩・徳久広詞作曲）

雪あかりの町（小柳ルミ子歌・山上路夫作詞・平尾昌晃作曲）
雪傘（中島みゆき歌・中島みゆき作詞作曲）
雪が降る（アダモ歌・サルベトーレ・アダモ作詞作曲・安井かずみ和訳）
雪が降る町（ユニコーン歌・奥田民生作詞作曲）
雪國（吉幾三歌・吉幾三作詞作曲）
雪國ひとり（永井裕子歌・万城たかし歌・四方章人作曲）
雪化粧（テレサテン歌・山上路夫作詞・猪俣公章作曲）
雪白の月（Kinki Kids 歌・Satomi 作詞・松本良喜作曲）
雪深深（藤あや子歌・石本美由起作詞・松原さとし作曲）
雪椿（小林幸子歌・星野哲郎作詩・遠藤実作曲）
雪にかいたラブレター（菊池桃子歌・秋元康作詩・林哲司作曲）
雪の足跡（L'Are~en~Ciel 歌・hyde 作詞・ken 作曲）
雪のアスタリスク（TRIPLANE 歌・江畑兵衛作詞作曲）
ゆきのいろ（ポルノグラフィティ歌・新藤晴一作詞作曲）
雪の川（新沼謙治歌・幸田りえ作詞・幸斉たけし作曲）
ユキノキャンバス（Kinki Kids 歌・篠原隆一作詞・中崎英也作曲）
雪のクリスマス（ドリームズ・カム・トゥルー歌・吉田美和作詩・吉田美和・中村正人作曲）

コラム■雪のつく歌

雪の進軍（日清戦争従軍軍歌・永井建子作詞作曲）
雪のないクリスマス（田原俊彦歌・ダダ・ジョナサン作詞・UNI作曲）
雪の音（GReeeeN歌・GReeeeN作詞作曲）
雪の華（中島美嘉歌・Satomi作詞・松本良喜作曲）
雪のファンタジー（松田聖子歌・松本隆作作詩・大村雅朗作曲）
雪の降らない街（コブクロ歌・小渕建太郎作詞作曲）
雪の降る街を（昭和二十六年NHKラジオ放送・内田直也作詩・中田喜直作曲）
雪の細道（水田竜子歌・喜多條忠作詩・水森英夫作曲）
雪の舞い（島津亜矢歌・チコ早作詞・村沢良介作曲）
雪の宿（成世昌平歌・もず昌平作詞・聖川湧作曲）
雪の宿（新沼謙治歌・幸田りえ作詞・幸斉たけし作曲）
雪の別れ（大江千里歌・大江千里作詞作曲）
雪の渡り鳥（三波春夫歌・清水みのる作詞・陸奥明作曲）
雪舞い岬（瀬口侑希歌・石原信一作詩・鈴木淳作曲）
ユキムシ（Kinki Kids歌・canna作詞作曲）
雪虫（谷山浩子歌・中島みゆき作詞・山谷浩子作曲）
雪山賛歌（ダークダックス歌・西堀栄三郎作詞・アメリカ民謡）

雪山に消えたあいつ（克美しげる歌・沢ノ井千江児作詞・上條たけし作曲）
雪列車（前川清歌・糸井重里作詩・坂本龍一作曲）
雪割りの花（北川大介歌・喜多條忠作詩・叶弦大作曲）
雪んこ風唄（羽山みずき歌・聖川湧作詞・海老原秀元作曲）

雪のつく雅号　ユキノツクガゴウ

雪のつく雅号は俳人、画家、書家、学者、僧侶に多い。

俳人では椋梨一雪《いっせつ》、鶴和其雪《きせつ》、藤田香雪《こうせつ》、室梓雪《しせつ》、佐々醒雪《せいせつ》、小坂井雪柴《せっさい》、広岡雪芝《せっし》、西村雪人《せつじん》、松平雪《せっ》川《せん》、加藤雪腸《せっちょう》、足代《あじろ》民部雪堂《せつどう》、宮原雪堂《せつどう》、文来庵雪万《せつまん》、大橋釣雪《ちょうせつ》、細川棟雪《とうせつ》、太田白雪《はくせつ》、内藤鳴雪《めいせつ》、青木友《ゆう》雪《せつ》、服部嵐雪《らんせつ》。

画家では白鳥映雪《えいせつ》、橋本関雪《かんせつ》、雪舟等楊《せっしゅうとうよう》、加藤雪窓《せっそう》、雪村周継《せっそん》、月岡雪鼎《せってい》、松林雪貞《せってい》、藤井雪堂《せつどう》、徳力善《ぜん》雪《せつ》、狩野探雪《たんせつ》、徳力幽雪《ゆうせつ》、長沢蘆雪《ろせつ》、河合墨雪《ぼくせつ》、小村雪岱《せったい》、長谷川雪旦《せったん》。

僧侶では太原崇孚雪斎《せっさい》、雪村友梅《せっそん》。越路吹雪《こしじふぶき》は歌手。朝丘雪路《ゆきじ》は女優。

文筆家では大久保葩雪《はせつ》。沼田香雪《こうせつ》は女流漢詩人。坂元雪鳥《せっちょう》は国文学者。関雪江《せっこう》、華雪《かせつ》は書家。立花道雪は武将。

雪のつく神社　ユキノツクジンジャ

雪のつく神社はそれほど多くない。以下列記してみる。

雪沢神社（秋田県大館市雪沢）
雪水峰神社（福島県郡山市田村町）
雪塚稲荷神社（埼玉県川越市幸町）
雪森神社（新潟県妙高市雪森屋敷付）
雪ヶ谷八幡神社（東京都大田区東雪谷）
加積雪嶋神社（富山県滑川市加島町）
花雪神社（島根県大田市朝山町仙山）
雪野八幡宮（熊本県菊池市雪野）

雪のつく寺　ユキノツクテラ

雪のつく寺はそれほど多くない。以下列記してみる。

雪舟寺は臨済宗東福寺塔頭芬陀利華院《ふんだりかいん》の庭園（京都市東山区本町）は画聖・雪舟の作という。
雪屋山《せつおくさん》南昌寺（岩手県湯田町川尻）
臨済宗妙心寺派の嵩山正宗寺《すうざんしょうしゅうじ》で蘆雪寺（愛知県豊橋市嵩山町上角庵）と称されたという。
雪野山龍王寺（滋賀県竜王町川守）で俗名野寺、へちま寺という。

雪草庵（大阪府阿倍野区北畠）は曹洞宗
高福山高福院雪蹊寺（高知市長浜）は臨済宗妙心寺派

雪のつく名字　ユキノツクミョウジ

雪のつく名字は数多くある。以下紹介する。

［ア］愛雪、赤雪、圧雪、雨雪《あめゆき》、新雪《あらゆき》、泡雪、淡雪
［イ］池雪、一雪、市雪、雪吹《いぶき》、今雪
［ウ］薄雪、雪母谷《うばがたに》、海雪、甫雪
［エ］映雪、枝雪
［オ］大雪、雪花菜《おから》、緒雪
［カ］海雪、桂雪、華雪、夏雪、嘉雪、雅雪、紙吹雪、雪花菜汁《からじる》、瓦雪、冠雪
［キ］喜雪、義雪、教雪、銀雪
［ク］草雪、陸雪《くがゆき》
［ケ］螢雪、月雪
［コ］小雪、黄雪、紅雪、香雪、降雪、孝雪、豪雪、古雪、粉雪、今雪
［サ］桜吹雪、細雪、佐雪、定雪、貞雪、三雪、残雪、坂雪
［シ］思雪、地雪、実雪、柴雪、凍み雪、霜雪、若雪、秀雪、終雪、秋雪、充雪、朱雪、春雪、少雪、正雪、沙

コラム ■ 雪のつく名字

雪、紗雪、消雪、昭雪、勝雪、章雪、定雪、相目雪《しょうめゆき》、除雪、白雪、新雪、真雪、森雪、深雪

[ス] 雪（すずき・すすぎ）、雪《すす》ぐ

[セ] 積雪、雪隠、雪花、雪華、雪塊、雪害、雪寒、雪間荘、雪渓、雪景、雪月花、雪原、雪古、雪斎、雪史、雪司、雪舟、雪洲、雪春、雪上、雪辰、雪伸、雪雪《せっせつ》、雪像、雪窓、雪草、雪駄、雪天《せってん》、雪岱、雪紹、雪中、雪中梅、雪踏、雪堂、雪年、雪白、雪庇、雪氷、雪片、雪峰、雪面、雪里、雪稜、雪嶺

[ソ] 宗雪、早雪、雪《そそ》ぎ、雪《そそ》げ、雪車《そり》、雪車町

[タ] 耐雪、大雪、多雪、高雪《たかぜつ》、竹雪《たけせつ》、龍雪

[チ] 千雪、智雪、着雪

[ツ] 津雪、塚雪、月雪、常雪、露雪、坪雪

[テ] 禎雪

[ト] 桃雪、凍雪、道雪

[ナ] 雪崩《なだれ》、名雪、奈雪

[ニ] 煮雪、西雪

[ハ] 羽雪、排雪、白雪、初雪、花吹雪、晴雪、班雪

[ヒ] 東雪谷、氷雪、飛雪

[フ] 風雪、深雪、吹雪《ふぶき》

[ホ] 豊雪、邦雪、峰雪、防雪、暴風雪、北雪、暮雪、牡丹雪、雪洞《ぼんぼり》、螢雪

コラム ■ 雪のつく名字

［マ］舞雪、益雪、沫雪、松雪、万年雪
［ミ］見雪、瑞雪、南雪谷、峰雪、峯雪、み雪、深雪、美雪、明雪、水雪
［ム］宗雪、村雪
［モ］茂雪、元雪、森雪、本雪
［ヤ］八雪、山雪、暗雪《やみゆき》
［ユ］友雪、勇雪、幽雪、融雪、雪嵐、雪明、雪歩、雪井、雪入、雪岩、雪兎、雪浦、雪上、雪内、雪絵、雪江、雪枝、雪女、雪下ろし、雪覆、雪生、雪雄、雪尾、雪夫、雪緒、雪男、雪岡、雪丘

・雪形、雪壁、雪が谷、雪谷、雪囲、雪掻き、雪垣、雪凮、雪香、雪門、雪上、雪川、雪木、雪北、雪雲、雪曇、雪沓、雪国、雪草、雪口、雪久保、雪消、雪煙、雪化粧、雪景色、雪越、雪氷、雪子

・雪三郎、雪催、雪澤、雪沢、雪桜、雪定、雪坂、雪崎、雪嵜、雪島、雪塩、雪嶋、雪下、雪代、雪女郎、雪重、雪城、雪瀬、雪空

・雪隆、雪竹、雪多、雪田、雪辰、雪谷、雪達磨、雪玉、雪平、雪月、雪紹、雪詰、雪椿、雪富、雪解、雪《ゆき》頭《とう》、雪所《ゆきところ》

・雪縄、雪那、雪奈、雪雪崩《ゆきなだれ》、雪永、雪菜、雪梨、雪濁、雪峰《ゆきね》、雪之介、雪乃、雪野、雪の浦、雪之浦、雪ノ浦、雪ノ下、雪竹、雪ノ竹、雪之丞、雪廼舎《ゆきのや》

・雪晴、雪肌、雪腹、雪肌精、雪原、雪畑、雪美、雪古、雪彦、雪豹、雪廣、雪平、雪広、雪姫、雪平鍋、雪ふり、雪吹、雪淵、雪降、雪文、雪藤、雪渕、雪踏、雪螢、雪穂

・雪間、雪窓、雪丸、雪柾、雪待月、雪祭、雪松、雪道、雪水、雪見、雪娘、雪室、雪正、雪宗、雪虫、雪恵、雪森、雪持、雪本、雪元、雪盛、雪峰

・雪弥、雪屋、雪家、雪谷、雪矢、雪柳、雪山、雪夜、雪喜、雪与、雪吉、雪郎、雪輪、雪割草、雪和

[ヨ] 吉雪

[ラ] 落雪、嵐雪

[リ] 利雪、里雪、立雪、凌雪、瀧雪、柳雪、良雪

[ロ] 芦雪、露雪

[ワ] 和雪、綿雪

雪の妖怪　ユキノヨウカイ

柳田國男監修・民俗学研究所編『綜合日本民俗語彙』(平凡社・一九五六) によると、雪の妖怪は大きく別けて二系統ある。その一つが一本足系統 (①～⑤) の妖怪であり、二つ目が雪まろげ系統 (⑥～⑮) である。

①一本足…雪の降る日に出てくる。ところどころの雪の上に穴があくのは一本足が歩いた足跡だといわれた。近畿地方や四国地方ではよく聞く話であり、奈良県や和歌山県では果ての二十日といわれる十二月二十日に山へ行くと出るといわれた。高知県では一つなしともいわれた。一つ目小僧と同様といわれている。八丈島でもこれと同様であるが、山ん婆が一本足で竹を突いて歩き回るといわれた。和歌山県十津川《とつかわ》村西南の和歌山県境の果無《はてなし》山に住む一本だらという妖怪は一本足で目が皿のようだという。普通は人に害することはないが、果ての二十

日だけは危険といい、山に人は近づかなかった。人が通らないから果無山という名前が付いたという。

②しっけんけん…長野県諏訪《すわ》郡永明《えいめい》村・宮川《みやがわ》村（現茅野《ちの》市）などで降雪の時に出る女の妖怪のことをしっけんけんといった。人を紐で縛っていくといわれ、一本足で片足飛びをするからこの名前が付いたのではないかという。

③でぇでぇ坊…山形県羽黒山の周辺でいわれたでぇでぇ坊は、一本足の巨人で、雪の上にとびとびに大きな足跡を付けることがあった。

④手杵《てぎね》返し…高知県宿毛《すくも》市で聞く妖怪であり、足跡が一つしかない。手杵棒といって杵の形をしてトンボ返りをして歩いてくるといわれる妖怪は高知県十和《とおわ》村（現四万十《しまんと》町）に伝承されていた。

⑤一つ足…徳島県や高知県では、雪の夜、雪の上に点、点、点と一本足の足跡を残す妖怪を一つ足といった。

⑥雪女…岩手県遠野《とおの》地方では小正月の夜、または冬の満月の夜に雪女がたくさんの子どもたちを連れて遊ぶといわれた。青森県西津軽《にしつがる》郡では正月元日に雪女が現われて最初の卯《う》の日に帰ると伝えられている。鳥取県東伯《とうはく》郡三朝《みささ》町では雪女は白幣を振って淡雪に乗って現われたという。そして、「氷ごせ、湯ごせ」というが、水を掛けると膨れあがり、湯をかけると消えてしまうという。

⑦雪姥《ゆきうば》…雪姥は長野県下伊那《しもいな》郡では降雪の夜に現われる妖怪といわれている。雪の降る夜は雪姥、雨の降る夜には雨姥が出るといわれた。

⑧雪入道…富山県上新川《かみにいかわ》郡、岐阜県飛騨《ひだ》地方、岡山県都窪《つくぼ》郡でいう降雪時の夜明けに現われる妖怪が雪入道といわれていた。目が一つ、足が一本の大入道であった。飛騨では雪上に一本足の足跡を残す妖怪だったという。

⑨雪の洞…岐阜県揖斐《いび》郡坂内《さかうち》村川上と藤橋《ふじはし》村（現揖斐川《いびがわ》町）で雪の妖怪といわれた。本来は目には見えないも

のであり、女に化けたり、雪玉の形になって現われたりした。山小屋で、「水をくれ」といわれた時には水をやってはいけない。水をやると殺された。この際には熱いお茶を出せといわれていた。撃退呪文があった。それは、「先クロモジに後ボーシ、あめうじがわの八つ結ばえ、締めつけ履いたら如何なるものも、かのうまい」と。これは輪樏の前輪と後輪を別々の木で作る習慣からこう唱えられたものであった。

⑩雪婆《ゆきばじょ》…雪婆は鹿児島県薩摩《さつま》地方で降雪の夜に出てくる女の妖怪であった。ばじょとは老いているという意味であった。老いたる馬をばじょうまなどといった。

⑪雪降り入道…長野県東筑摩《ひがしちくま》郡でいう妖怪であった。雪降り坊主ともいった。雪降り入道は袋を被るとか、ボロ着物を着るとか、蓑笠《みのがさ》を付けているなどといった。

⑫雪降り婆…長野県諏訪《すわ》市で語られていた妖怪であった。降雪の日に現われる妖怪で、人を紐で縛っていくといわれていた。

⑬雪まろげ…京都府宮津《みやづ》市下世屋《しもせや》町では猛吹雪の夕暮れには白い姿をした雪まろげに出会うことがあるといわれていた。雪まろげとは雪のお化けであると伝えられている。

⑭雪ん婆…愛媛県北宇和《きたうわ》郡吉田《よしだ》町（現松野《まつの》町）では冬期間は雪の積んでいるところには雪ん婆がくるといって子どもたちを屋外に出さぬように注意をしていた。

⑮雪ん坊…和歌山県伊都《いと》郡見好《みよし》村（現かつらぎ町）において降雪の夜に出てくる妖怪であった。子どものような形をしており、一本足で飛び歩くという。雪の朝に樹下に円形の窪みがところどころにあるのはその足跡だという。

雪室　ユキムロ

冬に降り積もった雪を夏まで貯蔵するための施設のこと。すなわち雪室は雪の冷温によって天然冷蔵庫を出現する役割である。氷室《ひむろ》と異なるのは雪穴式でないところである。方法としては地面に掘った穴を基盤として、雪を山のように積み上げて貯蔵しておく雪山式と、屋内に雪を貯蔵しておく屋内式とがある。融雪を防ぐために藁《わら》などで厚く覆ったうえに屋根を掛けたものである。雪は生ものの冷蔵用、食用、水枕用に使用した。雪山、雪穴、雪小屋ともいった。現在も雪室を有効利用しているところがあり、食糧貯蔵、夏期冷房などで自治体の活性化を図っている。雪の冷熱エネルギーの積極利用は、雪貯蔵施設としての雪室の活用事例となった。冬の積雪を利用して経費の節約を図ったものである。以下に列記する。

北海道稚内市　北裕建設コンサルタント　雪氷一夜干しホッケ
北海道旭川市宮前通東　旭川市科学館サイバル　雪冷房
北海道旭川市緑が丘東一条　北海道立北方建築総合研究所　雪冷房
北海道旭川市豊岡一条　ＮＥＤＯ国策建設旭川豊岡センタービル　雪冷房
北海道旭川市南が丘　北海道伝統美術工芸村内　雪の美術館　雪冷房
北海道河西郡芽室町　「森浦農場」ジャガイモ
北海道名寄市曙　ゆきわらべ雪中蔵もち米低温貯蔵施設
北海道名寄市風連町中央　風連町農産物出荷調整利雪施設　雪中貯蔵
北海道札幌市東区モエレ沼公園　札幌市モエレ沼公園ガラスピラミッド　雪冷房

コラム■雪室

北海道札幌市北区七条西　NEDO札幌市都心北融雪槽実験場
北海道札幌市北区北九条西　北海道大学大学院農学研究科氷利用農産物長期貯蔵実験施設
北海道札幌市中央区宮の森　清水建設北海道支店単身独身寮アミティエ宮の森　雪冷房
北海道岩見沢市東山町　岩見沢市高齢者福祉センター
北海道岩見沢市並木町　岩見沢農業高等学校利雪学習
北海道北見市端野町　雪中備蓄ジャガイモ
北海道美唄市　ウエストパレス雪冷房マンション
北海道美唄市　JAびばい氷室貯蔵研究所　農産物、味噌
北海道美唄市　JAびばい米穀雪零温貯蔵雪蔵工房　米、アスパラ
北海道美唄市　美唄公営温泉施設ゆ~りん館　雪冷房
北海道美唄市東七条南　老人福祉施設恵和会ケアハウスハーモニー雪冷房
北海道美唄市東七条南　介護老人健康施設コミュニティホーム美唄
北海道滝川市幸町　サークル鉄工零温倉庫アイスタワー
北海道虻田郡倶知安町富士見　農業生産法人アオキアグリシステム農家の洋食屋じゃが太　雪室貯蔵及びレストラン冷房
北海道虻田郡倶知安町北三条東　くっちゃん産業クラスター研究会しゃっこい野菜蔵
北海道樺戸郡浦臼町オサツナイ　農業生産法人神内ファーム21プラントファクトリー

北海道雨竜郡沼田町南一条　生涯学習センターゆめっくる雪の科学館雪冷房
北海道雨竜郡沼田町旭町　養護老人ホーム和風円　雪冷房
北海道雨竜郡沼田町沼田　米穀低温貯蔵留乾燥調製施設スノークールライスファクトリー　米
北海道雨竜郡沼田町緑町　ＮＥＤＯ北海道富士電機雪氷エネルギー利用温室
北海道雨竜郡沼田町沼田　北いぶき農業協同組合沼田支所利雪型低温籾貯蔵施設　米
北海道雨竜郡沼田町沼田　沼田町役場雪山センター貯雪量一万トン　雪を売る
北海道釧路市鳥取南　釧路工業技術センター内釧路食料備蓄基地研究会氷冷熱エネルギー貯蔵実験施設　農産物
北海道帯広市西21条北　土谷特殊農機具製作所モナリスアイスシェルター
北海道上川郡清水町南五条西　十勝清水町農業協同組合自然エネルギー利用施設　氷室
北海道久遠郡せたな町北檜山区太櫓　三洋技術工業北檜山アイスシェルター実験棟
青森県青森市酸ヶ湯温泉　八甲田山雪りんご　林檎
青森県青森市合子沢　国際芸術センター青森　雪冷房
青森県上北郡東北町　東宮工業　長芋、ニンニク、ヤーコン
青森県五所川原市金木町　観光地吹雪体験ツアー
青森県弘前市　新日本青果農場「雪貯蔵りんご」
秋田県大館市有浦　北鹿酒造雪中貯蔵

秋田県横手市　秋田県立横手清陵学院中学校・高等学校雪冷房
秋田県横手市増田町狙半内　上畑温泉さわらび　野菜保存
秋田県横手市朝倉町　地域交流施設あさくら館　雪冷房
秋田県雄勝郡羽後町　菅原酒造　雪中貯蔵
秋田県雄勝郡羽後町野中　天馬美術館　雪冷房
秋田県由利本荘市　矢島天寿酒造　日本酒
岩手県和賀郡湯田町　湯田牛乳公社氷室　乳製品
岩手県和賀郡西和賀町　低温貯蔵施設　切花、野菜
岩手県和賀郡西和賀町　農産物集出荷予冷貯蔵施設　切花
宮城県刈田郡七ケ宿町　雪室　米、蕎麦
山形県東田川郡朝日村　あさひの雪蔵　山菜
山形県最上郡舟形町　雪冷房用雪室
山形県村山市楯岡　みちのく雪むろ米　米
山形県村上市　神埼式雪室　米
山形県北村山郡大石田町次年子　次年子雪蔵蕎麦、米、山菜
山形県西置賜郡飯豊町中津川　雪室王国　山菜、米、日本酒、ワイン
山形県西置賜郡飯豊町松原　いいで雪室研究所　日本酒、米

山形県西置賜郡飯豊町上原　飯豊町雪室施設　野菜
山形県山形市　農業研究研修センター中山間地農業研究部　米、桜桃
山形県尾花沢市　雪室そば　蕎麦
山形県東置賜郡川西町上小松　エコスノードーム　雪冷房
福島県南会津郡檜枝岐村　桧枝岐温泉　日本酒
福島県南会津郡南会津町　トマト
新潟県新潟市中央区竜が島　鈴木コーヒーの雪室　珈琲
新潟県小千谷市　スノーランド池ケ原雪室施設　米
新潟県小千谷市工務店アクトホーム　雪冷房モデル事業
新潟県柏崎市鵜川　鵜川雪室　米、味噌、日本酒
新潟県柏崎市旧高柳町　雪室付貯蔵庫　大根、馬鈴薯
新潟県上越市　岩の原葡萄園　雪室ワイン、雪の宅急便
新潟県上越市安塚区安塚　雪のまちみらい館雪国生活研究所の貯雪冷房
新潟県上越市安塚区　農産物集出荷貯蔵施設　米、野菜
新潟県上越市安塚区須川　ふれあい昆虫館、キューピットバレイセンターハウス　雪冷房
新潟県魚沼市　雪利用夏期住宅冷房
新潟県魚沼市旧守門村　越後ゆきくら館　日本酒

新潟県魚沼市旧守門村　雪利用漬物生産加工施設　粕漬用野菜
新潟県魚沼市旧湯之谷村　グリーンファーム雪中貯蔵施設　野菜
新潟県南魚沼市　うおぬま倉友農園　雪むろ米
新潟県南魚沼市旧大和町　アグリコア越後ワイナリー　ワイン
新潟県十日町市旧中里村　切花球根貯蔵出荷施設　切花
新潟県中魚沼郡津南町　農産物集出荷貯蔵施設　切花、球根、雪下人参
石川県加賀市潮津町　中谷宇吉郎雪の科学館　人工雪
長野県上水内郡信濃町　リンゴ、長芋、蕎麦
長野県下伊那郡阿智村　昼神温泉産直市場　米、日本酒、野菜、リンゴ
滋賀県高島市今津町　ビラデスト今津　米、日本酒、野菜

■
■
■

雪のことわざ

雪のことわざとは、雪を用いて教訓、戒め、性《さが》、姿、事件、例え、洒落《しゃれ》を表現したものである。その特徴は、白い、冷たい、溶ける、儚《はかな》いといった雪の性質を展開しているところにある。雪は水になる。作物を育てる水分を供給するものである。農業にとって、雪は要《かなめ》の要素であるという強い思いがある。近年の除雪排雪の論理からすれば、雪はあまり必要なものとはいえなくなってしまった。それでもことわざの効用は失われていない。雪のことわざはそれほど多くはないが、いまだに再考すべきものもある。

跡を滅《めっ》せんと欲《ほっ》して雪中を走る

足跡を隠そうとして雪の上を走って、かえって多数の足跡を残してしまうということ。自分がしようと思うことと実際にすることが相反する場合をいった。

老いたる馬は雪にも惑《まど》わず

経験が多い人は物事の判断や考えに誤りがないという意味である。雪原で老練な馬は道を間違えない。

大雪にケガチ（飢饉）なし

秋田県仙北《せんぼく》地方に伝わることわざである。大雪が降った年は豊作になることが多いので、その年は飢饉にはならないということ。

寒明けの日、雪が降ると四十八日荒《あ》れる

秋田県雄勝《おがち》郡や由利《ゆり》郡では寒が明けた日に雪が降ると、四十八日間は荒れるといった。

仕上げられていないものは雪によって運ばれる

旧ソ連邦から一九九一年に独立したウズベキスタン共和国のことわざである。今日できることを明日まで延ばすなということである。

白い雪が豊かなら、白いパンが豊か

ロシア連邦のことわざである。雪が多い年は、作物が良く育つということ。雪と豊作とを結び付けている。「雪は豊年の瑞《しるし》」や「大雪に飢饉なし」と同じ意味である。

雪上に霜《しも》を加《くわ》える

ものが多くあるのに、さらに同じものを加えることのたとえである。多くあるが代わり映えしないという意味に用いる。多くありすぎて災いが重ねてくるともいう。「雪の上の霜」や「雪に霜を加える」も同じである。

雪山《せっせん》の鳥今日明日よと鳴《な》く

インド共和国のヒマラヤに棲むという想像上の鳥の寒苦鳥《かんくちょう》のことである。この雌鳥は寒さを嘆いて終夜鳴いている。雄鳥は夜が明けたら巣を作ろうと鳴くが、夜が明けて暖かくなると寒さを忘れてそのまま巣作りを怠ける鳥である。過《あやま》ちに気づかずに、それを何度も繰り返す人を例えるものである。「雪山《せっせん》の鳥」も同じ意味である。

雪中に炭を送る

相手が最も困っている時に救いの手を差し伸べることである。

高い雪山は陽でとけることなく孔雀は毒で死ぬことはない

チベットのことわざである。孔雀《くじゃく》がヘビの毒に勝つように、強い心と力を持った者はいかなる困難にも屈しないことをいう。

黙って降る雪はよけい積もる

降り積もっている雪を黙って見ていると、もっと積もってくるように感じられる。

鱈汁《たらじる》と雪道《ゆきみち》は後《あと》がよい

鱈《たら》汁とは助惣鱈《すけそうだら》や真鱈を長ネギ、白菜、大根、ゴボウなどと煮る鍋料理である。後がよいということは長く煮込むと味が浸みて美味しくなるからである。雪深い地方では、新雪が降り積もった雪道を歩くのはたいへんであり、人が踏み込んだ後の踏み固められた雪道は歩きやすくなるからいいという理由である。鱈汁は富山県、新潟県、北海道などの雪国の鍋料理である。「雪道と打ち豆汁は後がよい」「雪道と魚の子汁は後ほどよい」は、残り物には福があるというのと同類である。

月、雪、花に酒と三味線

昔から風流の代表的なものには月、雪、花と、囃子《はやし》・三味線の音がある。太平洋側では春にこれら風流の三条件が揃うことがあった。雪を風流と見るのは太平洋側の感覚であった。鈴木牧之の『北越雪譜』には、江戸の雪とは違い、越後の雪の厳しさを語っており、「我国の初雪を以てこれに比れば、楽と苦と雲泥のちがひ也」と描いた。

出来上がった雪道を行くことはやさしい

フィンランド共和国のサーミ人のことわざである。最初に雪道を歩くよりは後から歩く方が楽であるということ。

解《と》けやすいのは春の雪と繻子《しゅす》の帯《おび》

繻子《しゅす》の帯は縦糸、横糸を浮かせて綴った絹織物である。結んでも帯が解けやすい。解けやすいと、溶けやすい春の雪とを関連付けたものである。そのような儚いものとして、「年寄りの命と春の雪」がある。これは老人の命と春の雪はどちらも短いといったことを表現した。同様に「年寄の達者春の雪」や「春の雪と年寄の腕自慢は当てにならぬ」もある。老人が元気なのは雪のようにすぐなくなって消えてしまうからだという意味である。

虎は飢《う》えても自らの肉を喰わず白獅子は寒くとも雪山を離れない

チベットのことわざである。誇り高き人はいかなる状況に陥っても気高さを失わないということ。

夏の虫雪を知らず

夏の虫には雪や氷のことを話しても理解できない。熱帯地方の人には雪というものが解らない。経験したことがないものを言葉で説明されても、人間の想像力には限界があることを指摘したものである。

鍋より黒いものはない、だが腹いっぱいにしてくれる、
雪より白いものはない、だが手を凍《こご》えさす

ロシア連邦のことわざである。見た目の良さよりも実質的なものの方が大切であるということ。

二年続きの大雪はない

現在もよくいわれていることわざである。『とやま雪語り』によれば、富山地方気象台の観測でも二年続けての大雪の記録はなかった。３８豪雪の時も、５６豪雪の時も翌年は雪が少なかった。

春の雪と叔母《おば》の杖《つえ》は怖《こわ》くない

叔母の杖は怖くないとは、父母のように本気で叩かないからである。春の雪もすぐに溶けてしまうことと同じである。「春の雪と歯抜け狼は怖くない」「春の雪とよその地頭殿は怖くない」も同類である。

降る雪は見えるが、溶ける雪は見えない、悪い人は見ればわかるが、いい人は見てもわからない

中国の少数民族彝《イ》族のことわざである。悪は目につくが善は目につかない。雪にたとえて、降る雪は目に見えるが溶ける雪は目に見えないことである。

柳に雪折れなし

柳のような柔軟な木は堅剛なものよりもかえって雪に耐えることができる。「柳の枝に雪折れなし」や「柳に風折れなし」と同じである。

山のとおりに雪は積もる

スイス連邦共和国のことわざである。郷に入っては郷に従えということ。

雪圧《ゆきあつ》して松の操《みさお》を知る

雪が積もって重みを加えると、はじめて松の枝の強さがわかる。艱難辛苦《かんなんしんく》に遭遇して初めて人の節操や忍耐を知るというたとえである。

雪兎《ゆきうさぎ》が早く現われる年は暖《あたた》かい

山に兎《うさぎ》の形をした残雪が現われると春が近く早く暖かくなる。東北地方の俗信である。

雪が消えたら雉子《きじ》が帰ってくる

冬が終わり、雪が消えると雉子《きじ》は山に戻ってくるという。

雪牛目《ぎゅうもく》に至《いた》る

雪が牛の目の高さまで積もること。

雪で拵《こしら》えた猿を火事見舞いに遣《や》る

雪はすぐに火に溶けるところから、危険極まりなし、ひとたまりもないというたとえ。

雪とケガチ（飢饉）は一夜できまる

田畑は常に整理をしておいて、雪囲いも事前に準備しておかなければならない。備えがあれば憂いがないということ。「雪と飢饉は夜一夜」も同じである。

雪と墨

白と黒とで対照的なコントラストのこと。正反対のたとえのことである。類語としては「雪と墨の違い」と同様である。

雪と人は兄弟ではない

チリ共和国のことわざである。アルゼンチン側よりマプーチェ地方の寒さに苦しむチリ側に当てこすっていうことばである。

雪と欲とは積もるほど道を忘れる

雪は少し降り積もっても白一色になり、風景が変化する。そして、道の境も隠れてしまう。雪が一メートルも積もれば道や畑や小川などとの境がなくなってしまって歩くのが危険になる。雪は積もると道は失われてしまう。欲望は欲がかさむともっと厄介である。「欲望には限りなし」「欲の山の頂はなし」「欲に耽《ふけ》る者は目見えず」「欲は身を失う」などともいわれている。類語として、「金と塵《ちり》は溜《たま》るほど汚い」がある。

雪に白鷺

雪も白鷺《しらさぎ》も両方とも白いために、見分けがつかない。目立たないことにもたとえられる。

雪に閉ざされる

雪が降り積もって出歩くことができなくなる。雪のために外部との連絡が取れなくなる。

雪に湯を掛けるよう

雪に湯を掛けると溶けてしまう。結果が最初から明白である。「雪に煮え湯」と同じである。

雪の明くる日

雪の降った翌日は晴れて太陽が照ることが多い。「雪の翌日は乞食《こじき》も洗濯をする」は同じこと。

雪の朝は間男《まおとこ》の詮索《せんさく》

雪の降った翌朝は男が帰って行けば足跡が付いてしまうという。逆に、足跡がなければ男がいないことが知れてしまう。『古今集』において、「わがやどは雪ふりしきて道もなしふみわけてとふ人しなければ」（よみ人しらず）と、雪に足跡を付けて通って来る人のいないことを嘆いている。

雪の明日は裸虫の洗濯

雪降りの翌日は晴天になるので、替え着のない者でも洗濯をする。子や孫の洗濯がたくさんできるということ。「雪降りの明日は裸坊の洗濯」「雪の明日は子孫の洗濯」「雪降りには孤児の着物を洗う」と同じである。

雪の内《うち》の芭蕉

中国の唐の詩人・王維《おうい》が夏から秋に花の咲く芭蕉《ばしょう》を雪の内に描いたという故事より、芸術表現においては、事実に拘泥しないところに良さがあるということ。

雪の多い年は豊作

降雪が多いと野山に水分が浸み込んで、春になるとそれが溶けて田畑を潤すので豊作となる。「雪は豊年の瑞」「雪は豊作の瑞《しるし》」「雪は豊年の貢物」「雪は豊年のしるし」「雪は五穀の精」と同じである。

雪の字を墨で書く

雪の字を黒い墨で書くという洒落は、白と黒とのコントラストをいう。「雪と墨」と同じである。

雪の年は借金が返せる

ポルトガル共和国のことわざである。雪の多い年は作物が豊作になり豊かになるので、借金があったなら返却できるということ。「雪は豊年の兆」ということ。

雪の中の筍を掘《ほ》る

雪の降る季節に、中国の呉《ご》の孟宗《もうそう》に病気の母親が筍《たけのこ》を食べたいといった。孟宗は母の希望をかなえさせたい一心から天に祈ったところその孝心により天の恵みの筍を手に入れることができた。孟宗は竹にその名を遺した。「雪中の筍」「雪中に筍を抜く」「雪の中に筍を求める」と同じである。

雪の肌

雪のように白くて美しい皮膚のこと。女性の白い肌をたとえていった。

雪の果ては涅槃まで

降雪の終わる頃は涅槃会《ねはんえ》の時期である。釈迦《しゃか》入滅《にゅうめつ》の日（陰暦二月十五日）といわれている。「雪は涅槃まで」と同じである。

雪の降る夜は寒くこそあれ

世俗を離れて暮らしていても、雪の夜は寒くて静かなため人が恋しくなること。

雪は犬の伯母

雪が降って犬が喜んで走り回っているさまを、子どもが伯母に会ってはしゃぎ回ることに見立てていったこと。

雪は鵝毛《がもう》に似て飛んで散乱し、人は鶴氅《かくしょう》を被《き》て立《た》って徘徊《はいかい》す

雪はガチョウの羽毛のように軽く飛んで散り乱れる。その中を行く人は鶴の羽毛で作った衣を着ているかのように真っ白である。

雪は七寸一尺

熊本県の阿蘇地方の農事俚言である。雪が一尺積もったという時は、実際は七寸しか積もっていないということ。

雪は日《ひ》の本《もと》

雪の降った日の翌日は晴天となること。

雪降らんとして群鳥《ぐんちょう》あさる

鳥が忙しく餌をあさっているようだと、雪が近い。

雪降りに塩売り転《こ》けて嘗《な》めてみる

雪の日に塩売りが転んでしまい、塩がこぼれたのではないかと雪を嘗《な》めてみたということ。

雪仏の日に会える如《ごと》し

雪で作った仏像が太陽に溶けるように、しだいに消えてなくなるさまをいう。

雪仏の水遊び

雪で作った仏は水を掛けるとすぐに溶けてしまうことから、無知で自分に危険なことが迫っているのを知らないこと。「雪仏の湯好み」「雪仏の湯なぶり」も同じ意味である。「土仏の水遊び」「土仏の水なぶり」は同類項である。

雪も氷も溶くるよう

雪や氷も溶けるような親切で温かい心遣いやもてなしのことという。

雪も氷も元は水

同じものでも、環境や慣習によって形や性質が変わることをいう。

雪よ、お前なんか怖くないぞ、家にはトウモロコシと薪が十分あるから

スペイン王国のバスク地方のことわざである。山の農家では冬に備えて食糧と暖をとる燃料の確保が担保された時にいうことばである。

雪を欺く

ひじょうに白いさまをいう。彼女は、「雪を欺くような肌をしている」とか。

雪を戴《いただ》く

頭髪の毛が白くなったさまをいう。「霜を置く」も同様である。

雪を墨

白い雪を黒い墨だと言い含める。不合理なことを強引に主張すること。「鹿を馬」「鷺《さぎ》を烏」も同様である。

雪を積み、螢を集める

貧乏なために雪や螢の明りで勉学をすることをいう。苦学をすることのたとえ。「蛍雪之功」も同じである。

雪を担《にの》うて井《い》を埋《うず》む

雪を井戸にいくら投げ入れても井戸は埋まらない。無駄なことをいった。「塩にて淵《ふち》を埋《う》む如し」も同じである。

雪を巡らす

風が雪を吹きめぐらすように、衣の袖を巧みにひるがえして舞うことをたとえている。

雪地名

気候とは、ある土地の長期にわたって観察した大気の状態をいう。気候を組み立てている気候要素には、気温、降水量、風、雨、雪、雷、雲など様々ある。ここにおいて、これらの気候要素のうち地名に「雪」が付いたものを「雪地名」と名付け、取り上げることとする。

日本列島においては、四十七都道府県のうち二十四道府県が豪雪地帯とされている。豪雪地帯とは、積雪地域における雪害の防御と除雪、生活・産業などの総合的な対策が必要とされた地域である。昭和三十七年（一九六二）制定の「豪雪地帯対策特別措置法」に該当した道府県である。その二十四道府県とは北から順番に、北海道、青森県、岩手県、宮城県、秋田県、山形県、福島県、栃木県、群馬県、新潟県、富山県、石川県、福井県、山梨県、長野県、岐阜県、静岡県、滋賀県、京都府、兵庫県、鳥取県、島根県、岡山県、広島県である。これらの道府県には雪に関する地名が存在する。例えば、雪沢、雪浦、雪平、雪畑、雪田、雪輪、雪見、雪山、雪屋、雪谷、雪ノ下、雪崎、雪車町などである。豪雪地帯に指定されていない都府県の中にも雪の地名がある。

世界的に見て、日本は緯度のわりには雪が多い国である。北陸地方や中部山岳地帯の積雪は世界的に類例がないほどである。ただし、かならずしも豪雪地帯に雪の名の付く地名が多いというわけではない。雪地名が多くある道府県は、北海道、新潟県、富山県、岩手県、山形県、秋田県であった。南国地方の四国四県と九州七県においても雪地名は存在しており、沖縄県にもある。

〈北海道〉

北海道北見《きたみ》市大雪国道（たいせつこくどう）
北海道富良野《ふらの》市吹雪の沢（ふぶきのさわ）
北海道宗谷《そうや》郡猿払村雪の沢（ゆきのさわ）
北海道阿寒《あかん》郡鶴居《つるい》村雪裡苗畑（せつりなえはた）
北海道阿寒郡鶴居村中雪裡（なかせつり）
北海道阿寒郡鶴居村下雪裡（しもせつり）
北海道阿寒郡鶴居村支雪裡（しせつり）
北海道阿寒郡鶴居村茂雪裡（もせつり）
北海道阿寒郡鶴居村支雪裡川（しせつりがわ）
北海道阿寒郡鶴居村茂雪裡川（もせつりがわ）
北海道釧路郡釧路《くしろ》町旧雪裡川（きゅうせつりがわ）
北海道釧路郡釧路町雪裡太（せつりぷと）
北海道釧路郡釧路町雪裡橋（せつりばし）

雪地名

北海道釧路市旧雪裡川（きゅうせつりがわ）
北海道空知《そらち》郡奈井江《ないえ》町深雪橋（しんせつばし）
北海道雨竜《うりゅう》郡沼田《ぬまた》町白雪橋（しらゆきばし）
北海道上川《かみかわ》郡新得《しんとく》町大雪橋（たいせつばし）
北海道上川郡新得町白雪沢（しらゆきさわ）
北海道上川郡東川《ひがしかわ》町の旭岳主峰大雪山（たいせつざん）
北海道上川郡東川町融雪沢（ゆうせつさわ）
北海道上川郡上川町深雪橋（しんせつばし）
北海道上川郡上川町雪見台（ゆきみだい）
北海道上川郡上川町大雪湖（たいせつこ）
北海道上川郡上川町吹雪橋（ふぶきばし）
北海道上川郡上川町大雪大橋（たいせつおおはし）
北海道上川郡美瑛《びえい》町融雪沢（ゆうせつさわ）
北海道川上《かわかみ》郡弟子屈《てしかが》町の雪見山（ゆきみやま）
北海道旭川《あさひかわ》市大雪通（たいせつどおり）
北海道檜山《ひやま》郡厚沢部《あっさぶ》町頽雪沢（なでのさわ）

〈岩手県〉

岩手県胆沢《いさわ》郡金ヶ崎《かねがさき》町橇引沢溜池（そりひきさわためいけ）

岩手県岩手郡岩手町雪浦（ゆきうら）

岩手県岩手郡岩手町川口雪平（ゆきひら）

岩手県奥州《おうしゅう》市生母の雪落（ゆきおとし）

岩手県一関《いちのせき》市大東《だいとう》町大原雪洞（ぼんぼり）

岩手県陸前高田《りくぜんたかた》市矢作雪沢（ゆきざわ）

岩手県陸前高田市矢作雪沢川（ゆきざわがわ）

岩手県遠野《とおの》市青笹雪戸（ゆきと）

岩手県宮古《みやこ》市和井内雪流口（ゆきながれぐち）

岩手県九戸《くのへ》郡洋野《ひろの》町川尻雪畑（ゆきはた）

岩手県九戸郡九戸村雪屋大雪屋（ゆきやおおゆきや）

岩手県九戸郡九戸村雪屋下雪屋（ゆきやしもゆきや）

岩手県九戸郡九戸村雪屋中雪屋（ゆきやなかゆきや）

岩手県九戸郡九戸村雪屋上雪屋（ゆきやかみゆきや）

岩手県九戸郡九戸村雪屋小雪屋（ゆきやこゆきや）

岩手県九戸郡九戸村雪屋雪屋川（ゆきやゆきやがわ）

岩手県九戸郡軽米《かるまい》町の雪谷川（ゆきやがわ）

〈宮城県〉

宮城県亘理《わたり》郡亘理町小堤村雪穴（ゆきあな）

〈秋田県〉

秋田県大館《おおだて》市雪沢小雪沢（ゆきさわこゆきさわ）

秋田県北秋田市鎌沢にあった雪田（ゆきた）

秋田県能代《のしろ》市機織《はたおり》轌の目（そりのめ）

秋田県秋田市広面赤沼の太平山三吉神社は秋田藩雪見御殿（ゆきみごてん）

秋田県湯沢《ゆざわ》市八面にあった雪戸（ゆきと）

秋田県由利《ゆり》本荘《ほんじょう》市滝にあった雪谷又（ゆきやまた）

秋田県由利本荘市勝手上新にあった雪川（ゆきかわ）

秋田県由利本荘市石沢雪車町（そりまち）

秋田県由利本荘市古雪町（ふるゆきまち）

秋田県にかほ市にある白雪川（しらゆきがわ）

〈山形県〉

山形県酒田《さかた》市福山《ふくやま》町雪車田（そうりだ）

山形県酒田市福山町雪車田前（そうりだまえ）

山形県酒田市上北目《かみきため》町雪車田（そりだ）
山形県鶴岡《つるおか》市行沢雪車峯（そりみね）
山形県西村山《にしむらやま》郡朝日《あさひ》町雪谷（ゆきたに）
山形県村山市雪の観音郷（ゆきのかんのんきょう）
山形県西置賜《にしおきたま》郡白鷹《しらたか》町大字高玉雪舟町（そりまち）

〈福島県〉

福島県福島市飯野《いいの》町青木字雪戸（ゆきど）
福島県伊達《だて》市雪車町（そりまち）
福島県郡山《こおりやま》市西田《にした》町大田字雪村（せつそん）
福島県西白河《にししらかわ》郡西郷《にしごう》村雪割橋（ゆきわりばし）

〈茨城県〉

茨城県常陸大宮《ひたちおおみや》市下村田雪村屋敷跡（せつそんやしきあと）
茨城県かすみがうら市雪入（ゆきいり）

〈栃木県〉

栃木県足利《あしかが》市雪輪町（ゆきわちょう）
栃木県足利市の赤雪山（あかゆきやま）
栃木県日光《にっこう》市中禅寺湖別称雪浪湖（せつろうこ）

〈埼玉県〉

埼玉県東松山《ひがしまつやま》市岩殿の物見山の称雪見峠（ゆきみとうげ）

〈千葉県〉

千葉県旭《あさひ》市石ノ雪車（いしのゆきくるま）

千葉県旭市岩井雪降里（ぶどうじ）

〈東京都〉

東京都大田《おおた》区雪谷大塚町（ゆきがやおおつかちょう）

東京都大田区東雪谷（ひがしゆきがや）

東京都大田区西雪谷（にしゆきがや）

東京都荒川《あらかわ》区西日暮里の雪見寺（ゆきみでら）

〈神奈川県〉

神奈川県鎌倉《かまくら》市雪ノ下（ゆきのした）

〈新潟県〉

新潟県新潟市中央区雪町（ゆきちょう）

新潟県小千谷《おぢや》市真人《まっと》町芋坂の雪峠（ゆきとおげ）

新潟県刈羽《かりわ》郡刈羽村十日市雪成（ゆきなり）

新潟県妙高《みょうこう》市雪森（ゆきもり）

新潟県糸魚川《いといがわ》市雪倉ノ滝（ゆきくらのたき）
新潟県糸魚川市雪倉岳（ゆきくらだけ）
新潟県佐渡《さど》市相川の夏雪山（なつゆきやま）
新潟県佐渡市の八幡砂丘を雪の高浜（ゆきのたかはま）
新潟県南魚沼《みなみうおぬま》市古雪沢（ふるゆきさわ）
新潟県十日町《とおかまち》市美雪町（みゆきちょう）

〈富山県〉

富山県富山市雪見橋（ゆきみばし）
富山県黒部《くろべ》市雪倉岳（ゆきくらだけ）
富山県南砺《なんと》市雪舟田（そりだ）
富山県高岡《たかおか》市雪見ヶ岡（ゆきみがおか）
富山県滑川《なめりかわ》市加島《かしま》町加積雪島神社（かずみゆきしまじんじゃ）
富山県中新川《なかにいかわ》郡立山《たてやま》町十字峡三ノ窓雪溪（さんのまどせっけい）
富山県中新川郡立山町十字峡劔沢雪溪（つるぎさわせっけい）
富山県中新川郡立山町十字峡小窓雪溪（こまどせっけい）

〈石川県〉

石川県金沢《かなざわ》市袋畠《ふくろばたけ》町の犀《さい》川の雪吊橋（ゆきつりはし）

雪地名

〈**山梨県**〉

山梨県南巨摩《みなみこま》郡身延《みのぶ》町の雪見ヶ岳（ゆきみがたけ）

〈**長野県**〉

長野県下水内《しもみのち》郡栄《さかえ》村堺にあった雪坪（ゆきつぼ）

長野県松本《まつもと》市大村の雪中（ゆきなか）

長野県北安曇《きたあづみ》郡白馬《はくば》村の景勝地の大雪渓（だいせっけい）

長野県大町《おおまち》市平の針の木雪渓（はりのきせっけい）

〈**岐阜県**〉

岐阜県岐阜市雪見町（ゆきみまち）

岐阜県高山《たかやま》市乗鞍岳二十三峰の一つ雪山岳（ゆきやまだけ）

〈**愛知県**〉

愛知県名古屋《なごや》市昭和《しょうわ》区雪見町（ゆきみまち）

愛知県名古屋市中川《なかがわ》区正雪寺（しょうせつじ）

愛知県豊田《とよた》市桂野《かつらの》町雪広道（ゆきひろみち）

〈**三重県**〉

三重県津《つ》市上多気の雪姫桜（ゆきひめざくら）

三重県南牟婁《みなみむろ》郡紀宝《きほう》町浅里の飛雪ノ滝（ひゆきのたき）

〈**滋賀県**〉

滋賀県蒲生《がもう》郡竜王《りゅうおう》町川守の雪野寺（ゆきのてら）

滋賀県八日市《ようかいち》市の雪野山（ゆきのやま）

滋賀県東近江《ひがしおうみ》市上羽田《かみはねだ》町の雪野山古墳（ゆきのやまこふん）

〈**京都府**〉

京都府京都市中京《なかぎょう》区榎木《えのき》町の妙満寺の雪の庭（ゆきのにわ）

京都府京都市下京《しもぎょう》区雪踏屋町通（せったやまちどおり）

〈**大阪府**〉

大阪府大阪市西区雪見町（ゆきみまち）は花園町へ編入

大阪府堺《さかい》市堺区新在家《しんざいけ》町西雪踏屋町（せったやちょう）

大阪府羽曳野《はびきの》市白鳥の雪の宮（ゆきのみや）

〈**兵庫県**〉

兵庫県神戸《こうべ》市兵庫区雪御所町（ゆきのごしょちょう）

兵庫県美方《みかた》郡新温泉《しんおんせん》町の雪の白浜（ゆきのしらはま）

兵庫県姫路《ひめじ》市山之内の雪彦山（せっぴこさん）

〈**奈良県**〉

奈良県奈良市春日野《かすがの》町雪消沢（ゆきげのさわ）

奈良県橿原《かしはら》市雪別所（ゆきのべしょ）

〈和歌山県〉

和歌山県伊都《いと》郡九度山の銅岳こと雪池山（ゆきいけやま）

〈島根県〉

島根県邑智《おおち》郡邑南《おおなん》町雪田（ゆきた）

島根県邑智郡邑南町上雪田（かみゆきた）

島根県邑智郡邑南町中雪田（なかゆきた）

島根県邑智郡邑南町雪田川（ゆきたがわ）

島根県益田《ますだ》市上吉田の益田川にかかる雪舟橋（せっしゅうばし）

島根県大田《おおだ》市雪見（ゆきみ）

〈広島県〉

広島県三原《みはら》市本郷《ほんごう》町郷原瀑雪滝（ばくせつだき）

広島県 庄原《しょうばら》市峰田《みねた》町雪霜（ゆきしも）

広島県庄原市峰田町雪澤滝（ゆきさわたき）

〈徳島県〉

徳島県海部《かいふ》郡美波《みなみ》町にあった雪池（ゆきいけ）

徳島県海部郡美波町の雪ノ湊（ゆきのみなと）

〈香川県〉

香川県高松《たかまつ》市香川町大野雪元（ゆきもと）

〈愛媛県〉

愛媛県宇和島《うわじま》市野川滑床渓谷の雪輪の滝（ゆきわのたき）

愛媛県宇和島市吉田《よしだ》町立間雪森（ゆきもり）

愛媛県宇和島市川内薬師谷の雪輪滝（ゆきわたき）

〈高知県〉

高知県香美《かみ》市土佐山田《とさやまだ》町楠目談義所の雪ケ峰（ゆきがみね）城跡

高知県高知市長浜の雪蹊寺（せっけいじ）

高知県高知市鏡吉原の雪光山（せっこうざん）

〈福岡県〉

福岡県みやま市河原内の寺院雪峰山（せっぽうざん）

〈佐賀県〉

佐賀県小城《おぎ》市雪伏ケ里（ゆきぶせがり）

〈長崎県〉

長崎県西海《さいかい》市雪浦（ゆきうら）

長崎県壱岐《いき》市本宮仲触の字岳城の雪の島（ゆきのしま）

〈熊本県〉

熊本県菊池《きくち》市雪野川（ゆきのかわ）

熊本県菊池市雪野町（ゆきのまち）

熊本県水俣《みなまた》市浜雪割（ゆきわり）

熊本県合志《こうし》市上生積雪（ついき）

熊本県天草《あまくさ》市本渡《ほんど》町にあった雪木場（ゆきのこば）

熊本県天草郡苓北《れいほく》町雪見塚（ゆきみつか）

熊本県上益城《かみましき》郡御船《みふね》町木倉雪ノ山（ゆきのやま）

〈大分県〉

大分県日田《ひた》市大野の雪嶽城（ゆきがたけじょう）

〈宮崎県〉

宮崎県北諸県《きたもろかた》郡三股《みまた》町の雪が峯（ゆきがみね）

宮崎県西都《さいと》市の雪降山（ゆきふりやま）

〈鹿児島県〉

鹿児島県鹿児島市武《たけ》雪ノ口（ゆきのくち）

鹿児島県鹿児島市西俣《にしまた》町西雪元（にしゆきもと）

鹿児島県鹿児島市 郡 山《こおりやま》町東雪元（ひがしゆきもと）

鹿児島県鹿屋《かのや》市雪山（ゆきやま）

鹿児島県南九州《みなみきゅうしゅう》市頴娃《えい》雪丸（ゆきまる）

鹿児島県日置《ひおき》市伊集院大田旧雪窓院（せっそういん）

鹿児島県熊毛《くまげ》郡屋久島《やくしま》町の雪岳（ゆきだけ）

〈沖縄県〉

沖縄県那覇《なは》市上之毛の先端の雪崎（ゆきさぎ）

参考文献

『北越雪譜』鈴木牧之・岩波書店・一九九一
『氷と雪』加納一郎・梓書房・一九二九
『越能山都登』平千秋・中央出版・一九七三
『雪華圖説正＋続復刻版雪華図説新考』小林禎作・築地書館・一九八二
『雪』中谷宇吉郎・岩波書店・一九九四
『雪氷辞典』日本雪氷学会・古今書院・一九九〇
『新版雪氷辞典』日本雪氷学会・古今書院・二〇一四
『雪と氷の事典』日本雪氷学会・朝倉書店・二〇〇五
『雪氷学』亀田貴雄・高橋修平・古今書院・二〇一七
『増補平凡社版気象の事典』平凡社・一九九九
『新潟県雪ことば辞典』大橋勝男・岡和男・おうふう・二〇〇七
『おもしろ気象学 秋・冬編』倉嶋厚・朝日新聞社・一九八六
『雪の民俗とところどころ』明玄書房・一九八六
『続雪の民俗とところどころ』明玄書房・一九八七

参考文献

『カマキリは大雪を知っていた大地からの天気信号を聴く』酒井與喜夫・農山漁村文化協会・二〇〇三
『雪国の民俗』柳田国男・三木茂・養徳社・一九四四
『日本苗字大辞典』丹羽基二・芳文館・一九九六
『日本海沿岸地域における民俗文化』天野武・富山県・二〇〇一
『雪と人間』対馬勝利・富山県・二〇〇一
『日和見の事典』倉嶋厚・東京堂出版・一九九六
『日本方言大辞典』小学館・一九八九
『日本昔話通観』稲田浩二・小沢俊夫・同朋舎・一九七七〜一九八六
『定本日本の民話』未来社・一九八九〜一九九九
『日本の民俗』第一法規・一九七二〜一九七六
『日本の民具』慶友社・一九六四〜一九七三
『菅江真澄全集』未来社・一九七一〜一九八一
『復刻版日本民俗調査報告書集成』三一書房・一九九四〜一九九七
『日本民俗誌集成』三一書房・一九九六〜一九九八
『日本庶民生活史料集成』三一書房・一九六八〜一九八四
『遠野物語』柳田国男・角川書店・一九六三
『昔話と日本の心』河合隼雄・岩波書店・二〇〇二

参考文献

『山の紋章雪形』田淵行男・学習研究社・一九八一
『図説雪形』斎藤義信・高志書院・一九九七
『角川新字源』角川書店・一九六八
『角川漢和中辞典』角川書店・一九五九
『日本大歳時記』講談社・一九九六
『広辞苑第六版』新村出・岩波書店・二〇〇八
『日本類語大辞典』志田義秀編・講談社・一九七四
『覆面考料』守屋磐村・源流社・一九七九
『日本の気候』倉嶋厚・古今書院・一九六六
『雨のことば辞典』倉嶋厚・原田稔・講談社・二〇一四
『風と雲のことば辞典』倉嶋厚・岡田憲治・原田稔・宇田川眞人・講談社・二〇一六
『風の事典』関口武・原書房・一九八五
『雪国十日町の暮らしと民具』十日町市博物館・一九九二
『とやま雪語り』北日本新聞社・一九八四
『鳶─上空数百メートルを駆ける職人のひみつ』多湖弘明・洋泉社・二〇一四
『スノーモンキー』岩谷光昭・岩谷日出子・新潮社・一九九六
『図説民俗建築大事典』日本民俗建築学会・柏書房・二〇〇一

参考文献

『写真で見る民家大事典』日本民俗建築学会・柏書房・二〇〇五
『雁木通りの地理学的研究』氏家武・古今書院・一九九八
『日本民俗芸能事典』第一法規・一九七六
『辞書から消えたことわざ』時田昌瑞・角川書店・二〇一四
『岩波ことわざ辞典』時田昌瑞・岩波書店・二〇〇〇
『大活字ことわざ辞典』山田光二・むさし書房・一九八九
『故事俗信ことわざ大事典』小学館・一九八二
『世界ことわざ大事典』柴田武・谷川俊太郎・矢川澄子・大修館書店・一九九五
『俚諺辞典』熊代彦太郎・金港堂書籍・一九〇七
『諺で解く日本人の行動学』竹内靖雄・東洋経済新報社・一九九九
『新編日本古典文学全集70松尾芭蕉集①』小学館・一九九五
『仙北地方に伝わるくらしのことわざ集』大曲農業改良普及所・一九八三
『俳句人名辞典』常石英明・金園社・一九九七
『俳諧人名辞典』高木蒼梧・明治書院・一九六〇
『和歌・俳諧史人名事典』日外アソシエーツ・二〇〇三
『国史大辞典』吉川弘文館・一九七九〜一九九七
『角川日本地名大辞典』角川書店・一九七八〜一九九一

参考文献

『新版角川日本地名大辞典DVD-ROM版』角川学芸出版・二〇一一
『日本歴史地名大系』平凡社・一九八〇～二〇〇三
『気候地名集成』吉野正敏・古今書院・二〇〇一
『新日本地名索引』金井弘夫・アボック社出版局・一九九三
『日本山名総覧一万八〇〇〇山の住所録』竹内正・白山書房・一九九三
『北海道の馬橇』関秀志・北海道開拓記念館・一九八四
『北海道の手橇』関秀志・北海道開拓記念館・一九八七
『飛騨の橇』長倉三朗・飛騨民俗館・一九六〇
『日本銘菓事典』東京堂出版・山本候充・二〇〇四
『日本の菓子全国銘菓』全国銘産菓子工業協同組合・二〇一〇
『47都道府県和菓子／郷土菓子百科』亀井千歩子・丸善・二〇一六
『和菓子めぐり』千和加子・JTB・二〇〇四
『日本の名産事典』遠藤元男・児玉幸多・宮本常一・東洋経済新報社・一九七七
『はきもの』潮田鉄雄・法政大学出版局・一九七三
『北の下駄』北上市立博物館・一九九九
『新版茶道大辞典』筒井紘一・淡交社・二〇一〇
『NHK美の壺和菓子』NHK出版・二〇〇八

参考文献

『三省堂日本山名事典』徳久・石井・竹内・三省堂・二〇〇四
『北海道大百科事典』北海道新聞社・一九八一
『北海道の地名』山田秀三・北海道新聞社・一九八四
『北海道の家族と人の一生』宮良高弘ほか・北海道・一九九八
『北海道の祝事』明玄書房・一九七八
『東北の祝事』明玄書房・一九七八
『昭和44年度津軽半島北部山村振興町村民俗資料緊急調査報告書』青森県教育委員会・一九七〇
『昭和45年度下北半島山村振興町村民俗資料緊急調査報告書』青森県教育委員会・一九七一
『小川原湖と漁業協同組合の歩み』小川原湖漁業協同組合・一九九〇
『馬淵川流域の民俗』青森県・一九九九
『岩手県史11巻民俗篇』岩手県・一九六五
『岩手の地名百科語源・方言・索引付き大事典』芳門申麓・岩手日報社・一九九七
『岩手百科事典』岩手放送・一九七八
『南部地名』菊池正男・盛岡タイムス・一九八九
『一関の地名と風土』阿部和夫・トリョーコム・一九八一
『東磐井の地名と風土』阿部和夫・北上書房・一九八二
『岩手の地名事典　正・続』千田清・北上地名研究会・一九七八〜一九八〇

参考文献

『定本宮澤賢治語彙辞典』原子朗・筑摩書房・二〇一三
『山形県地名録』山形県郷土研究会・一九三八
『山形県大百科事典』山形新聞社・山形放送・一九八三
『おもしろ雪学』山形県生涯学習文化財団・二〇〇七
『置賜・下越方言対照小国方言集1』金儀右衛門・小国町公民館・一九五五
『米沢百科事典』サンユー企画・一九八二
『会津大事典』国書刊行会・一九八五
『栃木百名山ガイドブック』栃木県山岳連盟・下野新聞社・二〇〇五
『群馬県百科事典』上毛新聞社・一九七九
『埼玉の神社入間北埼玉秩父』埼玉県神社庁・一九八六
『新編埼玉県史別編2民俗』埼玉県・一九八六
『房総の民俗』千葉県教育委員会・一九七四
『千葉県埋蔵文化財分布図2』千葉県教育委員会・一九九八
『鎌倉の地名由来辞典』三浦勝男・東京堂出版・二〇〇五
『いなみ地名の由来と伝説　井波地区』井波地区教育委員会・一九九六
『高田市史』高田市・一九五八
『新潟県宗教法人名簿』新潟県総務部文書私学課・一九九五

『新潟県史資料編22・23民俗文化財』新潟県・一九八二〜一九八四
『十日町市史資料編8民俗』十日町市・一九九五
『新潟の民俗』新潟県教育委員会・一九六五
『鎧潟干拓地域民俗資料緊急調査報告書鎧潟』新潟県教育委員会・木間町教育委員会・一九六六
『富山大百科事典』北日本新聞社・一九九四
『富山県の民俗―民俗資料緊急調査報告書』富山県教育委員会・一九六八
『立山民俗』富山県教育委員会・一九六九
『越中五箇三村の民俗』富山県教育委員会・一九七一
『富山県史民俗編』富山県・一九七三
『石川県大百科事典』北國新聞社・一九九三
『石川県尾口村史第2巻資料編2』尾口村・一九七九
『奥能登外浦民俗資料緊急調査報告書海士町舳倉島』石川県立郷土資料館・一九七五
『白山山麓地域民俗資料緊急調査報告書白山麓』石川県立郷土資料館・一九七三
『やましろ―山代周辺綜合調査報告書』加賀市山代温泉山代公民館・一九五八
『旧上池田村の民俗―福井県今立郡池田町旧上池田村』東洋大学民俗研究会・一九六八
『福井県大百科事典』福井新聞社・一九九一
『福井県史資料編15民俗』福井県・一九八四

参考文献

『真名川流域の民俗』福井県教育委員会・一九六八
『長野県百科事典』信濃毎日新聞社・一九七四
『長野県史民俗編』長野県・一九八四～一九九〇
『大平の民俗』飯田市教育委員会・一九七二
『栄村の民俗第一集冬と生活志久見地域調査報告』長野県教育委員会下水内郡栄村教育委員会・一九七二
『長野県の地名と其の由来』松崎岩夫・信濃古代文化研究所・一九九一
『中川区の歴史　名古屋区中シリーズ２』山田寂雀・愛知県郷土資料刊行会・一九八二
『菅沼の民俗』名古屋民俗研究会・一九七二
『徳山』岐阜県教育委員会・一九七三
『朝日村史第五巻』朝日村・二〇〇五
『岐阜県輪中地区民俗資料報告書３』岐阜県教育委員会・一九七三
『滋賀県百科事典』京都新聞社滋賀本社・大和書房
『愛知川ダム水没地域民俗資料緊急調査報告』滋賀県教育委員会・一九六六
『坂田郡米原町樽ヶ畑民俗資料緊急調査報告』滋賀県教育委員会・一九六八
『高島郡今津町天増川民俗資料緊急調査報告』滋賀県教育委員会・一九六七
『京都大事典』佐和隆研・奈良本辰也・吉田光邦・淡交社・一九八四
『紀宝町誌』紀宝町・二〇〇四

参考文献

『兵庫県大百科事典』神戸新聞社・一九八三
『千種』兵庫県教育委員会・一九七二
『山崎町史』山崎町・一九七七
『但馬海岸』兵庫県教育委員会・一九七四
『国崎』川西市教育委員会・一九七五
『川西市史第7巻』川西市・一九七七
『美方郡の民俗』大谷大学民俗研究会・一九七一
『岡山県大百科事典』山陽新聞社・一九七九
『岡山県の通過儀礼と住まいの儀礼』日本文教出版・一九八六
『伯耆に生きて私が見聞きした人々の生活文化』川上湯彦・二〇〇九
『天神川流域の民俗』坂田友宏・一九八九
『隠岐の民俗』永海一正・今井書店・一九六九
『西郷町誌下巻』西郷町・一九七六
『石見匹見民俗』矢冨熊一郎・一九七六
『島根県大百科事典』山陰中央新報社・一九八二
『島根県の地名鑑』島根県地域振興部市町村課・島根県市町村振興協会・二〇〇七
『鳥取県史近代第四巻社会篇文化篇』鳥取県・一九六九

参考文献

『鳥取県の民俗』鳥取県教育委員会・一九六六
『鳥取県大百科事典』新日本海新聞社・一九八四
『広島県北部の地名』木村健次・菁文社・一九九二
『広島の滝』楠見久・広島県林務部・佐々木印刷・一九八五
『三段峡と八幡高原』広島県教育委員会・一九五九
『山口県百科事典』山口県教育委員会・大和書房・一九八二
『香川県の地名大野・浅野編上巻』中條登・一九九五
『愛媛県百科大事典』愛媛県新聞社・一九八五
『愛媛県史民俗下』愛媛県・一九七六
『大洲市誌』大洲市・一九七二
『八幡浜市誌』八幡浜市・一九七五
『三間町誌』三間町・一九六四
『日吉村誌』日吉村・一九六八
『四国の祝事』明玄書房・一九七八
『本山町史下巻』本山町・一九九六
『土佐山村史』土佐山村・一九八六
『池川町史』池川町・一九七三

『吾川村史上巻』吾川村・一九八七
『仁淀村史追補』仁淀村・二〇〇五
『安芸市史民俗篇』安芸市・一九七九
『中土佐町史』中土佐町・一九八六
『新編三原村史』三原村・二〇〇三
『越知町史』越知町・一九八四
『葉山村史』葉山村・一九八〇
『長崎県の小字地名総覧　主な小字地図と小字地名』草野正・一九九九
『苓北町史』苓北町・一九八四
『明治前期熊本県町村名分類索引10天草編』上村重次・二〇〇二
『西武田村誌』松本栄児・西武田村・一九一五
『頴娃町郷土誌』頴娃町・一九七五
『和菓子』中村肇・河出書房新社・二〇一八
『北東北の天地ことば』小田正博・風詠社・二〇一三
『秋田のことば』秋田県教育委員会・無明舎出版・二〇〇〇
『秋田マタギ聞書』武藤鉄城・慶友社・一九七七
『秋田郡邑魚譚』武藤鉄城・アチックミューゼアム・一九四〇

参考文献

『武藤鉄城著作集第一巻』武藤鉄城・秋田文化出版・一九九〇
『あきた風土民俗考』齋藤壽胤・秋田魁新報社・二〇一七
『民具論集2』日本常民文化研究所・慶友社・一九七〇
『雪の民具』勝部正郊・慶友社・一九九一
『水の文化45雪の恵み』ミツカン水の文化センター・二〇一三
『DAGIAN24 氷』コスモ石油・一九九七
『DAGIAN35 雪』コスモ石油・二〇〇〇
『江戸文化の考古学』江戸遺跡研究会・吉川弘文館・二〇〇〇
『雪花譜』高橋喜平・古川義純・高橋雪人・稲雄次・三品隆司・一九九九・講談社
『日本の酒文化総合辞典』荻生待也・柏書房・二〇〇五
『全国日本酒ラベル名鑑』関根文範・青娥書房・一九八二
『日本酒ベストセレクション392』日本文芸社・一九九四
『最新日本酒銘鑑』主婦と生活社・一九九六
『全国都道府県の歌・市の詩歌』東京堂出版・二〇一二
『新日本古典文学大系98』岩波書店・一九九一
『雪国の伝統的なくらし』須藤功・小峰書店・二〇〇六
『雪国の知恵』奈良洋・秋田魁新報社・二〇〇七

『雪國民俗第二集雪の特集』秋田経済大学雪国民俗研究所・一九六四
『秋田民俗語彙事典』稲雄次・無明舎出版・一九八九
『カマクラとボンデン』稲雄次・秋田文化出版・一九八九
「雪の名」（『雪と生活』2巻10号）武藤鉄城・日本積雪連合会・一九五〇
「橇」（『北海道開拓記念館研究報告』5）関秀志・一九八〇
「カンジキ―北海道開拓記念館所蔵資料調査概報―」（『北海道開拓記念館調査報告』9）氏家等・一九七五
「除雪具（雪かき）の変遷と雪押しの発生と発達過程」（『北海道開拓記念館研究報告』17）氏家等・一九八九
「履物研究の一考察（雪靴について）」（『民族學研究』32巻1号）潮田鉄雄・一九六七
「暮らしのはきもの」（『日本民具学会通信』⑩）潮田鉄雄・一九七七
「北海道で使用した除雪具」（『雪と生活』創刊号）氏家等・一九八〇
「雪に関する覚え書」（『雪と生活』創刊号）林義明・一九八〇
「雪と生活」（『雪と生活』創刊号）天野武・一九八〇
「ハキゾリとゲタスケート」（『雪と生活』2）木崎和廣・一九八一
「五箇山利賀村のタケカンジキ」（『雪と生活』3）森俊・一九八二
「中国地方における雪輪」（『雪と生活』3）勝部正郊・一九八二
「秋田県内の雪上運搬具」（『雪と生活』4）油谷満夫・一九八五
「白山麓の雪氷語彙・俚諺」（『雪と生活』5）橘礼吉・一九八六

参考文献

「雪の中のくらしと言葉」（『雪と生活』５）田中来・一九八六
「富山県中新川郡上市町東種の雪ことば」（『雪と生活』５）森俊・一九八六
「雪の方言俗語」（『雪と生活』５）宮本忠孝・一九八六
「雪室のこと」（『雪と生活』５）天野武・一九八六
「中門造民家の形態論的考察」（『人文地理』７―４）須藤賢・人文地理学会・一九五五
「農人の諺」（『農林春秋』２巻10号）相場信太郎・農林協会・一九五二
「嵯峨家住宅について」（『秋田民俗通信』９）稲雄次・秋田県民俗学会・一九八五
「カンジキの類型について」（『秋田歴研協会誌』31）稲雄次・二〇〇六
「雪橇の類型について」（『秋田民俗』32）稲雄次・秋田県民俗学会・二〇〇六
「中門造りの類型」（『東北民俗』41輯）稲雄次・東北民俗の会・二〇〇七
「雪女の一考察」（『東北民俗』45輯）稲雄次・東北民俗の会・二〇一一
「資料・雪形一覧」（『北方風土』54号）稲雄次・北方風土社・二〇〇七

索　引

【あ】
あい　10
アイスバーン　10, 118
あいなぜ　10
あいなれ　10
赤雪（あかいき）　10, 365, 367
赤い雪　11, 150
赤雪（あかえき）　11
赤げ雪　11
赤雪〔植物〕　11
赤雪〔気象〕　11
秋田かんじき　11, 12, 220
秋田のかまくら　45
秋山木鋤（あきやまごーつき）　12, 176
踵稭（あくとすべ）　12
足跡隠し　13
圧雪　13, 166, 232, 403
穴入れ　13
穴ぐら　13, 14
あは　14
雨げやし（あまげやし）　14
雨ねぶて（あまねぶて）　14
雨雪〔湿雪〕　14, 224
雨雪　14, 15
雨霰（あめあらね）　14
雨雪（あめいき）　15
雨の雪　14, 15
雨雪　15, 238
あめゆじゅ　15
霰（あらね）　15
霰雪（あらねいき）　15
霰まじり（あらねまじり）　15
新雪（あらゆき）　16
霰　14, 15, 16, 92, 98, 104, 115, 124, 154, 194, 196, 197, 210
荒れごと　16
あわ　10, 16, 17, 183
泡雪（あわいき）　17
あわ垣　16, 17
あわかぜ　16, 17
あわなぜ　17
あわ雪　18
阿わ雪　18, 258
泡雪　17, 18, 404
淡雪　17, 18, 142, 154, 346, 347, 403, 408

【い】
雪（いき）　18
雪戦（いきいくさ）　18
雪掻（いきかき）　19
雪垣（いきがき）　19
雪囲い（いきかこい）　19, 249
雪囲い（いきがこい）　19, 248, 249
雪煙（いきけむり）　19, 156
雪玉（いきだま）　20
雪玉転がし（いきたまころがし）　20
雪だれ（いきだれ）　19, 20, 208
雪つつき（いきつつき）　20
雪っ降り（いきっぷり）　20
雪止め（いきどめ）　20
雪雪崩（いきなで）　21, 280
雪ねんぼ（いきねんぼ）　21, 297
雪の壁（いきのかべ）　21
雪橋（いきばし）　21
雪花／雪華（いきばな）　21
雪降り（いきふり）　22, 291
雪降り雷（いきふりかみなり）　22
雪ほげ（いきほげ）　22
雪掘り（いきほり）　22, 293
雪掘り賃（いきほりちん）　22
雪掘り頼人（いきほりとーど）　22
雪轆（いきまくり）　23
雪水（いきみず）　23, 266
雪割（いきわり）　23, 252
雪洞（いきんどー）　23, 313
板橇　23, 381, 383
一枚橇　23, 107, 151, 327, 380, 381, 382, 383, 385
一文銭隠し　24
いっかかま　24
いっさんこぶっさんこ　24
一反降り（いったんぶり）　25

索　引

雪花（せつか）　126, 346, 347, 404
雪加／雪下（せつか）　126
雪塊（せっかい）　20, 98, 106, 126, 147, 154, 215, 258, 268, 277, 294, 297, 311, 387, 404
雪害　93, 126, 160, 300, 368, 404
雪萼（せつがく）　126
雪花菜（せっかさい）　126
『雪華圖説』（せっかずせつ）　127
雪花糖（せっかとう）　127
雪花の舞　127
雪香氷艶　127
雪花六出　127, 128
雪気（せつき）　125, 128
雪肌（せつき）　128
雪客（せっきゃく）　128
雪虐（せつぎゃく）　128
雪君（せつくん）　128
雪渓〔菓子〕　128
雪渓　129, 404
雪景（せっけい）　129, 404
雪月花　129, 346, 347, 396, 398, 404
雪月花〔菓子〕　129
雪月風花　129
雪原 24, 36, 44, 55, 82, 94, 101, 105, 110, 113, 118, 121, 129, 131, 137, 140, 145, 146, 169, 180, 191, 196, 206, 207, 213, 215, 216, 217, 218, 222, 228, 234, 241, 256, 273, 284, 286, 302, 308, 404, 416, 417
雪姑（せつこ）　129
雪後（せつご）　130
雪行（せつこう）　130
雪骨（せつこつ）　130
雪魂（せつこん）　130
雪山（せっさん）　130
雪山（せつざん）　130, 346, 430
雪山〔自然〕　130
雪山〔ヒマラヤ山脈〕　130, 419
雪山〔天山山脈〕　131
雪児（せつじ）　131
雪鬂（せつしょう）　131
雪上　12, 81, 102, 115, 117, 131, 136, 161, 192, 239, 253, 255, 297, 301, 303, 319, 322, 394, 395, 404, 408
雪上車　131
雪色（せつしょく）[1]　132
雪色[2]　132
雪食（せっしょく）　131
雪食地形　132
雪辱　132
雪線（せっせん）　132, 223
雪山（せっせん）　133
雪然（せつぜん）　133
雪瘡（せっそう）　133
雪爪（せつそう）　133
雪像　26, 133, 271, 387, 405
雪駄（せった）　133, 405
雪恥（せつち）　134
雪中　26, 80, 82, 93, 134, 136, 180, 201, 237, 241, 253, 277, 301, 339, 405, 419, 426
雪中君子　134
雪中高士　134
雪中芝居　134, 135
雪中四友（せっちゅうしゆう）　137
雪中送炭（せっちゅうそうたん）　137
雪中田植　137, 138
雪中貯蔵　138, 316, 346, 411, 412, 414, 415
雪中松柏（せっちゅうのしょうはく）　139
雪中避難小屋　139
雪堤　139
雪泥（せつでい）　139
雪泥鴻爪（せつでいのこうそう）　139
雪天（せつてん）　140
雪田（せつでん）　140, 430
雪洞（せっとう）　140
雪洞（せつどう）　140, 286
雪堂　140, 405
雪魄（せつぱく）　140
雪白　141
雪髪（せつぱく）　141
雪眉（せつび）　141
雪庇（せっぴ）　44, 141, 405
雪氷　141, 170, 171, 405

索　引

索　引

索　引

著者紹介

稲　雄次（いね・ゆうじ）

1950年生まれ。民俗学者。秋田経済法科大学雪国民俗研究所研究員、秋田経済法科大学法学部教授、国立歴史民俗博物館客員教授などを経て、現在は聖和学園短期大学講師。著書に、『菅江真澄民俗語彙』『秋田民俗語彙事典』『武藤鉄城研究』『ナマハゲ』『カマクラとボンデン』など。

Shufusha

雪のことば辞典

2018年10月１日　第１刷

著　者　稲　雄次

発行者　伊藤甫律

発行所　株式会社　柊風舎

〒161－0034 東京都新宿区上落合 1-29-7 ムサシヤビル5F
TEL. 03(5337)3299　FAX. 03(5337)3290

印刷／株式会社 報光社　製本／小髙製本工業株式会社

ISBN978-4-86498-060-9